企業社會責任推進機制研究
基於規則視角的理論分析與實證檢驗

Research on the Advance Mechanism of Corporate Social Responsibility
Theoretical Analysis and Empirical Evidence Based on the Perspective of Rule

唐亮 著

前　言

　　20世紀80年代以來，隨著經濟社會的不斷發展和全球一體化的不斷加深，企業的社會責任也在不斷增強。企業社會責任逐步成為一種被大眾普遍接受的理念，其內涵和外延也在不斷擴展。企業社會責任運動呈現出「政府鼓勵引導、行業推進實施、企業主動實踐、社會積極參與、國際廣泛合作」的新局面。

本書通過重新界定企業社會責任的概念，將企業社會責任從一個對象性的概念轉化為一個功能性的概念，從強調責任「是什麼」轉為「怎麼處理」責任，有利於企業正確認識企業社會責任。本書通過具體的實際調研案例，結合國內企業履行社會責任的情況，從總體上分析和把握當前社會責任的履行現狀，提煉出造成此現狀的成因，構建了中國企業社會責任推進動力機制的分析框架，進一步運用博弈模型分析了關鍵利益相關者在推進企業社會責任履行中的行為選擇，進而明確了關鍵利益相關者在其中的內在作用機理。這不僅有利於豐富和拓展企業社會責任的理論研究範圍，也有助於轉型經濟環境下的企業就如何推進社會責任更好地履行進行有益的探索，豐富了企業社會責任推進機制的理論研究內容。另外，以往的研究更多的是對某一或特定的某些公司治理變量進行檢驗，缺乏對其表面影響因素背後的影響路徑與作用機制的深入探討，並且由於指標選擇單一以及缺乏對同一指標多個維度的探討，導致相關研究仍未取得較為一致的結論。本書則是在考察正式制度與非正式制度對企業社會責任履行狀況影響的基礎上，重點考察了正式制度與非正式制度的聯合作用對企業社會責任履行狀況的影響。一方面，這有助於更好地理解宏觀制度環境影響微觀企業社會責任行為的作用路徑；另一方面，這也進一步豐富和拓展了中國轉型經濟環境下內部控制和公司治理對企業社會責任履行的影響的研究內容。因此，本書的研究結論不僅能為企業推進社會責任履行工作提供有效指導，也能為政府及監管部門在推進企業社會責任履行中的政策制定提供理論支撐，有利於經濟和社會的協調平衡發展，盡早預防或避免不和諧的事件發生。

摘 要

企業如何通過更好地履行社會責任來獲得持續的競爭優勢，一直是經濟學、社會學、法學、管理學等諸多學科研究的熱點問題之一。特別是在當前經濟全球化的背景下，企業更積極地履行社會責任已是大勢所趨。然而，近年來中國的一些企業在社會責任履行方面出現外熱內冷、虛假繁榮、實踐困局等不容忽視的問題。解決這些問題的關鍵在於要建立健全企業社會責任推進機制，毫無疑問這離不開企業內外部利益相關者的推動和參與。為此，本書將以利益相關者為分析主線，通過解決企業社會責任推進機制如何實現的三個基本問題，對企業社會責任推進機制進行深入研究，以期通過構建企業社會責任推進動力機制的分析框架，進而挖掘影響中國企業社會責任履行狀況的關鍵因素及其作用機理，同時通過總結和分析其中的問題與成因，在實踐上幫助企業改善履行社會責任的成效，進而提升企業的持續競爭力。

首先，本書通過重新界定企業社會責任的概念，定位企業社會責任推動機制並認識其本質。本書首先闡述了哲學、經濟學、管理學、社會學等學科關於企業社會責任的思考，並以系統論思想為基礎，對企業社會責任的概念進行了重新界定，在此基礎上進一步界定了企業社會責任推進機制，然後通過回顧和梳理利益相關者理論、契約理論、資源依賴理論和新制度主義理論等理論基礎，分析不同的利益相關者在推動企業社會責任過程中所起到的作用，找到企業社會責任推進機制與利益相關者之間的內在邏輯聯繫和必然性，以期回答為什麼要將利益相關者作為分析企業社會責任推進機制的主線這個問題。

其次，通過分析企業社會責任履行現狀，挖掘其推進過程中的問題和深層動因，構建企業社會責任推進動力機制的分析框架。在對安德公司的社會責任履行現狀、問題及潛在原因進行案例分析的基礎上，再從總體上初步分析了當前國內企業履行社會責任的現狀及潛在問題，兩方面結合以期對國內企業社會責任履行的總體狀況有一個粗略的把握，進一步從社會、政府和企業三個角度對企業社會責任推進過程中的現狀和成因進行分析，總結出當前推進機制中存在的內部和外部兩個方面的問題，在此基礎上，通過借鑑演化經濟學的基本思想，構建了中國企業社會責任推進

動力機制的分析框架。

然後，在界定利益相關者並對其分析的基礎上，通過聚類分析識別和找出影響企業社會責任的關鍵利益相關者，提出關鍵利益相關者在企業社會責任推進動力機制中的內在作用機理；進一步從合同關係存續視角和所有權的視角對利益相關者進行分析，然後通過聚類分析識別關鍵利益相關者的利益訴求，在此基礎上借鑑 Hayek 的「社會秩序二元觀」思想，運用演化博弈探討了在「外部規則」的約束下，非強制性外部相關者和股東利益一致相關者在社會責任推進機制中的行為選擇，同時運用動態博弈模型探討了在「內部規則」的約束下，政府和企業在社會責任推進機制中的行為選擇，通過均衡穩定分析找到了企業社會責任推進機制的實現路徑。

最後，依據企業社會責任推進動力機制的分析框架，分別從外部規則和內部規則的視角對企業社會責任的履行狀況進行了實證檢驗。本書立足於中國當前轉型經濟環境中獨特的制度背景，一方面以法制環境（對應正式制度）以及信任程度和媒體報導（對應非正式制度）兩個方面為外部規則，另一方面以內部控制、股權集中度和董事會效率為內部規則，通過實證研究分析和檢驗了關鍵的外部制度環境因素和內部公司治理機制因素對上市公司社會責任履行情況的影響，以期挖掘出影響中國企業社會責任履行狀況的關鍵因素及其作用機理，並通過分析和總結實證研究發現的結果，找到符合中國情景的企業社會責任推進機制的有效實現路徑。

綜上所述，本書以利益相關者為分析主線，通過深入剖析利益相關者在企業社會責任演進歷程中的角色，以及其在推動企業履行社會責任過程中的作用，然後通過聚類分析識別出影響企業社會責任的關鍵利益相關者，構建了中國企業社會責任推進動力機制的分析框架，進一步運用博弈模型分析了關鍵利益相關者在推進企業社會責任中的行為選擇，進而明確了關鍵利益相關者在其中的內在作用機理，並且立足於中國當前轉型經濟環境中獨特的制度背景，分別從外部規則和內部規則的視角對企業社會責任的履行狀況進行了實證分析，最後根據分析評價的結果提出了符合中國情景的企業社會責任推進機制的實現路徑，以期提升中國企業社會責任發展水準。

關鍵詞：企業社會責任；利益相關者；推進機制；演化博弈；實現路徑

Abstract

Companies how to better fulfill their social responsibilities to achieve sustainable competitive advantage has been one of the hot issues of economics, sociology, law, management and many other disciplines study. Especially in the context of the current economic globalization, enterprises more actively fulfill their social responsibility is the trend of the times. However, the problems of CSR of double sides, false prosperity, practical dilemma and other issues can not be ignored. Therefore, we need to practical improve the effect of corporations fulfilling social responsibilities, and the key is to establish and improve the promotion mechanism of CSR. There is no doubt that this is inseparable from promoting and participation of internal and external stakeholders of enterprises. Therefore, this thesis will take stakeholders as main analysis line, through resolving the three fundamental questions of how to realize the promotion mechanism of CSR, to promote the in-depth study of the promotion mechanism of CSR. The author hope to through the analysis framework of the dynamic mechanism of CSR establishing, to find out the key factors affecting the performing state of Chinese CSR and its mechanism of action. While through summarizing and analyzing the problems and causes in enterprises' implementation of social responsibilities, to help enterprises improve and enhance the effects of fulfilling social responsibilities, and then to enhance the sustainable competitiveness of enterprises.

Firstly, by redefining the concept of CSR to position the promotion mechanism of CSR and understand its nature. This thesis first describes the thinking of CSR from philosophy, economics, management, sociology and other disciplines, based on the Systems Theory to redefine the concept of CSR. On this basis, the thesis will further define the promotion mechanism for CSR, and then through reviewing and sorting the theories of the stakeholder theory, contract theory, resource dependence theory and the new institutionalism theory, to analyze different stakeholders' roles in the process of promoting CSR, to find the inner logical connection and inevitability between CSR Promotion mechanism with stakeholders and logical connection between the promotion mechanism for CSR and stakeholder, hoping to answer why does stakeholder being taken as the main line to analyze the promotion mechanism for CSR.

Secondly, through the analysis of performing status quo of CSR, to find out the deep reasons of existing problems of the promotion mechanism of CSR, to build the analytical framework for the promotion mechanism of CSR. First, on the basis of case analysis of Ande company's the status quo of social responsibility performance, encountered problems and possible causes to overall preliminarily analyze the status quo of social responsibility performance and the potential problems of current domestic enterprises. Then, connecting the two aspects to roughly grasp the status quo of social responsibility performance of domestic enterprises, to further analyze the current state and causes in the process of CSR promoting from three angles of society, government and business, summing up the existing problems in both internal and external of current promotion mechanism. On this basis, by drawing on the basic idea of evolutionary economics, this thesis will build the analysis framework for China CSR promotion mechanism.

Then, on the basis of defining and analysis of stakeholders, this thesis will identify and find out the key stakeholders impacting on CSR through cluster analysis, putting forward stakeholders' mechanism of action in promotion mechanism in CSR. On the basis of defining the different interests demands of enterprises' internal and external stakeholders, the thesis will analyze the stakeholders from the perspective of contractual relations subsisting and perspective of ownership, and then, through cluster analysis to explore the interest demands of key stakeholders. On this basis, the thesis will use Hayek'「social order dualism」, connecting with evolution and game theory to discuss within the constraints of「outside rules」, the behavior choice of the non-mandatory external stakeholders and relevant person accordance with shareholders' benefit in the promotion mechanism of CSR; at the same time, the thesis will use dynamic game model to discuss within the constraints of the「internal rules」, the governments and corporations' behavior selection in the promotion mechanism of CSR, to find realization path for the promotion mechanism of CSR by balancing stability analysis.

Finally, according to the analytical framework ofthe dynamic promotion mechanism of CSR, the thesis will respectively carry out empirical test for the performing situation of CSR from the perspective of external rules and internal rules. This thesis based on the unique system context of current Chinese transition economy environment, on the one hand, taking the legal environment (corresponding to the formal system) as well as the two aspects of the level of trust and media coverage (corresponding to the informal system) as external rules, on the other hand, taking the internal control, ownership concentration and board efficiency as internal rules, through empirical study, analyzes and tests the influences of the key external institutional environment factors and internal corporate governance mechanism factors on the CSR performance situation of listed companies, in order to find out the key factors and their mechanism of action impacting on CSR performance of Chinese companies. By analyzing and summarizing the results of empirical research findings, the thesis will find effective realization path for CSR promoting mechanism conforming to Chinese scenario.

In summary, thisthesis taking stakeholders as the main analysis line, through in-depth analysis of the role that stakeholders play in evolution process of CSR, as well as its functions in the promoting process of CSR, then build a analysis framework for CSR promoting mechanism of China's enterprises through cluster analysis to identify the key stakeholders impacting on CSR. And it further uses the game model to analyze the key stakeholders' behavior choice in promoting CSR, and then clear the key stakeholders' internal mechanism of action. This thesis based on the unique system context of current Chinese transition economy environment, respectively carry out empirical test for the performing situation of CSR from the perspective of external rules and internal rules. Finally, according to the results of analysis and evaluation, this thesis promotes the implementation path for CSR promoting mechanisms in line with China to enhance the development level of CSR in China.

Key Words: CSR, stakeholder, promotion mechanism, evolution and game theory, realization path

目　錄

第一章　緒論／1

　1.1　研究背景／1

　　　1.1.1　現實背景／1

　　　1.1.2　理論背景／5

　1.2　研究目的與研究意義／7

　　　1.2.1　研究目的／7

　　　1.2.2　研究意義／9

　1.3　研究內容與研究方法／12

　　　1.3.1　研究內容／12

　　　1.3.2　研究方法／13

　1.4　研究思路／14

　1.5　研究創新點／16

第二章　企業社會責任推進機制的理論基礎與文獻回顧／18

　2.1　企業社會責任的起源、發展與演進／18

　　　2.1.1　企業社會責任的思想起源及發展／18

　　　2.1.2　企業社會責任的概念界定：基於多學科視角的思考／20

　　　2.1.3　企業社會責任推進機制的界定／25

　2.2　企業社會責任推進機制的理論基礎／26

　　　2.2.1　利益相關者理論／26

　　　2.2.2　契約理論／28

　　　2.2.3　資源依賴理論／31

　　　2.2.4　新制度主義理論／32

2.3 企業社會責任及其推進機制的文獻綜述 / 35

  2.3.1 企業社會責任的定義及其經濟後果 / 35

  2.3.2 企業社會責任評價研究 / 41

  2.3.3 企業社會責任推進機制研究述評 / 46

2.4 本章小結 / 57

第三章 企業社會責任推進機制的現狀、成因與框架構建 / 58

3.1 企業社會責任履行情況分析——基於安德公司的案例研究 / 58

  3.1.1 安德公司社會責任履行情況及其問題 / 58

  3.1.2 安德公司社會責任履行問題的成因 / 61

3.2 企業社會責任推進機制現狀分析 / 64

  3.2.1 企業社會責任推進機制總體分析 / 64

  3.2.2 政府推進現狀 / 66

  3.2.3 社會推進現狀 / 69

  3.2.4 企業推進現狀 / 73

3.3 企業社會責任推進中存在問題分析 / 76

  3.3.1 企業社會責任推進中存在的外部問題分析 / 77

  3.3.2 企業社會責任推進中存在的內部問題分析 / 78

3.4 企業社會責任推進機制的演化與分析框架構建 / 80

  3.4.1 企業社會責任推進機制的動力演化分析：基於演化經濟學的適用性分析 / 80

  3.4.2 企業社會責任推進動力機制分析框架：基於規則視角 / 82

3.5 本章小結 / 87

第四章 企業社會責任推進動力機制的博弈分析 / 88

4.1 企業利益相關者利益訴求與識別 / 88

  4.1.1 企業利益相關者的要求 / 88

  4.1.2 企業利益相關者識別：基於所有權視角 / 89

4.1.3 所有權視角下企業利益相關者利益訴求分析／90

4.1.4 所有權視角下企業利益相關者聚類分析／92

4.2 企業社會責任推進機制中的外部規則／94

4.2.1 非強制性外部相關者與股東利益一致相關者的利益衝突／94

4.2.2 非強制性外部相關者與股東利益一致相關者演化博弈分析／95

4.2.3 非強制性外部相關者與股東利益一致相關者的穩定策略分析／99

4.3 企業社會責任推進機制中的內部規則／100

4.3.1 政府與企業利益衝突分析／101

4.3.2 政府與企業動態博弈分析／102

4.3.3 政府與企業的穩定策略分析／105

4.4 本章小結／106

第五章 基於外部規則視角的企業社會責任推進機制研究／107

5.1 外部規則的分類和界定／107

5.2 理論分析與研究假設的提出／108

5.2.1 法制環境對企業社會責任履行的影響／108

5.2.2 信任環境對企業社會責任履行的影響／110

5.2.3 媒體報導對企業社會責任履行的影響／112

5.3 研究設計／114

5.3.1 研究樣本／114

5.3.2 模型建立與變量設置／115

5.4 檢驗結果與分析／119

5.4.1 描述性統計結果／119

5.4.2 單變量統計結果／121

5.4.3 相關性統計結果／125

5.4.4 外部規則對企業社會責任影響的迴歸結果分析／128

5.4.5　外部規則對企業社會責任的影響：基於行業特徵的

進一步分析 / 146

5.4.6　穩健性檢驗 / 172

5.5　本章小結 / 173

第六章　基於内部規則視角的企業社會責任推進機制研究 / 176

6.1　内部規則的分類和界定 / 176

6.2　理論分析與研究假設的提出 / 177

6.2.1　内部控制對企業社會責任履行情況的影響 / 177

6.2.2　股權集中度與内部控制聯合對企業社會責任履行的

影響 / 178

6.2.3　董事會效率與内部控制聯合對企業社會責任履行的

影響 / 180

6.3　研究設計 / 181

6.3.1　研究樣本 / 181

6.3.2　模型建立與變量設置 / 181

6.4　檢驗結果與分析 / 184

6.4.1　描述性統計分析 / 184

6.4.2　單變量統計分析 / 186

6.4.3　相關性統計分析 / 190

6.4.4　内部規則對企業社會責任影響的迴歸結果分析 / 193

6.4.5　内部規則對企業社會責任的影響：基於最終控制人

特徵的進一步分析 / 208

6.4.6　穩健性檢驗 / 231

6.5　本章小結 / 231

第七章　企業社會責任推進機制的實現路徑研究 / 235

7.1　完善企業社會責任推進機制的外部制度環境 / 235

7.1.1　改善法律制度環境 / 235

  7.1.2 提高社會信任程度／237

  7.1.3 積極發揮新聞媒體的輿論監督作用／239

  7.1.4 對社會責任敏感度不同的行業進行分類引導／240

 7.2 完善企業社會責任推進機制的內部治理機制／241

  7.2.1 加強企業內部控制制度建設／241

  7.2.2 構建相互制衡的股權結構／242

  7.2.3 提高董事會運行效率／243

  7.2.4 對最終控制人特徵不同的企業進行分類引導／245

 7.3 本章小結／247

第八章 研究結論與展望／249

 8.1 研究結論／249

 8.2 研究展望／251

參考文獻／254

第一章　緒論

1.1　研究背景

1.1.1　現實背景

　　企業作為一個社會組織，同時具有經濟性質和社會性質。企業的經濟性質決定了企業的經濟責任，即為企業的投資者帶來收益；企業的社會性質要求企業除了承擔經濟責任之外，還必須承擔一定的社會責任，包括遵守商業道德、生產安全、保護員工合法權益及保護環境和節約資源等內容。從歷史的視角來看，企業是人類社會發展到一定階段的產物，因此，企業社會責任是在歷史演進中形成的。

　　伴隨著經濟全球化進程的加深，企業管理不斷發展成為質量管理、環境管理及社會責任管理，市場競爭的內容也隨著經濟的發展而發生轉變。在此基礎上，由於企業自身的發展階段、管理水準和以技術為核心的經濟社會發展程度及社會各界對企業在社會中的角色期望的變化，企業的社會責任受到社會各方面越來越廣泛的重視和關注。

　　隨著可持續發展理論和利益相關者理論的提出，社會各界日益關注企業在尊重員工福利、保護環境資源、滿足消費者需求、參與社會公益等社會責任方面所做的努力和取得的成果。這使得企業在實現自身利益最大化的同時，必須兼顧員工、環境、消費者、社區、政府等利益相關者的利益，由「經濟人」角色轉變為「企業公民」角色，從最初強調的一元社會責任即經濟責任逐步轉變為多元社會責任即全球化下的企業社會責任。

　　西方國家針對企業社會責任（Corporate Social Responsibility，CSR）很早就進行了探索，主要是隨著第一次工業革命的興起和發展、生態環境的持續惡化和社會公民意識的覺醒，要求企業不斷轉變生產經營方式以關注員工身體健康、維護消費者合法權

益、保護生態環境等方面的呼聲日益強烈，這都要求企業不斷地探索履行社會責任的新方式，進而推進了企業社會責任的內涵和外延隨之不斷發展，包括職工福利、消費者權益、生態環境等內容。正是在這種背景下，理論界很早就開始關注企業社會責任的實踐活動，並總結和提出了社會責任的相關思想。經過持續不斷地溝通和對話，國際社會逐漸在要求企業履行社會責任方面取得了較為廣泛的認同。

尤其是在20世紀的下半葉，大量的西方發達國家開始實施市場化和新自由主義經濟政策，一方面推動了西方發達國家經濟的快速增長，另一方面企業過度追求資本化造成嚴重的市場失靈。如經濟全球化締造出的很多巨型跨國企業在全球各地市場獲取超額利潤的同時，也引發全球性的資源過度消耗、環境污染、勞資矛盾、貧富懸殊等一系列社會問題。較為典型的案例是美國牛仔褲品牌商Levi's在1999年被曝光在「血汗工廠」生產產品，為挽回負面影響而被迫制定「生產守則」。這件事導致了全球很多消費者組織、工會組織、學生組織和人權組織等針對跨國生產中的勞工狀況問題開展監督和批評，許多社會公眾確信跨國企業需要承擔更多的社會責任，進而直接導致如Nike、Adidas、Reebok及Wal-Mark等跨國公司分別制定了本公司的「生產守則」。更為重要的是，這場全球性的企業社會責任運動在一定程度上豐富和拓展了人們對企業社會責任的認識，要求企業履行更多的社會責任已成為各類組織的廣泛共識。全球各類經濟貿易協會、多邊組織、國際機構紛紛制定出抬了一系列的與社會責任相關的標準、準則、規範等。例如2001年，聯合國成立了全球契約組織，旨在推進企業履行社會責任和可持續發展工作，號召全球企業在戰略和營運中自願地履行涵蓋人權、勞工權利、環境保護和反腐敗四大領域的十項原則的全球契約；2010年，國際標準化組織（ISO）發布了ISO26000：2010《社會責任指南標準》，隨著這一標準在全球的廣泛應用，人們認識到企業社會責任履行標準化的問題變得越來越重要。

隨著改革開放的逐步深入及加入WTO，中國融入經濟全球化的速度日益加快，企業履行社會責任的理念也逐漸得到廣泛認同。雖然中國目前沒有一部專門的企業社會責任法律，但在《中華人民共和國公司法》《中華人民共和國消費者權益保護法》《中華人民共和國產品質量法》《中華人民共和國環境保護法》《中華人民共和國社會保障法》《中華人民共和國公益事業捐贈法》及其他一些規範企業經營行為的法律法規中都要求企業更積極主動地履行社會責任。特別是近年來中國政府及監

管部門陸續出抬了一系列的措施，以期推進企業承擔和履行社會責任。如 2006 年 9 月深圳證券交易所出抬《深圳證券交易所上市公司社會責任指引》，要求上市公司積極承擔社會責任；2007 年 12 月中國銀行業監督管理委員會制定了《關於加強大型商業銀行社會責任的意見》，要求各銀行業金融機構要結合自身實際，採取適當方式發布社會責任報告；2007 年 12 月國務院國有資產管理委員會出抬《關於中央企業履行社會責任的指導意見》，要求中央企業在社會責任履行中發揮表率作用，推動和諧社會的建設；2008 年 12 月上海證券交易所發布了《上市公司社會責任披露相關指引》，強制要求三類公司披露社會責任報告，同時鼓勵其他有條件的上市公司進行自願披露；2015 年 6 月國家質檢總局和國家標準委員會批准公布了國家標準公告 2015 年第 19 號，公告中明確規定了《社會責任指南》《社會責任報告編寫指南》和《社會責任績效分類指引》三項國家標準，並且於 2016 年 1 月 1 號開始實施。這些國家標準的公布實施是中國企業社會責任領域的一個里程碑，標志著中國企業社會責任進入了新的階段。2013 年黨的十八屆三中全會第一次以黨的文件的形式明確國有企業要把承擔社會責任作為六項改革任務之一，標志著企業社會責任已經上升到國家戰略層面；2014 年黨的十八屆四中全會正式通過了依法治國的決定，企業社會責任被寫入重點領域立法，表明切實加強企業社會責任的履行，已到重要的時間窗口。

1.1.1.1　推進中國夢的實現必然要求企業關注和維護利益相關者的利益

實現中華民族偉大復興，是中華民族近代以來最偉大的夢想，是新一屆黨和國家領導集體提出的重大戰略思想，是全黨全國各族人民共同奮鬥的宏偉目標，是團結凝聚海內外中華兒女的一面精神旗幟。實現中華民族偉大復興，不僅要將中國的昨天、今天、明天聯繫起來，將國家、民族、人民聯繫起來，而且要將中國與世界和全人類聯繫起來，這是時代的召喚，是人民的期盼，是歷史的必然。中國夢順應了當今中國的發展大勢和世界發展進步的潮流，昭示了黨和國家走向未來的宏偉圖景，順應了全國各族人民創造美好未來的熱切期盼，反應了全體中華兒女夢寐以求的共同心願，展示了中國為人類文明做出更大貢獻的意願。

強大的經濟實力是中國夢的基礎也是核心，而經濟實力的增強要靠企業不斷增強競爭優勢。因此，堅持科學發展，努力把企業辦成百強企業、百年企業，為「企業夢」增輝，為「中國夢」添彩。在這種狀態下，企業要以實際行動共築「中國

夢」，以壯大企業實力、建設和諧環境為己任，擔當起回饋社會、造福民生的責任，致力於發展經濟、提升產品或服務的質量、吸納就業、關愛員工、誠信經營、依法納稅、保護環境，關注和維護投資人、員工、消費者、合作夥伴等利益相關者的利益和責任。培育和諧企業文化，協調和平衡不同的利益相關者之間的潛在利益衝突，促成和維護企業和社會的和諧穩定，為建設中國特色社會主義事業做出更大的貢獻。

1.1.1.2 推進企業積極履行社會責任是實現中國夢的堅實社會基礎

在當今時代，企業早已不再只單純地追求經濟利益，而是需要考慮其對整個社會、政治、經濟、環境、文化等多方面造成的影響。在一定程度上，企業是社會的基礎和經濟的細胞，除了在保護消費者、股東、企業員工等利益相關者方面要下更大功夫，還應當在解決氣候變暖、環境污染、能源保障、糧食安全、消除貧困、重大災害救援等全球性社會問題及構建和諧社會方面積極履行更多的責任。因為國家進步、社會繁榮和企業效益是內在統一的，企業天然負有服務國家和社會的重任，而國家的認可和社會的贊許為企業發展營造出更廣的發展空間。建設美麗中國，實現中華民族偉大復興的中國夢，推進企業履行社會責任無疑是其非常重要的社會基礎之一。

但近年來，中國一些企業因片面追求利潤最大化而引發了一系列危害社會的行為，如「瘦肉精」「假奶粉」「毒生姜」「鎘大米」「塑化劑」「地溝油」「皮革奶」等食品安全問題時有發生，「商業詐欺」「虛假廣告」「偷稅漏稅」等現象也在一定程度上存在。「紫金礦業水污染事故」「中石油爆炸案」「太湖藍藻危機」「天津港爆炸事故」等企業違規事件和環境污染問題暴露企業缺乏社會責任意識，特別是近年來備受關注的霧霾問題說明環境污染的不斷惡化使得整個社會都在為此付出沉重的代價。現實中一些企業在履行社會責任的過程中，出現了許多「偽慈善」的行為。在實踐中出現了一些企業通過偽造數據、蒙騙消費者、散布虛假信息等以期獲得具有責任感企業形象的行為，事實上這些企業並沒有真正承擔應肩負的社會責任[1]，甚至還有一些企業為了分散轉移公眾視線和緩解社會壓力，在公開場合高調做慈善，背地裡卻從事污染環境、壓榨員工及其他不正當的工作。如高勇強等（2012）發現中國的一些民營企業確實存在利用慈善捐贈來轉移外界對員工薪酬福利水準低、污染環境等不履行社會責任行為的視線。這種利用慈善捐贈作為「工具性」遮羞布的行為並非個案，而是較為廣泛地存在於中國社會現實中[2]。與此相反的是，中國也存在很多優秀的企業家一直非常重視承擔和履行社會責任，在救助失

學兒童、抗擊非典、救援汶川大地震等事件中慷慨解囊，不僅展現出慈心為民、善舉濟世的慈善精神和人道主義精神，也樹立了關愛社會、勇於承擔社會責任的良好企業形象。

根據中國社會科學院《慈善藍皮書：中國慈善發展報告（2015）》的統計結果，2014 年全國社會捐贈總量達到 1,046 億元。其中，基金會系統接受的捐贈總額為 420 億元，慈善會系統的捐贈款物為 426 億元，民政系統接受的社會捐贈款物為 82.26 億元，紅十字會系統 26.43 億元，其他機構 91.7 億元。慈善系統獲得的捐贈較 2013 年有較大增長，加上全國志願服務小時折算價值 535.9 億元和彩票公益金社會公益使用量 399 億元，全核算社會捐贈總價值達到 1,981 億元，較 2013 年增長 17%。另外，作為企業積極承擔社會責任的一個典範，以非公有制經濟人士和民營企業家發起並參與的「光彩事業」長期致力於「老、少、邊、窮」地區和中西部地區共求發展的開發式扶貧事業，至今已有二十多年的歷史。從 2001 年起，「光彩事業」先後在三峽庫區、井岡山、大別山、太行山、延安、新疆、西藏、寧夏、青海等地組織開展「光彩行」活動，為推動當地扶貧開發事業和經濟社會發展作出積極貢獻，並且在救災賑災、捐助公益事業方面同樣有突出表現。據不完全統計，截至 2014 年年底，光彩事業項目累計實施 59,528 個，到位資金 9,371.84 億元，培訓人員 986.94 萬人，安排就業 1,246.86 萬人，帶動 2,160.48 萬人脫貧，公益捐贈 1,893.91 億元。雖然企業社會責任的履行給企業帶來了成本上的壓力，並且短期內無法為企業增加收益，但仍然有很多企業選擇通過改善員工關係、慈善捐贈、加大環境保護投入等行為，履行相應的社會責任。現實中的巨大反差表明，在中國當前的轉型經濟背景下，必然暗含著企業履行社會責任的推進機制。在這樣的背景下，深入系統地分析企業社會責任的推進機制，提出促進符合中國國情的企業履行社會責任的有效路徑，不僅有助於解決當前中國企業的社會責任行為履行不足的問題，滿足當今社會和時代的迫切需求，而且有助於提升企業履行社會責任的實踐活動水準，切實履行和落實如「科學發展觀」「構建和諧社會」和「中國夢」等國家宏觀戰略。

1.1.2　理論背景

自現代企業制度建立以來，企業的經營目標一直是追求股東利益的最大化，因

此相關的研究都是圍繞著股東和管理者之間的代理問題及大股東和中小股東之間的代理問題展開的。隨著企業經營環境的變化，以股東為代表的物質資本在企業生產經營過程中的重要性越來越弱，以人力資本、環境資本為代表的其他資本的重要性日漸凸顯。因此，在企業中投入要素資源的其他利益相關者的合法利益應該而且必須受到保護。如果企業仍然固執地單純追求股東利益最大化，就會導致企業忽視社會責任，損害其他利益相關者的合法利益和社會公共環境。在這樣的背景下，學術界開始對「股東至上」的企業營運邏輯進行反思，並運用利益相關者理論來解決企業經營過程中的企業社會責任問題，取得了一定的研究成果。雖然從總體上看，基於利益相關者理論對企業社會責任的研究目前仍未得出科學的答案，更未形成完整的理論體系，仍需進一步深入探索，但在過去的十幾年中，已經有越來越多的國內外學者和倡議組織開始轉向如何促進企業承擔社會責任的重點上來，希望能找到推進企業更積極主動履行社會責任的機制。

目前，針對企業社會責任的研究已經取得了大量的理論成果，為我們進一步理解企業社會責任的推進機制提供了豐富的依據。然而就目前的研究現狀來看，企業社會責任研究仍具有一定的局限性：首先，許多研究從不同角度界定了企業社會責任的概念，但極少從歷史的角度出發，用動態發展的眼光全面分析企業社會責任所包括的基本內容，造成對企業社會責任概念與本質理解的模糊性；其次，雖然已有研究從經濟、法律和道德等角度探討應如何推進企業更好地履行社會責任的問題，但有針對性地將各影響因素整合納入統一理論框架中展開探索的非常少見，並且更多的是簡單地關注和檢驗相關因素對企業社會責任行為的影響，導致還沒有一個明確且統一的研究結論和理論基礎，因此缺乏一個清晰和完整的理論框架來解釋企業社會責任的推進機制及其作用機理；最後，在現有的針對企業社會責任推進機制實現路徑的研究中，大多主要是借鑑西方國家的社會責任運動、市場化競爭及非政府組織的壓力等理論來檢驗和解釋中國企業履行社會責任的現狀及潛在問題。但在中國當前的轉型經濟背景下，政府行為對資源配置有重要影響，股權集中度相對較高，並且對投資者的法律保護水準較低，消費者和非營利組織對企業行為的約束力較弱。這表明中國企業的社會責任推進機制與西方發達國家是顯著不同的作用路徑，但目前的研究對中國企業的社會責任推進機制的分析尚不夠全面和深入，並且沒有結合中國當前轉型經濟環境中獨特的制度背景和特定的公司治理機制來揭示企業社會責

任推進機制的作用路徑，因此無法提出符合中國國情的企業社會責任的有效實現路徑。

上述分析表明，在經濟全球化的背景下，越來越多的有識之士都意識到企業不能僅僅通過提供服務或商品來謀取經濟利益，還需要在生態保護、慈善事業等方面有所貢獻，以及在環境保護、形成多元化道德標準等方面作出更大的努力。雖然中國已有一些企業家長期從事慈善事業，在賑災、扶貧、助學、助弱等眾多方面都發揮了十分重要的作用，但與此同時如食品安全、員工權益、環境污染等漠視社會責任的現象並不少見。這使我們產生了如下疑問：中國企業履行社會責任的現狀到底如何？既然現階段不同的企業在履行社會責任方面存在巨大差異，一些企業在積極地承擔著社會責任，而另外一些企業存在漠視履行社會責任的現象，那麼中國企業的社會責任推進機制存在哪些問題？值得進一步追問的是，中國企業的社會責任推進機制背後的動力機制是什麼？哪些因素會促進或阻礙企業履行社會責任？其背後的作用機理又是什麼？這些問題都需要進一步深入研究和檢驗，同時也是當前中國經濟發展和企業轉型發展面臨的重大現實問題，回答這些問題正是本書研究的主要目的。

因此，為了彌補現有研究的局限及挖掘企業社會責任推進機制及其作用機理，本書希望借鑑現有的理論基礎，首先通過對企業社會責任的概念進行辨析，重新界定其基本定義，確定其合理邊界，在此基礎上探討中國企業履行社會責任的個體現狀和總體現狀，進一步厘清現行企業社會責任推進機制中存在的問題及其深層動因；其次通過構建企業社會責任推進機制的分析框架，挖掘其作用機理；最後結合中國當前轉型經濟環境和特定的文化背景，通過理論分析和實證檢驗來揭示企業社會責任推進機制的作用路徑，提出符合中國國情的企業社會責任的有效實現路徑，以期優化中國企業履行社會責任的效果，從而促進企業的健康發展。

1.2 研究目的與研究意義

1.2.1 研究目的

企業社會責任的履行是中國落實可持續發展戰略、實現生態文明、推進生產方

式向集約型轉變的重要推動力。儘管中國早在20世紀80年代後期就已經開始引入企業社會責任的概念，然而，真正意義上去傳播和推廣企業社會義務，則是進入21世紀以後的事了。越來越多的企業意識到履行企業社會責任不僅是企業對社會應承擔的責任，同時也有助於提升企業的社會公信力和公眾形象，有利於企業的生存和發展，使得企業履行社會責任的積極主動性在逐年提高，並且越來越多的企業意識到通過及時公布社會責任信息能向投資者傳遞更多的有利信息，因此企業對外披露企業社會責任報告的行為也在逐年增加。在這樣的背景下，中國政府通過相關政策的制定和落實，在一定程度上推動了企業社會責任工作的開展。從目前的情況來看，政府及其監管部門在企業社會責任有關政策的制定過程中，主要是通過借鑑國外經驗，依託於國家長遠規劃，通過公共政策的制定，為企業社會責任營造了較好的制度環境，進而幫助和指導企業更好地承擔和履行社會責任。

然而，考慮到中國正處於經濟轉型及全面深化改革的關鍵期，中國企業社會責任具有自身的特色，這要求中國政府及監管機構在制定和落實有關政策時不能完全照搬國外的經驗，第一，必須從中國當前的制度環境及企業社會責任履行的現狀出發，進行科學系統的分析，總結和歸納出企業社會責任推進機制的框架體系，進而挖掘其背後運行的作用機制；第二，要落實符合當前中國國情及實際的企業社會責任推進策略，必須在分析中國企業身處的制度環境及其公司治理機制的基礎上，對企業社會責任推進機制的作用路徑選擇問題進行分析和檢驗，總結出實現企業社會責任推進機制的有效路徑，進而在理論上提出符合中國國情的企業社會責任推進機制。

基於此，本書通過解決企業社會責任推進機制如何實現的三個基本問題，進而提出有效的企業社會責任推進機制。

第一，如何認識和理解企業社會責任？這是本書研究的出發點。目前不同學科背景的研究從不同的角度已經提出了多個與企業社會責任相關的概念，這一系列基於單一價值維度、具體項目或活動及從單個利益相關者角度得出的概念已經使得現有研究陷入一種碎片化的狀態，而且多個相關概念之間的區別和聯繫導致人們的認識出現明顯的模糊性。這些結論提出了太多的問題而沒有給出答案，不可避免地致使中國企業在履行社會責任方面陷入一種難以應付的情境中。因此，為了避免單一維度研究導致的諸多問題，本書認為應採用多維度的綜合分析視角，給出一個明確

的企業社會責任定義，而這需要重新定位企業社會責任並認識其本質。這不僅是本書研究的邏輯起點，也是幫助人們認識和履行社會責任的現實起點。

第二，在明確了企業社會責任的定義之後，接下來就需要解決中國企業社會責任推進機制的框架構建問題。首先，需要厘清中國企業社會責任的推進機制是什麼？這是一個根本問題。只有在明確界定和準確厘清這一根本問題後，才能全面認識企業社會責任推進機制的本質，才能切實有效地推動企業社會責任理論和實踐不斷向前發展，進而徹底解決當前一些企業存在的「偽社會責任行為」的問題。基於此，本書通過個案和總體分析中國企業社會責任履行的現狀和問題，進一步從社會、政府和企業三個角度對企業社會責任推進的現狀和成因進行分析和總結，在此基礎上借鑑演化經濟學的基本思想，通過構建企業社會責任推進動力機制的分析框架，回答了這一根本問題。其次，推進中國企業履行社會責任機制的驅動力是哪些？這是本書研究的一個核心問題，直接關係到企業如何正確認識社會責任的有效落實和實踐方式。因此，本書將利益相關者作為分析企業社會責任推進機制的主線，基於合同關係存續和所有權等不同的角度對利益相關者進行分析，通過聚類分析識別出關鍵利益相關者的利益訴求。在此基礎上，本書根據 Hayek 提出的「社會秩序二元觀」，運用演化博弈論探討在「外部規則」的約束下，非強制性外部利益相關者、股東利益一致相關者在社會責任推進機制中的路徑選擇行為，同時運用動態博弈模型探討在「內部規則」的約束下，政府和企業在社會責任推進機制中的路徑選擇行為，以期在進行均衡穩定分析的基礎上找到企業社會責任推進機制的實現路徑。

第三，在構建了企業社會責任推進動力機制的分析框架後，如何才能提出符合中國國情的推進企業社會責任落實的有效路徑？這是本書研究的另一個核心問題，直接關係到在中國當前轉型經濟環境下，在推進企業社會責任履行的具體實踐工作中如何有針對性地開展相關工作。基於此，本書通過實證研究來分析和檢驗關鍵的外部制度環境因素和內部的公司治理機制因素對企業社會責任履行狀況的影響機理，然後根據分析評價的結果提出符合中國國情的企業社會責任推進機制的實現路徑。

1.2.2　研究意義

本書通過研究企業社會責任的推進機制，不僅有利於豐富和拓展企業社會責任的理論研究範圍，具有較強的理論意義；同時也有利於為企業推進社會責任履行工

作提供有效指導，為政府及其監管部門在推進企業社會責任履行中的政策制定提供理論支撐，具有重要的實踐指導意義。

（1）重新界定企業社會責任內涵與本質，有利於企業正確認識企業社會責任。

隨著經濟和社會的發展，企業社會責任的內涵與外延也不斷深化與擴展。目前，企業社會責任已經成為與企業生存與發展息息相關且被廣泛接受的重要管理理論之一。現有的研究中關於企業社會責任的定義仍主要是在 Carrol（1991）提出的企業社會責任「金字塔」模型的基礎上總結提煉得出的，總體上並沒有超出經濟責任、法律責任、倫理責任和慈善責任的框架範疇。因此，本書在結合哲學、經濟學、管理學和社會學等視角下的企業社會責任概念的基礎上，從系統論的視角出發，重新界定企業社會責任的概念，將企業社會責任從一個對象性的概念轉化為一個功能性的概念，從強調責任「是什麼」轉向為「怎麼處理」責任。這不僅有助於增強基本概念的解釋力和辯護力，也為企業指出了履行社會責任的方向和途徑，從而有助於企業更好地認識和履行社會責任。

（2）深入探索企業社會責任推進機制，有助於拓展和完善企業社會責任的理論研究內容。

當前大量的研究文獻主要是關注企業規模、行業、盈利能力等企業個體層面的因素對企業履行社會責任的影響，但由於不同的研究採用社會責任的評價指標不統一或數據的不一致而常常得出不一致的結論。由於缺乏有力的理論框架支撐和足夠的實證檢驗，很多企業社會責任研究往往從應然出發去研究現實問題，較少關注企業是如何在他們的組織與社會環境及其所在的具體約束中來履行社會責任的，進而導致理論研究結果無法有效解釋企業履行社會責任的實踐行為。因此，本書試圖從安德公司履行社會責任的現狀分析入手，結合國內企業履行社會責任的情況，從總體上分析和把握當前社會責任的總體履行現狀。在此基礎上，從社會、政府和企業三個角度對企業社會責任推進過程中的現狀和成因進行分析，總結出當前推進機制中存在的內部和外部兩個方面的問題，進一步通過借鑑演化經濟學的基本思想，構建中國企業社會責任推進動力機制的分析框架，以期對企業社會責任推進機制理論研究做出有益的探索，進而為提出符合中國國情的企業社會責任的作用路徑提供理論認識，豐富企業社會責任推進機制的理論研究內容。

（3）結合中國獨特的制度背景對企業社會責任的影響進行實證研究，為理解轉

型經濟環境下的制度環境和公司如何影響企業社會責任提供增量信息。

　　國內目前考察影響企業社會責任履行情況的原因的文獻主要包括兩個方面：一是主要基於企業特徵，如企業規模、財務績效、成長性、行業特徵、成立年限及政治關聯等，從宏觀制度環境的角度展開的實證分析還不多見，僅有的少量證據立足於正式制度（如市場化進程、政府干預程度、要素市場發育程度、法制環境等）與非正式制度（如媒體治理）對企業社會責任履行狀況的影響，對正式制度與非正式制度兩方面的聯合作用如何影響企業社會責任履行的研究鮮有涉及；二是儘管國內已有一些文獻關注企業公司治理機制如何影響企業社會責任的履行，但由於更多的是對某一或特定的某些公司治理變量進行檢驗，缺乏對表面影響因素背後的影響路徑與作用機制的深入探討，並且指標選擇單一及缺乏對同一指標多個維度的探討，導致相關研究仍未取得較為一致的結論。本書則是在考察正式制度與非正式制度對企業社會責任履行狀況的影響的基礎上，重點考察了正式制度與非正式制度的聯合作用對企業社會責任履行狀況的影響。內部控制是實現公司治理的基礎，因而進一步考察了內部控制對企業社會責任履行狀況的影響，在此基礎上重點考察了股權集中度和董事會效率分別與內部控制的聯合作用對企業社會責任履行狀況的影響。因此本書的研究結論一方面有助於人們更好地理解宏觀制度環境影響微觀企業社會責任行為的作用路徑，另一方面進一步豐富和拓展了中國轉型經濟環境下內部控制和公司治理如何影響企業社會責任履行情況的研究內容。

　　（4）為政府制定政策和企業決策提供理論支持和科學依據。

　　目前，中國企業社會責任在理論和實踐中正受到前所未有的關注，已成為社會普遍認可的價值觀，已經被政府納入國家長期發展的戰略規劃體系之中。但是在經濟社會高速發展的模式下，仍有一些「偽社會責任」事件發生，其根源還在於企業無視利益相關者的要求，片面追求經濟效益。從政策制定的角度來看，如果沒有真正釐清中國企業社會責任推進機制的內在作用機理，就無法制定出可行的政策措施來促進形成企業社會責任水準不斷提高的制度環境。企業的各種行為將直接作用於其賴以生存和發展的社會。企業在生產經營過程中，必須關注其利益相關者的切身利益，提高一系列決策行為的科學性和合理性。同時，作為社會的管理者和經濟的調控者，政府的一言一行都關係到企業的生存和發展。因此，本書通過實際走訪和調研，探尋企業在履行社會責任過程中面臨的困難和疑惑，從實踐中總結和提煉企

業在履行社會責任時的問題和成因，以期提高企業決策和政府政策制定的科學性和合理性，有利於經濟社會的協調均衡發展，盡早預防、避免「偽社會責任」事件的發生。

1.3 研究內容與研究方法

1.3.1 研究內容

本書通過解決企業社會責任推進機制如何實現的三個基本問題，對企業社會責任推進機制進行深入研究，為有效開展中國企業社會責任工作提供支撐。具體而言，本書分為八個章節。

第一章為緒論部分，針對本書的研究背景和研究問題、研究目的和研究意義、研究內容和研究方法、研究思路及研究創新點等進行了分析。

第二章為企業社會責任推進機制的理論基礎和文獻回顧。本章首先對社會責任的起源及演進歷程進行了回顧，在此基礎上借鑑哲學、經濟學、管理學、社會學等多門學科知識，以系統論思想為基本依據，對企業社會責任進行界定，並進一步界定了企業社會責任推進機制；然後通過回顧利益相關者理論、契約理論、資源依賴理論和新制度主義理論等基礎理論，分析不同的利益相關者在推動企業社會責任發展時起到的作用；最後系統梳理和綜述了當前企業社會責任及其推進機制的研究現狀，通過評述現有研究的不足從而為未來的研究指明了方向。

第三章為中國企業社會責任推進機制的現狀、成因與框架建構。本章首先以安德公司為例，對其履行企業社會責任的現狀進行了描述，在此基礎上分析了其潛在的問題及成因；其次，初步從總體上分析了當前國內企業履行社會責任的現狀及潛在問題，試圖通過對這兩方面的結合分析以期對國內企業社會責任履行的總體狀況有一個粗略的把握；然後，在此基礎上進一步從社會、政府和企業三個角度對企業社會責任推進過程中的現狀和成因進行分析，總結出當前推進機制中存在的內部和外部的問題；最後，通過借鑑演化經濟學的基本思想，構建了中國企業社會責任推進動力機制的分析框架。

第四章是對中國企業社會責任推進動力機制的博弈分析。在界定企業內外部不同

利益相關者的不同利益訴求的基礎上，從合同關係存續視角和所有權的視角對利益相關者進行分析，然後通過聚類分析識別關鍵利益相關者的利益訴求。在此基礎上借鑑Hayek的「社會秩序二元觀」思想，一方面基於正式制度和非正式制度互動視角，運用演化博弈和動態博弈模型，重點探討了在「外部規則」的約束下，非強制性外部相關者、股東利益一致相關者在社會責任推進機制中的行為選擇，以及在「內部規則」的約束下，政府和企業在社會責任推進機制中的行為選擇，通過均衡穩定分析找到了企業社會責任推進機制的實現路徑，從全局角度詳細闡明其運行機理。

第五章是對基於外部規則視角的企業社會責任推進機制的研究。從中國當前的轉型經濟環境出發，以法制環境（對應正式制度）及社會信任程度和媒體報導（對應非正式制度）兩個方面為外部規則，首先分別檢驗了地區法制環境、地區信任程度和媒體報導對上市公司社會責任履行情況的影響，其次考察了地區法制環境和地區信任程度分別與媒體報導的聯合作用對上市公司社會責任履行情況的影響，最後考慮到社會責任敏感性在不同的行業中存在較大的差異，進一步考察了上述外部規則對不同行業上市公司社會責任履行情況的影響。

第六章是對基於內部規則視角下的企業社會責任推進機制的研究。從中國經濟轉型背景下的特殊的公司治理機制入手，以內部控制和股權集中度及董事會效率為內部規則，首先以內部控制為重點，分析和檢驗了內部控制質量對上市公司社會責任履行情況的影響，其次考察了公司治理機制（主要是基於股權集中度和董事會效率）與內部控制的聯合作用對上市公司社會責任履行情況的影響，最後考慮到企業最終控制人的特徵差異，進一步考察了上述內部規則對最終控制人不同特徵的上市公司社會責任履行情況的影響。

第七章為企業社會責任推進機制的實現路徑。本章對之前的結果進行分析和總結，從外部制度環境和企業公司治理機制兩個方面提出符合中國國情的企業社會責任的有效實現路徑，以提升中國企業社會責任發展水準。

第八章為研究結論、研究局限與展望。本章對全書研究進行了總結，進一步闡述了研究的局限所在，並對未來的研究方向進行了展望。

1.3.2　研究方法

為確保企業社會責任推進機制研究工作開展的有效性，本書總體上綜合運用了

文獻閱讀法、規範研究法、案例分析法、實證研究法等研究方法。

（1）文獻閱讀法。

通過閱讀經濟學、管理學、社會學等相關文獻，瞭解不同學科領域內與企業社會責任有關的研究視角和研究進展，在此基礎上，確定了本書探討企業社會責任推進機制的研究視角、研究方法和研究思路。

（2）規範研究法。

借鑑利益相關者理論、博弈理論、資源依賴理論和新制度主義理論等相關基礎理論，通過規範的演繹推理和分析，分析了不同的利益相關者在推動企業履行社會責任過程中起到的作用，找到了企業社會責任推進機制與利益相關者之間的內在邏輯聯繫和必然性，構建了企業社會責任推進機制的框架體系。

（3）案例分析法。

在對中國企業社會責任推進機制的現狀問題進行分析時，將理論研究中的「為什麼」和企業實踐活動的「怎麼做」及「做得怎麼樣」結合起來，針對具體企業進行走訪和調研，分析案例企業履行社會責任的現狀，以及在實踐活動遇到的問題，並對問題的成因進行剖析、歸納和總結，希望以此「由小見大」，得出更為普遍適用的結論。

（4）實證研究法。

實證研究主要是在當前中國轉型經濟環境下，分別從外部規則和內部規則的視角對企業社會責任的履行情況進行實證檢驗。本書採用中國2009—2013年的A股上市公司作為研究樣本，運用Tobit迴歸模型和Oligit迴歸模型，以法制環境（對應正式制度）及信任程度和媒體報導（對應非正式制度）兩個方面為外部規則，以內部控制和股權集中度及董事會效率為內部規則，分別從外部規則和內部規則的角度對企業社會責任的履行情況進行實證研究，探究了關鍵的宏觀制度因素和微觀公司治理因素對企業社會責任履行狀況的影響路徑，進而為提出符合中國國情的企業社會責任的實現路徑提供理論依據。

1.4　研究思路

遵循提出問題—分析問題—解決問題的思路，根據本書的研究內容與結構安排，

確定本書的技術路線，如圖1-1所示。

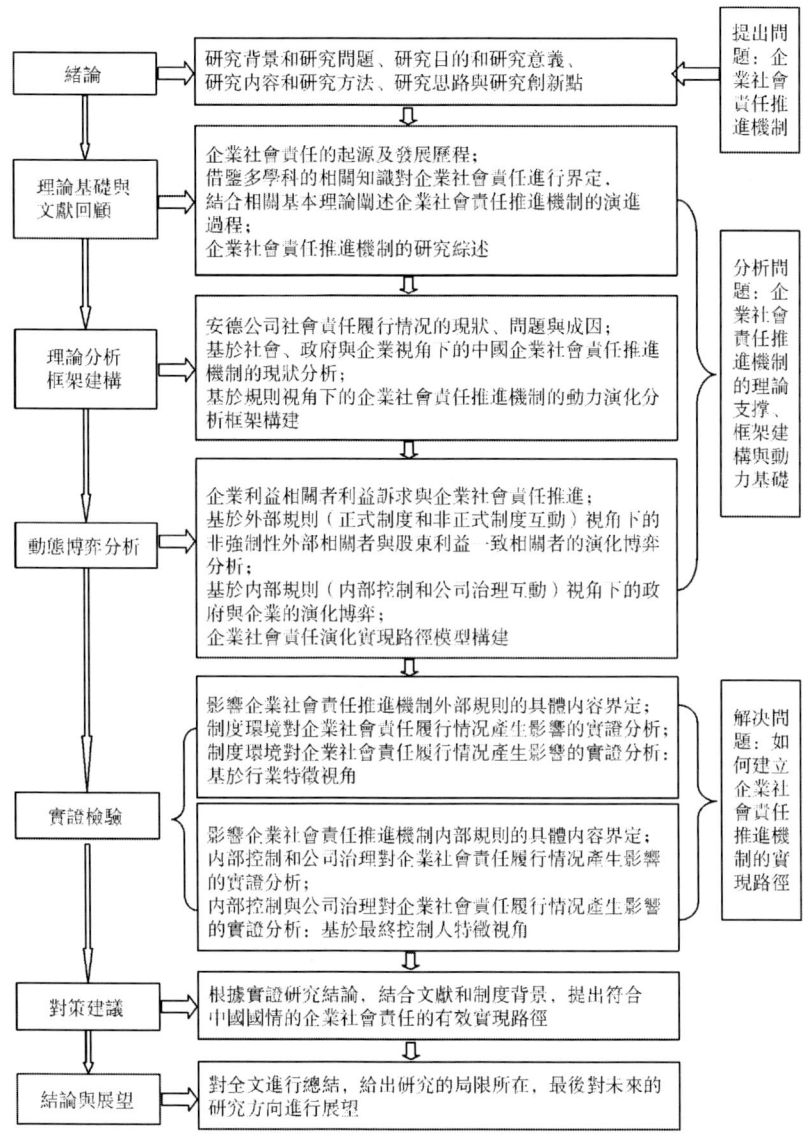

圖1-1　本書研究的技術路線圖

1.5 研究創新點

本書在研究企業社會責任推進機制的過程中，有以下幾個方面的創新。

(1) 從系統的視角重新定義了企業社會責任的概念。

本書在從哲學、經濟學、管理學、社會學四個方面對企業社會責任進行深入思考的基礎上，從系統論思想出發，界定了企業社會責任的概念。把企業作為一個系統，把企業社會責任履行所受到的外部壓力看成是外部環境，企業內部所存在的不同利益載體看成是企業內部的各個子系統，剖析了企業社會責任的內部規律及本質。

(2) 構建了企業社會責任推進動力機制的分析框架。

本書借鑑 Hayek 提出的「社會秩序二元觀」思想，通過定義企業的外部規則和內部規則這兩種推進履行企業社會責任的重要的動力機制，進一步通過動態博弈模式分析了它們推進企業社會責任動態演化的作用機理。企業社會責任的具體演化路徑是由與企業社會責任演化有關的利益相關者之間的力量對比決定的。其中，在正式制度和非正式制度的約束下，非強制性外部相關者與股東利益一致相關者經過不斷的演化博弈，最終會實現某一階段的動態均衡，進而形成「自發秩序」，這種「外部規則」以「自組織」方式推進企業社會責任的不斷演化和發展；政府作為強制性外部利益相關者，從維護社會公眾的角度出發，對企業社會責任演化行為進行規制，經過多次動態博弈，實現某一階段的動態均衡，進而形成「建構秩序」，這種「內部規則」以「強制性」方式推進企業社會責任的不斷演化和發展。企業社會責任初始狀態受到「外部規則」自組織式及「內部規則」強制性的衝擊，在其他外部推動因素及企業自身內在動因的共同作用下，達到企業社會責任的動態均衡狀態。後來隨著利益相關者的利益訴求發生變化，進而開始新一輪的博弈。如此反覆，從而推進企業社會責任的不斷演化和發展。

(3) 結合中國的制度背景實證檢驗了企業社會責任推進機制的影響因素。

儘管當前已有研究從外部制度環境對公司履行社會責任的影響的角度進行檢驗，但更多是基於正式制度（如市場化進程、政府干預程度、要素市場發育程度、法制環境等）的視角。雖然也有極少數文獻關注了非正式制度（如媒體治理）對企業社

會責任履行狀況的影響,但對正式制度與非正式制度兩方面對企業社會責任的聯合作用的影響仍缺乏足夠關注,而且這些研究也沒有考慮中國特有的公司內部治理結構對企業社會責任履行狀況的影響。因此本書從中國當前的轉型經濟環境出發,以法制環境(對應正式制度)及信任程度和媒體報導(對應非正式制度)兩個方面為外部規則,並且以內部控制和股權集中度及董事會效率為內部規則,首先在分別考察了正式制度與非正式制度對企業社會責任履行狀況的影響的基礎上,重點考察了正式制度與非正式制度的聯合作用對企業社會責任履行狀況的影響;結合企業的行業特徵,分別考察了正式制度與非正式制度對不同行業特徵中企業社會責任履行狀況的影響。其次在瞭解了企業正式制度和非正式制度影響後,在考察了內部控制對企業社會責任履行狀況影響的基礎上,進一步重點考察了股權集中度和董事會效率分別與內部控制的聯合作用對企業社會責任履行狀況的影響;結合企業的最終控制人特徵,考察了內部控制及其與股權集中度和董事會效率的聯合作用對不同最終控制人企業社會責任履行狀況的影響。研究表明要進一步推進和改善中國企業社會責任履行狀況,必須結合中國轉型經濟背景下的鮮明的制度約束因素和特殊的公司治理機制,在完善相關制度環境的基礎上,進一步完善企業的公司治理機制,為企業社會責任的履行提供完善的激勵與約束機制,並且制度環境的優化和公司治理機制的改善要考慮企業的行業特徵和產權特徵。因此本書的研究結論一方面為理解宏觀制度層面如何影響企業開展和履行社會責任的微觀作用路徑提供經驗證據,另一方面也進一步豐富和拓展了在轉型經濟環境下,內部控制和公司治理如何影響企業社會責任履行的研究內容,進而可以為企業根據不同的內外部條件制定相應的社會責任策略提供經驗依據。

第二章 企業社會責任推進機制的
理論基礎與文獻回顧

2.1 企業社會責任的起源、發展與演進

2.1.1 企業社會責任的思想起源及發展

　　企業社會責任已經成為了當前管理學界和社會關注的熱點。雖然真正從理論上對企業社會責任的研究，管理學界是從20世紀20年代才開始的，但是作為一項與社會有著較大關聯的內容，企業社會責任思想在西方第一次工業革命時期就已經出現[3]。在英國完成了第一次工業革命後，人們對於工人待遇、就業及失業問題等的重視程度不斷提升，這時開始出現了企業社會責任的萌芽。其中，古典經濟學在18世紀中後期開始逐步形成了企業社會責任觀，主要觀點是「商人不應當為個人私利而損害社會利益」，這被看成是企業社會責任理論研究最初的萌芽。後來，隨著經濟社會的不斷發展，在18世紀末期開始表現為企業主對社會的慈善行為，如捐資助學、捐建教堂等[4]。進入19世紀後，一些企業受傳統經濟理論的影響，在履行社會責任方面持消極的態度，同時「適者生存」的理念也被一些人所接受，這種思想意識不鼓勵企業考慮和關注非經濟的利益追求。

　　而從19世界末和20世紀初開始，隨著現代工業文明的逐步建立，以及現代管理理論的不斷創立，人們對於現代工業對環境、社會等造成的負面影響的認識不斷深入，使得人們對於企業社會責任問題逐步重視，現代企業社會責任觀念出現並獲得了較好發展。20世紀20年代，來自大型石油、能源企業、通信企業、汽車製造企業的高層管理者，最早倡導了現代意義上的企業社會責任[5]。對於企業社會責任

的理論研究而言，管理學界一般認為，是由英國的 Oliver Sheldon 於 1923 年在其著作 The Philosophy of Management 中最早提出「企業社會責任」的概念，認為企業社會責任定位於滿足其生產經營的相關方的利益訴求，從而將企業社會責任與利益相關者的需求聯繫在一起。儘管 Sheldon 提出了企業社會責任的概念，但是當時在理論界並沒有得到足夠的重視。一直到 1953 年 Howard R. Bowen 的著作《商人的社會責任》一書出版後，關於企業社會責任的概念才得以確立。在該著作中，Bowen 提出企業社會責任的概念包括三個方面的內容，即企業社會責任的主體主要應當是現代大公司，企業社會責任的實施者是企業的管理者，企業社會責任的履行原則是自願。該研究獲得了管理學界的高度評價，被認為開創了現代企業社會責任的研究領域，因此 Bowen 被稱為「企業社會責任之父」。20 世紀 60 年代前後，很多學者加入到企業社會責任的研究中，尤其是從不同的視角推動了企業社會責任概念的發展。

　　總體而言，現代意義上的企業社會責任的研究可以分為三個階段：第一個階段是 20 世紀 20 年代到 60 年代的企業社會責任提出和確立階段，第二個階段是 20 世紀 70 年代到 90 年代的廣泛關注階段，第三個階段是 21 世紀初至今的全球發展階段。[6]

　　之所以企業社會責任會在 20 世紀 70 年代以後得到廣泛關注，是由於 70 年代以後西方國家在經受第二次世界大戰挫傷後，經過二十餘年的恢復，經濟重新步入了快速發展軌道，而與之相伴的是對勞動者和消費者權益侵犯問題的不斷增加，加之環境污染問題、誠信問題，使得企業社會責任問題的嚴重程度愈加提升。在這樣的背景下，西方國家對於企業社會責任的研究也愈加重視，且出現了很多關於企業社會責任的概念界定和理論學說，包括「金字塔」模型、「三個同心圓」理論、「三重底線」理論等。並且，對於企業社會責任的研究，不再拘泥於過去「該不該履行」的問題，而是朝著「如何履行」的方向展開研究。其中比較典型的有：1971 年美國經濟開發委員會發表的《工商企業的社會責任》中所提出的企業社會責任的「三個同心圓」理論，包括經濟責任、社會責任和無形責任三類，其中經濟責任是企業最基本的責任；Carrol 於 1979 年提出著名的社會責任「金字塔」模型，指出企業社會責任包括經濟責任、法律責任、倫理責任、慈善責任四個方面；Elkington 於 1997 年提出的「三重底線」理論，認為企業行為應當遵循經濟底線、社會底線、環境底線。

另外一些國際組織也開始對企業社會責任的研究進行分析，其中最有代表性的是「SA8000 標準」(Social Accountability 8000 International standard)。該標準指出企業社會責任應包括從勞動保障、人權保障和管理體系三個方面[7]。

和國外不同的是，雖然中國針對企業社會責任的研究是在 20 世紀 90 年代後才逐步開展的，但是事實上，在古代就已經出現與企業社會責任相關的思想。例如，孔子在《論語·理仁篇》中提出，「君子喻於義，小人喻於利」，孟子在《孟子·盡心章句上》中提出，「窮則獨善其身，達則兼濟天下」……這些都可以看成是對社會責任履行的最初表達。中國真正意義上針對企業社會責任進行研究是 20 世紀 90 年代以後，中國政府試圖通過出抬一系列政策文件的發布，推進企業社會責任工作[8]。

2.1.2 企業社會責任的概念界定：基於多學科視角的思考

國內外對於企業社會責任已經有較多的概念界定，尤其是在 2000 年之前，ISO26000 社會責任指引未正式發布之前，企業社會責任還沒有一個被普遍接受的定義，包括歐盟、聯合國全球契約組織、中國可持續發展工商理事會等，分別針對企業社會責任給出了自己的界定。而 ISO26000 社會責任指引的發布，為社會責任提供了一個在國際上可以被最大範圍接受的概念。ISO26000 社會責任指引認為，「社會責任」是「組織通過透明的、合乎道德的行為，為其決策和活動對社會和環境的影響而承擔的責任」[9]。

從目前的情況來看，對於企業社會責任的界定，主要是在前人研究的基礎上，尤其是在 Carrol (1979) 年提出的企業社會責任的「金字塔」模型的基礎上[10]，所進行的分析總結，總體上並沒有超出金字塔模型的框架範疇。考慮到企業社會責任本身涵蓋哲學、經濟學、管理學、社會學的內容，因此本書將在總結前人對企業社會責任概念界定的基礎上，從哲學、經濟學、管理學、社會學等視角，分別對企業社會責任進行分析。在此基礎上，從系統論的視角出發，界定企業社會責任的概念。

2.1.2.1 企業社會責任的哲學視角思考

企業社會責任雖然被提出的時間並不長，但是其本質上是對古老哲學在繼承基礎上的重新演繹。根據目前國際上較為通行的界定，企業社會責任的理解即企業在創造價值的過程中，不僅應當履行經濟方面的責任，同時還應當遵守法律法規、商

業道德、勞動者權益保護等方面的要求。只有這樣，企業才能夠可持續性發展。根據這樣的分析，企業社會責任與哲學中相關的思想相吻合。具體而言，從哲學層面詮釋，企業社會責任具有的特性如下。

（1）企業社會責任是動態發展的概念。

馬克思主義哲學認為，「運動是絕對的，靜止是相對的」。企業社會責任本身也是一個動態發展的概念，其隨著外部環境的變化及企業的發展變化而出現新的發展態勢。從過去企業社會責任單純考慮人類需要，發展成為目前綜合考慮人類需要、環境、可持續發展等與所有利益相關者相關的綜合體系[11]。並且，隨著社會的不斷發展，企業社會責任的概念也必將處於不斷發展的過程中。

（2）企業社會責任體現的是人與環境的和諧統一。

當前，和諧社會建設、可持續發展已經成為中國經濟社會發展的重要立足點。和諧社會建設及可持續發展的一個重要內容，就是要實現人與環境的和諧統一。其中，環境不僅包括了人類所賴以生存和發展的外部環境，同時也涵蓋了經濟環境、社會環境等方面。企業作為經濟社會中的重要組成部分，應當為和諧社會建設、可持續發展提供有利載體[12]。對於企業而言，履行社會責任的重要表徵，是要注重人與外部環境的平衡，注重對生態環境和社會環境的改善，提升外部環境尤其是自然環境的利用效率，進而確保外部環境系統與企業自身系統的協調發展。

（3）企業社會責任是企業「義利一體」的重要表徵。

在中國傳統文化中，「義利一體」有如下的表徵：義務與利益要結合、兼顧、並舉。這反應到企業生產經營中，直接的體現便是企業「經濟人」與「社會人」角色的統一[13]。作為社會經濟活動中的重要主體，企業一方面要履行經濟責任，努力實現自身經營效益的最大化；另一方面，企業作為社會人，需要履行相關的社會責任，進而實現企業的「義利一體」[14]。

2.1.2.2 企業社會責任的經濟學視角思考

從上述研究結論可以看出，企業應當在履行利潤獲取、經濟價值創造等職責的基礎上，履行與利益相關者有關的諸如環境保護、法律維護、社會救助等方面的義務。從制度經濟學的視角分析，企業社會責任本質上是一種制度安排[15]。由於企業的利益相關者是指「在企業中進行了一定的專用性投資且承擔風險的個體和群體」，因此企業本身是由各利益相關者的利益訴求所構成的契約集合體[16]。不同的利益相

關者的利益訴求不同，使得企業的日常行為必然會受到一定的束縛，各利益相關者之間通過相互利益的爭取，最終實現「相對平衡」。而作為企業諸多利益相關者中的「社會公眾」「顧客」「民間組織」等，對於企業有履行社會責任的要求，通過與其他利益相關者的制衡，最終促成企業履行社會責任[17]。

因此，從制度經濟學的視角分析，企業行為是由利益相關者的利益訴求所形成的一種契約行為[18]。而在該模式下，企業的行為受到制度的約束，正是各方利益訴求不同而引發的「利益碰撞」，使得最終企業行為受到制度的約束。企業社會責任正是在這樣的背景下產生，並且作為一種制度安排的，其履行情況受到制度實施機制的約束[19]。

2.1.2.3 企業社會責任的管理學視角思考

管理學分析的基礎是對人性的假設。從目前的情況來看，管理學理論對於人性假設問題，經歷了由「經濟人」到「社會人」的發展歷程，在不同的人性假設下，企業的管理內容及管理重點存在一定的差異[20]。具體而言，在「經濟人」假設中，企業的重點在盈利上，認為這是企業應當關注的重點，也是最早對企業社會責任的內涵的理解，即企業應當以利益最大化作為企業發展的主要目標，這也是企業實現其社會責任的主要方式；在「社會人」假設中，企業除了被賦予盈利的要求外，同時還應當履行其作為社會中的一個組成部分而必須承擔的相關社會責任，例如慈善、環境保護等[21]。

從企業社會責任履行的角度而言，其本身是屬於企業管理工作的範疇。而作為一項與企業生產經營相關的活動，企業管理涉及企業在信息獲取、決策、計劃、組織、指揮、協調、控制等職能的發揮[22]。這些管理職能發揮的效果的好壞，在很大程度上決定了企業發展的成效，也是企業社會責任能否順利履行的重要支撐。

2.1.2.4 企業社會責任的社會學視角思考

經濟社會學認為，企業是「嵌入」社會結構之中的理性行動者[23]。作為理性行動者，企業在決策過程中，必然會考慮社會可能帶來的不確定性因素及限制條件。與此同時，企業「嵌入」社會結構表明企業是經濟性與非經濟性的統一，也意味著企業自身的行動分為經濟行為和非經濟行為。其中企業的經濟行為在一定程度上會受制於非經濟行為，非經濟行為更多與法律法規、社會文化、社會風俗、道德等層面有關。基於此，企業要確保經濟行為開展的有效性，必須對企業非經濟行為的影

響因素進行分析，並加以處理。並且，企業非經濟行為所涉及的利益相關者較多，基本上所有的利益相關者都會對企業非經濟行為產生影響，進而對企業經濟行為產生影響。這就要求企業在決策時，不能僅僅簡單地考慮自身的經濟利益最大化，同時還需要考慮社會利益，即應履行社會責任[24]。

與此同時，對於企業而言，有計劃地進行資本累積是企業獲得長遠發展的重要支撐。在這樣的背景下，企業必須利用自身的關係資源以獲得有助於企業發展的社會資本。對企業內部而言，企業首先要確保企業經營管理決策合理及生產運作流程的高效，保證規範企業管理層的行為受到規範和約束，同時也要為員工塑造安全的工作環境，確保身心健康，保障其合法權益不受侵害；對企業外部而言，企業必須努力處理好與政府、社區和其他企業的關係，以創造良好的外部環境。企業通過上述手段可以獲取強大內部社會資本和外部社會資本，不僅有助於增強企業內部成員之間合作關係，也有利於加強企業與政府、社區以及其他企業之間的信任關係，進一步樹立良好的企業形象，提高企業的持續競爭優勢[25]。基於此，企業履行社會責任對於獲得更多的社會資本，從而增強企業與利益相關者的信任關係，具有十分重要的意義。

綜上可知，企業會為了自身發展的需要而履行社會責任，企業履行社會責任在企業獲得社會資本等方面發揮著重要作用。

2.1.2.5 基於系統論思想的企業社會責任概念界定

根據上述分析可以看到，企業社會責任是企業應當履行的職責，是作為「社會人」在享受了社會給予的發展機遇及公共資源後，應當回報社會的責任。企業社會責任的產生，是基於企業的「社會人」屬性及企業與利益相關者之間的問題所決定的，即企業社會責任的產生及發展在一定程度上是企業外部環境決定的。與此同時，企業作為自主經營的組織，自身內部在經營理念、發展規模等方面，必然在不同的管理者甚至普通員工中會有一定的分歧，而分歧的存在，有可能會對企業的各項決策產生影響，其中包括企業利益的分配，而企業利益的分配又很大程度上決定了企業社會責任的履行情況。考慮到企業自身及企業所處的環境本身就屬於系統的範疇，基於此，可以從系統論視角出發來界定企業社會責任的內涵。

在系統論的視角下，企業作為一個系統，外部要求企業積極履行社會責任的壓力是企業生存所依賴的外部環境，企業內部所存在的不同利益載體可以看成是企業

內部的各個子系統[26]。而企業社會責任可以做出如下的詮釋：企業作為整個社會系統的一個組成部分，一方面其受惠於來自外部環境的資源，進而獲得發展機遇；另一方面企業在發展過程中，也會對外部環境產生影響，尤其是會產生負面影響，負面影響最終由外部環境承擔。這意味著，企業與外部環境權利和義務的不均衡性的存在。正是這種不均衡性的存在，使得企業發展面臨著外部壓力，加之企業內部本身不同子系統之間對於這種不均衡性的存在有分歧，而子系統之間的制衡最終以制度形式明確企業應當履行對社會的責任。正是在企業內部制度和外部環境壓力的共同作用下，企業最終以一定的方式（如捐款、慈善、環境保護等）向社會履行責任，進而實現企業與外部環境和企業內部之間的相對穩定。

假設整個社會系統中存在著 n 個企業，每個企業均為一個系統，記為 A_i（$i=1$, 2, $\cdots$, n），考慮到各企業內部均存在著因利益取向相一致而組成的內部組織，即子系統，假設各企業分別包含 m_j（$j=1$, 2, $\cdots$, i）個內部組織，這意味著系統 A_i 中包括子系統 A_{i1}, A_{i2}, $\cdots$, A_{im_j}。同時，各系統 A_i 分別存在與其相關聯的外部環境 E_i。系統 A_i 與其關聯的外部環境 E_i 之間存在著一定的關聯性，並且關聯性是多方面的：一方面，系統 A_i 從與其關聯的外部環境 E_i 中獲得相應的資源，以滿足系統 A_i 發展的需要，這種作用機制記為 D_i；另一方面，系統 A_i 又對與其關聯的外部環境 E_i 產生一定的負面影響，導致外部環境 E_i 出現負面反應，這種作用機制記為 P_i；且這種負面反應對系統 A_i 的發展帶來影響，要求系統 A_i 必須對外部環境 E_i 進行補償，這種作用機制記為 Q_i。另外，系統 A_i 內部各子系統 A_{i1}, A_{i2}, $\cdots$, A_{im_j} 之間存在的作用機制，記為 R_i。因此企業社會責任是指，由於系統 A_i 自身發展的需要，從其外部環境中通過 D_i 機制獲得相應的資源，同時對外部環境 E_i 通過 P_i 機制產生負面影響。如果 P_i 機制無限放大，則不僅會對外部環境 E_i 產生負面影響，而且也會對系統 A_i 發展產生負面影響。系統 A_i 內部通過 R_i 機制的協調作用，以及外部環境 E_i 通過 Q_i 機制，要求系統 A_i 對外部環境進行補償，即系統 A_i 履行社會責任。

根據上述分析，企業社會責任的系統論界定思路見圖 2-1。

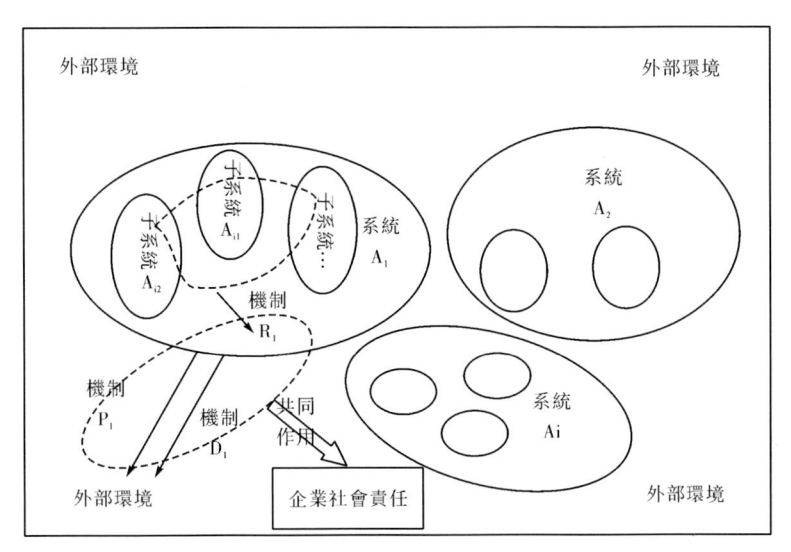

圖 2-1　企業社會責任的系統論界定示意圖

2.1.3　企業社會責任推進機制的界定

在理解企業社會責任推進機制的內涵時，需要首先理解機制的內涵。

「機制」一詞最早源於希臘文，原指機器的構造和工作原理。現已廣泛應用於自然現象和社會現象，指其內部組織和運行變化的規律。把機制的本義引申到不同的領域，就產生了不同的機制，如引申到社會領域，就產生了社會機制。一般而言，機制與事物緊密聯繫，事物是機制的載體，事物的各個部門的存在是機制存在的前提。機制以一定的運作方式將事物的各個部分聯繫起來，使它們協調運行而發揮作用。

推進機制是指在為了有效實現系統的良性運行，而提出的能夠促使系統內部子系統之間及系統與外部環境之間有機結合的工作方式。推進機制是在分析系統工作原理的基礎上，對影響系統工作的因素及各因素結構、功能、及其相互關係進行研究，進而提出的能夠對這些因素產生正面影響、提升系統功能發揮成效的運行方式。

對於企業社會責任而言，其影響因素主要涉及企業自身內部系統之間、企業與外部環境關係等方面。基於此，有必要在分析以上影響因素的影響機理的基礎上，提出促進企業社會責任更好發展的工作方式，即企業社會責任推進機制。

總體而言，企業社會責任推進機制是指企業推進社會責任的運行方式，是影響、

引導和制約企業社會責任決策，同時在企業運行過程中，規範和約束企業社會責任履行的各項活動的基本準則及相應制度，是決定企業社會責任履行的內外因素及相互關係的總稱，是企業社會責任履行中各環節內部及各環節之間本質的和內在的相互關聯、相互制約的工作方式的總和。

2.2　企業社會責任推進機制的理論基礎

在企業社會責任演化的過程中，為確保企業社會責任推進機制研究工作開展的成效，有必要借助於一定的理論和方法。具體而言，本研究所借鑑的理論包括如下內容。

2.2.1　利益相關者理論

傳統的企業理論認為股東的利益至上，股東作為企業物質資本的提供者，應最終享有企業的剩餘控制權和剩餘索取權，因此企業的一切行為應該是以股東利益最大化為目標，如 Grossman and Hart（1986）就指出，將公司的剩餘控制權配置給那些最難監督利益主體，能提高公司資產的使用效率，可能是最有效的產權安排[27]。但隨著科技水準的提高，物質資本在促進企業發展中的作用日漸減弱，特別是以社會網絡為特徵的新知識經濟興起，掌握核心知識的人力資本在企業價值創造中的作用越來越明顯，如在高新技術企業中，作為創新主體的研發人員和其他擁有特殊的無形資產、生產資料、管理經驗的人力資本，在企業價值創造過程中處於核心地位，他們往往是決定高新技術企業持續成長的關鍵因素。因此，傳統的企業理論已經無法解決企業的其他重要利益相關主體的利益訴求等諸多問題[28-29]。

針對傳統企業理論的不足，學術界開始不斷反思企業的所有權安排這個理論難題。很多學者逐漸清楚地認識到，企業不僅僅是為股東服務而存在，實際上還是一個以所有權為中心的、「狀態依存」的社會關係的集合。企業剩餘權的擁有者不再僅僅局限於股東，也不斷向外擴展到包括管理者、員工、銀行、供應商、客戶乃至社區等在內的其他利益相關者身上，在此基礎上，利益相關者理論逐漸形成並得到了迅速發展。利益相關者思想的代表作是 Freeman 在 1984 年出版的 *Strategic manage-*

ment: A Stakeholder Approach[30]一書，提出了利益相關者的概念的基本特徵，並從戰略管理的視角闡述了利益相關者對企業持續經營和競爭優勢的作用，並且特別強調企業現實中的利益相關者不是固定不變的，他們和企業之間的利益關係會隨著企業戰略經營的變化而改變，這對後來的企業管理思想的發展起到了重要的推動作用。在此基礎上，Jensen and Meckling（1976）指出，企業不應該僅僅關注股東利益的最大化，實際上企業是由不同的要素投入主體即利益相關者所構成的[31]，因此企業應該從為股東創造價值轉變為為所有的利益相關者創造價值，因為企業擁有的各種要素是由不同的利益相關者投入的，除了包括股東投入的股權資本之外，還包括債權人投入的債務資本，企業管理層和雇員投入的人力資本，以及政府、供應商、客戶投入的企業生存和發展的其他要素，等等。這表明，不同的利益相關者都向企業投入生存和發展所必需的生產要素，實際上所有的利益相關者都依據自身投入的要素來承擔經營風險，在特定的經營條件下，有的利益相關者甚至承擔的經營風險要高於股東承擔的風險，為此企業在公司治理機制中必須賦予這些利益相關者保護自身利益不受侵害的權利，至少必須要保護擁有關鍵生產要素的利益相關者的合法權利不受侵害。因此企業的相關權利（包括剩餘控制權和剩餘索取權等）不應該只集中配置給股東，而應該以各利益相關者所提供要素的稀缺程度為基礎重新進行配置[32]。

鑒於不同的利益相關者具有不同的利益訴求，並且在企業之中，這些不同的利益訴求之間可能是相互衝突的，而這對企業的價值創造乃至經營發展的穩定性會產生極其重要的影響。因此，如何協調利益相關者的利益訴求和緩解利益衝突就成為利益相關者理論研究的重要內容[29]。

以股東為中心的單邊治理機制本身無法促進企業對不斷變化的利益相關者的利益訴求[31]，也不能促進企業合理應對市場環境的變化。雖然利益相關者的共同治理機制在理論上能夠解決以股東為中心的單邊治理機制的缺陷，但一個無法忽視的問題是，利益相關者的共同治理無論是在邏輯上還是實踐中都無法解決控制權歸屬、風險承擔和收益分配等機制問題，服務多個主體最終將會導致企業管理陷入混亂、衝突和效率低下的處境，最終可能導致企業失去競爭力。Rowley（1997）指出，利益相關者理論要想獲得更大範圍的認可，首先必須要解決對利益相關者進行科學合理的界定和分類的問題[33]，這是取得進一步的突破和發展的關鍵和基礎；然而

Donaldson and Dunfee（1995）指出，僅僅通過界定利益相關者概念和分類，還不能全面認識利益相關者的利益訴求及其相關特性[28]。因此，一些研究順延這個思路對企業的利益相關者進行了界定和分析，如 Waddock and Graves（1997）將企業的利益相關者分為主要和次要兩類，前者主要包括對組織具有持續影響的股東、員工和客戶等，後者主要包括對組織產生影響的「人權標準、勞工標準和環境問題」的非政府組織、社區和政府等[34]。其他學者試圖運用多維度分類法和 Mitchell 評分法和對利益相關者進行分類，也發現不同的利益相關者之間的特徵差異非常明顯[35-36]。這雖然進一步深化了對利益相關者的理解和認識，但由於不同的學者基於不同的視角，目前針對企業利益相關者的分類並沒有形成一個較為統一的標準。

綜上所述，人們對於組織發展中影響因素的深入分析和研究，使得利益相關者分析成為了企業有關決策工作開展的重要支撐，進而使得利益相關者理論的應用獲得了較好發展。越來越多的學者都認識到對企業而言，其自身的經營發展與多種因素有關，歸根究柢都可以歸納為與企業的利益相關者有直接的關聯。企業作為社會經濟系統中的一個組成部分，在完成自身「經濟人」使命的同時，還應當履行其作為「社會人」的責任，即企業社會責任的履行。而利益相關者理論為企業社會責任演化機理及推進機制的研究提供了思考的依據和理論的基礎，進一步表明企業除了在日益激烈的市場競爭中獲得生存和發展的空間以外，還必須考慮利益相關者的利益訴求問題，考慮企業倫理問題，考慮承擔社會責任等問題。從某種程度可以這樣認為，傳統的企業理論更加關注股東利益，而推動其他利益相關者的利益訴求和社會責任的主要因素是利益相關者理論的提出和發展。

2.2.2 契約理論

從上文的分析來看，從 20 世紀 80 年代起，學術界中一些富有遠見的學者開始前瞻性地從利益相關者的角度探討企業的戰略決策和經營行為，要求企業從傳統的股東財富最大化的單一目標轉變為兼顧所有的利益相關者的利益訴求的多元目標，這改變了人們對傳統企業理論下企業本質的認識。因此研究問題的重心順理成章地轉移到企業的本質這個問題上來。

與利益相關者理論強調企業要兼顧所有利益相關者的利益訴求不同的是，契約理論的主要思想認為，企業本質上是一個由不同的利益相關者為了實現各自利益最

大化而聯合締結在一起的契約組織，其中各種生產要素的提供者——利益相關者無疑就是締約主體。因此企業與各利益相關者都存在契約關係，既有經營者和股東之間簽訂的股份契約、經營者與雇員簽訂的勞務契約、企業作為債務人與銀行等債權人簽訂的貸款契約、企業作為上游供應商（或下游客戶）與下游客戶（或供應商）簽訂的交易契約，還有企業作為法人組織與政府簽訂的稅收契約，等等。可以說，企業本質上是不同的利益相關者之間簽訂的一系列不完全契約的聯結體[31]。最初不同的利益相關者通過不同的締約方式向企業投入必需的生產要素，同時通過契約條款來規定締約主體之間的權利和義務。進一步從企業存續和發展過程來看，企業作為一個具備效率的組織平臺，在這個平臺上初始締約的各個利益相關者在現有資源配置的基礎上，通過不斷地交易生產要素使用權來保障企業內部能力與外部環境動態匹配，比較典型的如作為人力資本要素的提供者——經營者和作為非人力資本要素提供者——股東在交易過程中所衍生的契約關係與生產活動中所衍生的合作關係如何相互組合而更有效率。由於不同利益相關者最終利益的實現不僅取決於初始的締約效率，還取決於企業所從事生產活動的生產效率，因此可以把企業理解為是一個將交易功能與生產功能緊密融為一體的契約集合，這個契約集合不僅具有契約屬性。也具有生產屬性，企業就是通過履行與其利益相關者所簽訂各種契約來不斷滿足其利益訴求，進而推進企業社會責任的實現[37]。可見，契約理論能夠比較好地解釋企業社會責任的產生[38]。

另外，從新制度經濟學角度來看，制度作為一種人為設計的協調和約束人們相互關係的規則和規則集，既包括正式的制度，如法律、法規、規則等，也包括非正式的制度，如風俗習慣、社會倫理及信任等。因此企業契約也可以被認為是一種人為設計的協調和約束締約雙方的權利和義務的制度[39]。企業的契約集合，既包括顯性契約，又包括隱性契約。例如，在管理層與雇員簽訂的勞務契約中，雖然管理層和雇員能夠事前明確約定工作時間長度、工作崗位、工資水準等內容，但在很多時候，無法有效地客觀衡量雇員對企業價值的實際貢獻，此時利用管理層對雇員工作的主觀評價進行估計，進而作為確定雇員報酬或者作為是否取得職位晉升的依據，可能是一種更為常見的辦法。但是管理層對雇員的工作績效進行的主觀評價往往會出現偏差，也就是管理層可能會故意高估或低估雇員工作的績效，以增加或減少雇員工資的實際支付額度，或者增加或減少獲得職位晉升的機會。為此，管理層與雇

員雙方事前必須達成一種隱性契約，約定的內容並不出現在正式簽訂的契約中，而是作為一種心照不宣的、對締約雙方都有約束力的制度規則隱含在正式契約之中，相應契約的實施不是建立在正式的法律保護制度上的（如正式的法律制度條款、法庭判決和執行等），而是依靠締約雙方的信任關係來維繫的。Donaldson and Dunfee（1995）也認為企業與利益相關者之間所遵循的契約包括顯性契約和隱性契約兩類[28]，他將所有契約形式總稱為綜合性社會契約，進而有機地將企業社會責任和不同利益相關者的利益訴求關聯起來。企業需要及時地對利益相關者的利益訴求做出有效回應，因為企業是利益相關者之間顯性契約和隱性契約的載體，如果企業拒絕履行社會責任或者無法滿足和回應他們的合理利益訴求，可能會影響企業的生存和持續發展。綜合性社會契約理論之所以能成為聯繫企業社會責任與利益相關者利益訴求的中間紐帶，主要是綜合考慮了「工具性觀點」和「規範性觀點」，認為企業必須承擔社會責任，權衡和考慮不同利益相關者的利益訴求，企業不僅是獲取經濟利益和創造價值的工具，也是倫理性的社會責任的履行方。企業只有在生產經營過程中全面履行了綜合性社會契約中所包涵的各種責任，才能進一步生存和發展。雖然利益相關者的很多權利和義務大多都是通過事前所簽訂的顯性契約（條款）來約定的，但是現實中不可避免地存在許多利益關係無法採用相應的條款進行明確和顯化，或者顯化的成本極高以至於雙方都不得不選擇放棄，但這並不必然表示某些事前沒有在契約條款中約定的偶發事件在發生後可以因「契約中沒有明確規定」而拒絕履約或者推卸應該承擔責任，這既不符合規範性的道德倫理，也可能會導致利益相關者退出契約進而對企業的生存和發展產生不利後果。Quinn and Jones（1995）進一步指出，儘管利益相關者的利益訴求有些是合理的，有些是不合理的，企業需要通過事前建立一系列嚴格的程序和規範來仔細甄別，但這只是在技術層面需要加以考慮的問題，而不能本末倒置，從根本上否定企業應該履行其應盡的社會責任[40]。這表明，企業必須堅持做「正確的事」和做「應該做的事」，不應單純地將考慮和回應利益相關者的利益訴求作為實現經濟利益的手段和工具，應該用超出成本收益的原則來考慮履行社會責任的行為。

因此，契約理論為企業社會責任的演化與推進機制問題提供了一個重要的分析框架，企業是利益相關者之間顯性契約和隱性契約的載體，其中一系列顯性和隱性的契約通過規定利益相關者的利益訴求，除了要通過獲取經濟利益來滿足生存和發

展之外，還要求企業必須從更寬泛的層面來考慮公司經營行為對社會的影響，進而形成了企業的社會責任。

2.2.3 資源依賴理論

從企業社會責任理論的起源和演進過程來看，利益相關者理論和契約理論為企業社會責任注入了豐富的思想內容，為確定企業社會責任的範圍提供了重要的認識[41]，也就是企業的社會責任可以明確確立在企業與利益相關者之間的關係之上。但需要強調的是，上述利益相關者理論研究在一定程度上把利益相關者的利益訴求與企業所處的現實環境割裂開來了，比如企業是如何考慮和確定哪些利益相關者的價值訴求是需要恰當回應的？又是如何解決與不同利益相關者之間存在的價值衝突的？並且進行判斷的依據是什麼？特別是利益相關者所追求的價值與特定的情境相關，在不同的制度環境中的利益相關者對企業提出的利益訴求是有差異的，這種差異決定了企業必須結合具體環境來確定所承擔社會責任的範圍和條件。

針對上述問題，一些學者開始從環境對組織的影響及組織與環境關係的角度反思，進而逐步認識到沒有任何一個組織能夠完全自給自足，為了生存和發展，所有組織都必須與其所處的環境進行交換以獲取必要的稀缺資源。這種內在的需求導致了組織對外部環境的依賴，並且企業所必需的資源的稀缺性和重要性則決定組織依賴性的本質和範圍，在此基礎上逐步形成了資源依賴理論，並且在很多方面得到了很好的應用和發展[42-44]。具體到組織間依賴的視角，資源依賴理論認為企業處於一個開放的社會系統中，不可能擁有和控制其所必需的全部資源，特別是那些稀缺的和關鍵性的資源。因此企業需要和利益相關者相互交換以獲取這些稀缺的和關鍵性的資源，如股東和債權人向企業提供資金資本，雇員向企業提供人力資本，政府向企業提供的公共服務等。這些擁有關鍵性資源的利益相關者之所以願意把資源投入企業，是因為企業擁有和控制的稀缺的有形和無形的資源是其獲取持續競爭優勢的關鍵所在。其中，有形的資源是指企業所擁有的機器、廠房等實物資源及銀行存款、有價證券等金融資產，等等；無形資源是指企業所擁有的專利、技巧、知識、關係、文化、聲譽和能力，以及在生產經營過程中逐漸形成的獨特的組織慣例、知識傳遞和關係專用性資產等，這些都具有很強的專用性，難以被競爭對手模仿。如 Wernerfelt（1984）指出內部組織的能力、創新和知識是企業獲取持續競爭優勢的關

鍵所在[45]。Barney（1991）更是對資源的特點和分類進行了明確的界定，進一步推動了資源依賴理論的發展[46]。另外，也有一些學者開始認識到企業內部資源的可持續問題，由於企業在實際的經營過程中不得不面對外部環境的不確定性和激烈的市場競爭，隨著技術的進步，企業前期形成的某種核心能力可能反過來制約後續的發展。Teece et al.（1997）提出企業動態能力的觀點，指出企業的競爭優勢來源於企業擁有的累積和消化新知識和技能的動態能力[47]。Freeman（1999）的研究也表明，如果企業對某個利益相關者提供的關鍵性資源的依賴性越強，相應地，提供該資源的利益相關者獲取收益的能力越大，擁有的權力也越高[48]。這表明，企業的生存和發展依賴於那些關鍵的稀缺資源，而且依賴程度是由關鍵的稀缺資源對企業的重要性所決定的。從這個角度來看，企業是市場不能完全複製的專用性投資的聯結[43-44]。

雖然資源依賴理論的發展經過了多個階段，但其基本思想是企業的發展離不開與外界系統的資源交換。要想持續地提升核心競爭力，必須獲取關鍵性資源，關鍵性的資源一旦投入企業就可能逐漸形成專用性資產，進而產生組織租金。對於這些的利益相關者而言，正是他們預期到企業能夠創造組織租金，並且按照一定的規則分配組織租金，這是擁有關鍵性資源的利益相關者參與組織租金分配的基礎，導致企業必須承擔保護其參與組織租金分配的相關責任；對於企業而言，因為使用關鍵性資源創造了組織租金，就具有了向擁有關鍵性資源的利益相關者分配組織租金的義務，進而就產生了對擁有關鍵性資源的利益相關者的責任。鑒於企業內部擁有和控制的資源是有限的，企業無法有效解決全部利益相關者的利益訴求問題，想要在激烈的市場競爭中獲取生存和發展的空間，就必須在企業內部有限的範圍內進行動態調整，以擁有關鍵性資源的利益相關者為導向進行戰略選擇和佈局，或者通過使用政治途徑來改變其環境的合法性[49-50]，以不斷適應外部環境的不確定性。總而言之，資源依賴理論能夠有效地判斷和解釋利益相關者對企業的相對重要性[42]，這種重要性會轉變成擁有關鍵資源利益相關者的權利。因此企業必須從企業生存與發展的戰略高度來謹慎考慮和保護這些關鍵利益相關者的合法權益，進而如何更好的承擔社會責任就成為一個非常關鍵的戰略問題。

2.2.4 新制度主義理論

20世紀80年代，社會公民意識的覺醒，要求企業加強環境保護責任及披露相

關信息，同時政府、消費者和社會組織也在不斷地號召企業提供更多客觀和透明的社會責任信息，如全球報告倡議組織（Global Reporting Initiative）推出社會責任報告框架，鼓勵企業從經濟、社會和環境三個方面來披露社會責任信息。與此同時，出於可持續發展的考慮，企業越來越意識到關注和管理利益相關者的信息訴求，需要通過多種渠道來傳遞相關信息。於是一些從企業逐漸主動披露企業在社會責任方面的戰略規劃、運作過程等信息[51]。這表明，作為嵌入到社會結構中的一部分，企業的行為不可避免地會受到既定社會關係和制度環境的影響。因此在20世紀90年代後，逐漸出現了一些外部制度的視角出發的觀察和思考，使得企業社會責任的研究視野進一步得到了拓展。

新制度主義理論的開創與Meyer and Rowan於1977年發表的經典之作《制度化的組織：作為神話和儀式的正式結構》緊密相關。他們非常強調組織行為受到外部制度環境的制約，指出組織除了是人們長期認為的技術和關係的產物外，也是日益理性化的制度要素盛行的產物，組織行為是植根於、潛入於社會環境之中的，這種社會環境既是組織行為的結果又有助於塑造組織行為，因為組織和個人的認知、價值觀念、偏好和信念都會被具體的制度環境所影響[52]。這表明，組織的成功很大程度上取決於對制度化規則的趨同，以獲得合法性和必要的資源。DiMaggio and Powell在1983年發表的《鐵的牢籠新探討：組織領域的制度趨同與集體理性》一文中進一步強調和明確了組織為了獲得合法性而實現制度趨同的三種機制：①強制趨同性，來源於依賴的其他組織和社會文化的期待施加於組織的正式和非正式壓力。典型的是現實世界中很多大型的社會組織具有足夠的影響力，並且能將其擴展到社會中的多個方面，使得社會上很多願意參與相同活動的組織都傾向於發展類似的組織行政結構，以滿足行政部門的要求或尋求更多的支持。②模仿趨同性，來源於面對較高的環境不確定性時，組織通過模仿其他合法性組織的合乎公認的做法來實現制度趨同。比如當組織面對外部動盪的環境時，模仿那些成功組織的行為無疑是一種成本較低並且能減少不確定性的有效辦法，特別是對一些新的組織來說，模仿現有的成功組織的行為和結構可能更為行之有效。③規範性趨同，來源於專業化的社會團體（如行業協會、非政府組織）提供的規範性壓力，不同於法律制度或正式的規定，基本的或者專業化的社會規範更可能產生於專業化的組織或社會團體，如果企業違反了這些專業化的行為規範，更可能遭受行業內規則的處罰。如被同行業內的其他

成員疏遠、排斥和孤立,或者失去整個社會網絡進而失去未來獲得經濟回報的可能等[53]。和上述研究視角不同的是,Scott and Meyer(1983)儘管也強調組織與其所處的制度環境的一致性是組織合法性的來源,但更強調組織合法性的來源是通過遵守制度規則進而被社會廣泛接受而產生的。他們認為不是根據組織的經濟效率來評價其適當性,而是組織通過建立與制度環境要求相一致的結構或過程才能獲得合法性,進而被社會接受[54]。Scott(2001)進一步基於制度的三大基礎要素,將組織的合法性分為三類:一是規制合法性,主要源於組織必須遵守和服從於規制性要素,強調組織只有遵守政府行政部門或專業化團體等機構制定的相關法律法規,才能獲取合法性;二是規範合法性,主要源於組織遵守規範性要素,強調組織行為合法性是否符合道德準則,反應的是社會公眾對組織是否做正確的事的判定和認可;三是認知合法性,主要源於組織遵守文化——認知要素,強調組織在遵守社會共同的價值觀念、行為框架、思想觀念等廣泛接受的社會事實的過程中,能誘導或迫使組織吸收和採取與這些已被廣泛接受的觀念相一致的組織結構和制度,進而能獲得認知合法性[55]。

　　綜上所述,新制度主義理論對於組織行為的分析在公共管理、組織管理等領域已經取得了很多成果,近年來一些學者也在試圖運用其基本理論解釋企業社會責任行為。在當前政府、公眾和非營利組織等要求企業承擔更多的社會責任的呼聲越來越強烈的背景下,企業履行社會責任已經成了企業合法性的來源之一。並且,隨著經濟全球化的進一步加深,世界各國的有識之士都認為提高企業履行社會責任的積極性具有非常重要的意義,儘管對有些問題還存有爭議,但正是持有不同意見的不同群體通過不斷的對話和辯論,日漸形成了趨同的社會規範和原則。隨著認同範圍的擴大,一些具有高度社會責任感的企業也在不斷創新探索和勇於實踐,使得很多國家或地區的法律法規、產業規範、社會意識形態及公司內部文化和經營決策逐步將企業履行社會責任制度化[56]。因此,企業履行社會責任已經成為一個新的制度規範,為了獲得社會公眾的認可和組織合法性,企業唯有主動承擔社會責任,才能回應社會環境和社會公眾的期望和壓力,才能促進企業的發展。

2.3 企業社會責任及其推進機制的文獻綜述

2.3.1 企業社會責任的定義及其經濟後果

2.3.1.1 企業社會責任定義

Sheldon（1924）指出，企業的目標不僅僅是生產商品，也要讓社會公眾覺得企業生產的商品具有價值。這在一定程度上將企業的生產經營活動與社會責任聯繫起來，並把一部分道德因素融合在企業社會責任內。他主張企業的經營生產活動應該為社區服務，有益於增進社區利益[57]。Bowen（1953）認為，企業社會責任不僅要求企業生產經營活動所遵循的政策、決策或規章制度是在成本收益原則下制定的，還需要滿足社會價值觀和目標對企業的要求。企業的社會責任所包含和定義的範圍遠大於損益清單覆蓋的範圍，因此企業要在這樣一個更大的範圍內為自身的行為後果負責[58]。Frederick（1960）認為，企業的社會責任要求企業應該檢查自身經濟組織活動的運作，以便滿足公眾的期望。這意味著企業經濟組織活動的運行過程應該遵循這樣的一種生產方法——生產和分配活動應該能夠在一定程度上提高整個社會經濟的福利[59]。社會責任不僅是指企業對社會的關於經濟和人力資源做出的一種公開姿態，還包含企業將這些資源合理地應用於廣泛的社會目標。Friedman（1962）指出，在自由經濟中——開放、自由和沒有詐欺的環境，企業必須遵循的且僅需遵循的一個社會責任就是在生產經營活動中高效利用現有資源來增加企業的盈利[60]。Davis（1966）提出，企業的社會責任是指企業關注自身的行為和決策對整個社會系統造成的影響並合理改變決策和行為去滿足社會系統需要的責任[61]。當企業關注受自身行為影響的相關利益者的利益時，就要考慮自身要承擔的相應的社會責任，這顯然超出了企業狹隘的經濟技術利益。美國經濟開發委員會（1971）提出的企業社會責任的「三個同心圓」理論，其中內圓主要是指經濟責任，包括為投資者提供回報、提供社會認可的產品、提供就業及促進經濟增長；中間的圓是社會責任，主要是履行經濟功能要與社會價值觀和關注重大社會問題相結合，如保證善待員工、回應顧客期望和保護環境等；外圓是企業承擔的更廣泛的促進社會進步的其他無形責任，如消除社會貧困等[62]。Drucker（1974）指出，企業的社會責任包含了兩個方

面的含義：一是企業對社會產生的各種影響，包括積極影響及消極影響；二是社會系統本身所存在的問題[63]。進一步，Carroll（1979）對 CED 模型的擴展，通過幾種責任重構了一個三維空間模型，既突出了經濟責任在企業經營活動中的重要地位，又明確了社會責任的具體內容[10]。Jones（1980）認為企業的社會責任是企業對除股東團體之外的社會團體的非經濟和法律性質的責任，社會責任的衡量是從過程角度去理解的，從而在企業活動中得到極大的認可[64]。Carroll（2000）把「企業社會責任是什麼」，「企業社會責任包括什麼」引入新的概念框架，對企業社會責任進行最全面的界定既有可理解性又有可操作性[65]。與 Carroll 等人相反，李哲松（2000）認為將企業社會責任引入公司法是錯誤的行為，他本人也極力反對從法律概念上理解企業社會責任，他提出如果從法律角度理解這一非法律概念，將會導致企業內部活動的混亂[66]。歐盟委員會（2001）發布「推動歐洲的公司社會責任框架」綠皮書，該報告認為企業社會責任是在平等和自願的原則下，企業在企業經營活動中既要注重和利益相關者的合作關係，也要考慮對社會及環境帶來的影響[67]。Peter Rodriguez（2006）認為企業的社會責任是指企業從事社會事業、為社會服務的活動，比如增強產品社會性能或特徵等活動來完成支援社區、支助社會等目標的實現[68]。Jamali（2007）通過對黎巴嫩企業的企業社會責任進行考察，認為不同國家或地區的社會文化背景和制度安排存在較大差異，並且來自不同國家或地區的個人及組織對企業社會責任的概念有不同的認識，因此需要從具體國家或地區的社會文化背景出發來定義企業社會責任[69]。

在中國古代，企業社會責任思想就已經萌芽了，相關思想的闡述散見於一些文獻典籍之中。張明（2007）提出企業社會責任的思想與儒家的義利觀，道家的「道法自然」，墨家的「兼愛、節用、利民」等古代思想有相似之處[70]。袁家方（1990）認為，企業在努力獲得生存和發展的同時，需要考慮社會發展的長遠利益，應該主動履行相應的責任[71]。張彥寧（1990）進一步指出，企業為了社會的長遠發展而需要切實履行一些基本的責任，這應當是一個長期的過程而不是短期的概念[72]。李占祥（1993）認為，企業社會責任具體包括三個方面：第一，企業最重要的社會責任是合理保證所提供產品或服務的安全，這是企業需要承擔的根本任務；第二，企業在履行根本的社會責任時，還必須對其給社會環境系統造成不利影響承擔必要的責任；第三，履行根本責任以外的其他責任[73]。章新華（1994）認為，企

業在全力爭取生存和發展的過程中，需要面對維持社會經濟正常運行和社會整體利益所必須承擔的義務。具體是：①推動人類社會生產力不斷發展的社會責任；②維護、完善社會生產關係的社會責任——對企業利益相關者而言；③不斷鞏固、完善社會政治體系的社會責任[74]。朱慈蘊（1998）認為，企業除了對股東負有一定責任之外，還需要對債權人、雇員、供應商、消費者、當地居民等其他利益群體和政府代表的公共利益負責任[75]。張蘭霞（1999）認為企業必須為社會的福利增長做出努力，這就是其社會責任[76]。白全禮等（2000）認為在不同的國家中，不同的社會體制對企業的期望和要求有所差別，因此企業社會責任的定義也會有所差異[77]。盧代富（2001）認為，企業在追求經濟利益最大化的過程中，所肩負的維護、提高社會利益的責任就是企業應承擔的社會責任[78]。徐明棋（2002）將企業社會責任定義為是被大眾認可的法律之外的責任，不能與企業形象的維護和危機處理、公關等相混淆[79]。周祖城（2005）從企業的利益相關者出發，認為企業社會責任是一種包括經濟責任、法律責任和道德責任在內的綜合責任[80]。陳貴民等（2005）從道德約束的視角指出，企業社會責任除了表現為一種經營理念之外，還是約束內部管理層的一套管理評估體系[81]。吳照雲（2005）將企業社會責任分為兩類，其中消極責任是企業被動承擔的法律責任，而企業積極、主動解決社會問題的責任是積極責任[82]。陳迅等（2005）認為企業社會責任包括三個不同的層次，第一層是基本責任，主要是對股東和員工負責，第二層是中級責任，主要是遵守法律規定、對消費者負責和環境保護，第三層是高級責任，主要是要從事公益和慈善活動[83]。劉長喜（2005）[84]和周祖城（2005）[80]的看法比較一致，認為企業社會責任是一種綜合性的社會責任。劉俊海（2007）認為企業不能局限於只為股東賺錢，還應該盡可能地增加其他所有的利益相關者的利益[85]。陳支武（2008）提出企業在盡力增加企業利潤的過程中，還需要關注職工的合法權益，保護消費者的利益，保護生態環境及為社區發展做出貢獻[86]。王曉珍等（2009）認為，企業社會責任是企業經營過程中對利益相關者所承擔的責任，以及對國家乃至全球的公共利益的責任，符合大家基本認同的社會責任是超越法律的道德概念這一思想[87]。黎友煥（2010）認為，企業應該對利益相關者承擔包括經濟、法規、倫理、自願性慈善及其他相關方面在內的責任[88]。郭洪濤（2012）提出企業在最大限度獲取利潤的過程中，還需要增強積極改善社會福利的主觀意識，其中社會福利包括提高員工收入，改善社會環境等[89]。

2.3.1.2 企業社會責任的經濟後果研究述評

鑒於企業履行社會責任是需要付出更多成本的，因此國內外探討企業社會責任的經濟後果主要是圍繞企業履行社會責任如何影響其經營績效進行的，這一直是研究的熱門話題。但關於企業社會責任究竟是如何影響企業績效及影響的程度如何，目前並未取得較為一致的結論。總體來看，現有研究主要發現以下三種關係。

（1）企業社會責任與企業績效的正向關係。

Preston and O'Bannon（1997）利用美國67家企業十年的數據，發現履行社會責任更好的企業，其財務績效也更好[90]。Stanwick and Stankwick（1998）發現企業社會責任的水準越高，其銷售利潤越高，有毒廢棄物排放得也越少，表明企業的社會責任水準顯著地促進了環境績效的改善[91]。Harrison and Freeman（1999）的研究表明，不合法規的表現或不承擔社會責任會對企業的價值產生負面影響[92]。進入21世紀後，Schnietz and Epstein（2005）發現企業社會責任水準的提高能增加企業的盈利能力，反之會產生消極影響[93]。Lev et al.（2010）從顧客滿意度的視角發現，顧客滿意度越高的企業表明社會責任履行得更好，其財務績效也呈現上升的趨勢[94]。Surroca et al.（2010）認為企業社會責任可能主要是通過影響人力資源、聲譽等幾個方面的無形資源改善了企業的競爭優勢，從而使得員工產生了回報組織的動機而促進了企業績效[95]。Hansen et al.（2011）認為員工的績效、對企業的行為態度等受到企業社會責任的影響，員工感知到企業承擔了較高的社會責任時，自身也會對企業表現出積極的工作行為以提高企業效益，反之亦然[96]。Muller and Kraussl（2011）認為企業會通過履行社會責任來彰顯聲譽，即建立一種道德聲譽資本，但是聲譽的影響需要長時間才能體現出來，因此長期來看企業通過履行社會責任會改善財務績效[97]。

（2）企業社會責任與企業績效的負向關係。

Barnett and Salomon（2006）從企業成本的視角發現企業履行社會責任會直接增加成本支出，進而降低了企業利潤，因此反對企業承擔社會責任[98]。Brammer and Millington（2005，2008）發現企業現金流、用於生產和投資的企業資源隨企業活動的增加而減少，同時人力和管理的開支隨企業社會活動的增加而增加。因此企業進行社會責任活動的時候勢必增加管理成本[99-100]。Makni et al.（2009）發現企業社會責任與企業績效基本不存在因果關係，之後從環境的角度發現，企業社會責任與企

業財務績效的總資產報酬率等具有顯著的負相關關係[101]。

（3）企業社會責任與企業績效的其他關係。

早在20世紀70年代，Bowman and Haire（1975）發現企業社會責任與企業績效呈倒「U」型[102]的關係。進入21世紀，Lankoski（2000）研究發現，企業社會責任與財務績效呈現出倒「U」型的關係[103]。這表明，企業最初在社會責任方面產生的成本支出是能提高收益的，但隨著成本支出的進一步上升會達到最優狀態，如果繼續增加社會責任投入，會導致財務績效進一步下降。這暗示著如果一味地「過度」提高企業社會責任的開支，就有可能會損害企業經濟上的收益。McWilliams and Siegel（2000）從社會績效、產業、研發投資等多個方面考察了財務績效與社會績效的關係，結果發現兩者並不存在顯著的相關關係[104]。

Margolis and Walsh（2003）在文章中回顧了百餘篇基於不同視角關於 CSR 和 CFP 這對關係的研究論文，發現現有的研究結果仍然沒有給出的兩者之間的確切關係，指出當前的研究反而使得兩者之間的關係愈加複雜，主要是因為不同的文獻採用的評價方法不一致，變量的控制不同，造成研究結果存在較大的差異等[105]。

目前總體而言，國內關於社會責任與企業績效相關性研究的起步較晚。基於不同的視角，其研究結果也基本分為正向關係、負相關係和其他關係。

如沈洪濤（2005）發現，企業社會責任與企業績效總體上呈現出正向關係[106]。劉長翠等（2006）以上交所上市公司社會責任會計信息為樣本，使用社會貢獻率及主營業務收入增長率等財務績效指標，也發現兩者之間具有正向關係[107]。汪冬梅等（2008）以房地產上市公司為樣本，結果發現企業價值會隨著企業社會責任的履行水準的改善而顯著提高[108]。溫素彬等（2008）發現儘管上市公司越來越重視社會責任，但是目前年報披露的有關社會責任的信息仍然較少，從短期來看，雖然企業履行社會責任對本期財務績效產生負面影響，但是從長期看來，企業對社會責任的履行對企業未來的財務績效是有積極作用的[109]。楊自業（2009）也發現總體上社會責任表現與公司財務績效存在顯著正相關關係[110]。王曉巍等（2011）從利益相關者的視角發現，企業價值會隨著企業對利益相關者社會責任水準的改善而上升[111]。陽秋林等（2012）也發現，企業的社會總貢獻率與企業價值具有正向關係[112]。張敏（2012）發現企業社會責任與財務績效具有正向相關性[113]。孔龍等（2012）發現，企業社會責任與財務績效會相互促進，兩者之間存在著互為因果的

良性循環關係[114]。王倩（2014）通過系統整合不同理論，在加入了時間效應的CSR 和 CFP 後發現，企業責任與企業績效總體呈正相關關係[115]。

和上述發現企業社會責任與企業績效的正向關係不同的是，國內目前通過研究直接發現企業社會績效與企業社會責任呈負相關性的成果較少，有很多研究間接發現，企業社會責任與企業績效指標的某一個方面具有負相關性。張維迎（2005）在《產權、激勵與公司治理》一書中提出要求公司的經理人對利益相關者承擔受託責任，使得公司目標從股東財富最大化轉變為利益相關者價值最大化，這會導致交易成本的上升進而會削減企業利潤，不利於企業績效的發展[116]。李正（2006）以 ST 公司為樣本，發現前一年較低的盈利能力會降低企業本年履行社會責任的動機，進一步指出企業良好的盈利能力是提高社會責任水準的前提[117]。李偉（2012）發現在考慮長期利益的情況下，企業社會責任水準的提高不會促進企業績效，但如果不考慮長期利益的影響，企業社會責任水準的提高會降低企業績效[118]。

除了上述正向和負向的關係之外，袁昊等（2004）認為針對企業社會責任和經營績效的研究需要考慮企業社會責任的具體指向，也就是企業對哪些利益相關者承擔責任會影響經營績效[119]。陳玉清等（2005）從利益相關者角度檢驗了外部投資者如何看待企業的社會貢獻率，發現處於不同行業中的上市公司的社會責任水準與企業績效關係的差異程度非常大，認為研究企業社會責任應該考慮行業的差異性[120]。朱雅琴等（2010）發現企業績效會隨著企業對政府與職工承擔社會責任水準的提高而顯著上升，但會隨著對投資者承擔的社會責任水準的提高而顯著下降，並且不會隨著供應商承擔社會責任水準的變化而發生改變[121]。

另外需要強調的是，近年來隨著研究的進一步深入，一些文獻開始從不同的視角探討企業社會責任影響財務績效的具體作用路徑，主要表現為以下幾個方面：第一，Dhaliwal et al.（2011，2014）和李姝等（2013）發現企業履行社會責任和披露社會責任信息有助於降低資本成本[122-124]，何賢杰等（2012）發現，企業披露社會責任信息有助於緩解融資約束[125]，李志剛等（2016）發現，企業披露社會責任信息有助於企業獲得更多的銀行貸款[126]；第二，Dhaliwal et al.（2012）和何賢杰等（2013）發現，企業履行社會責任和披露社會責任信息有助於提高分析師預測的精確度，進而提高企業信息的透明度[127-128]；第三，Prior et al.（2012）、Chih et al.（2008）、Kim et al.（2012）、朱松（2011）、高利芳等（2011）、王霞等（2014）等

研究發現，企業履行社會責任和披露社會責任信息會影響企業的真實盈餘管理程度和財務重述的概率，進而會影響企業的財務信息質量[129-134]；第四，Sen and Bhattacharya（2005）指出，企業社會責任水準的改善會提高消費者對企業品牌的的忠誠度，進而會吸引高社會責任感的新客戶[135]；第五，Sun and Cui（2014）發現，企業履行社會責任有助於降低企業的違約風險[136]。

上述研究結果表明，當前國內外針對社會責任如何影響企業績效的文獻仍然沒有得出統一的研究結論，既可能是因為研究樣本的選擇有待進一步豐富和增加，也可能是因為基於截面數據的分析結果存在一定的片面性，這也在一定程度上表明未來的實證研究還存在重要的研究機會。

2.3.2 企業社會責任評價研究

目前，為了更好地評價企業社會責任的履行狀況，國內外大量的學者從不同的視角進行了大量的嘗試，取得了很多重要的理論成果，這為人們如何更好地認識和評價企業社會責任的履行狀況提供了重要的參考標準。具體而言，目前評價企業社會責任履行狀況的方法主要包括以下幾類。

（1）內容分析法。內容分析法一般是通過對企業公開披露的年報、社會責任報告等信息進行整理、歸類和分析，進而對企業履行社會責任的情況進行量化和評價，比如企業在年報中描述當年履行社會責任的情況是否詳細，是採用的定性分析還是定量化指標進行說明，定量化指標的精確度如何，等等。一般來說，如果企業公開披露的社會責任信息內容越多、描述得越詳細、定量化數據越多等，就可以認為企業履行社會責任的情況越好。如 Bowman and Haire（1975）通過對食品加工業企業年報中公開披露的相關社會責任信息進行了評價，發現如果企業對所承擔社會責任的細節描述的字數越多，內容就越詳細，表明社會責任情況越好[137]。Ingram（1978）、Abbott and Monsen（1979）等通過整理企業年報中公開披露的社會責任信息的範圍、格式、定量化數據及財務指標和其他重要的信息等多個方面來衡量企業社會責任的履行情況的優劣[138-139]。中國近年來也有一些學者如李正（2006）也採用上述方法來對企業社會責任履行情況的好壞進行評價[117]，溫素彬等（2008）、李志斌（2014）等使用了企業相關財務數據來評價企業社會責任的履行情況[109][140]。

（2）聲譽指數法。聲譽指數法主要是通過權威機構或者專家對企業在社會責任

方面的表現和聲譽進行打分，以此作為評價企業履行社會責任情況的依據。Moskowitz（1972）是較早提出可以採用聲譽評價法來衡量企業社會責任的人，他通過企業披露的社會責任信息的多年數據，把其分為「卓越」「優秀」和「很差」等若干等級[141]。20世紀90年代，《財富》雜誌通過調查企業的競爭對手、財務分析師等瞭解企業信息的專業人士，讓這些專業人士對企業的聲譽進行多維度打分，最後整理得出《財富》雜誌的聲譽指標。這個指標被企業的投資者和其他民眾所採納，他們會參考企業的聲譽評分進而對企業社會責任的履行情況進行綜合評估。中國由獨立第三方機構或組織來評價企業社會責任的履行情況的時間還不長，主要有：①「中國最佳企業公民評選」。該活動是由《21世紀經濟報導》和《21世紀商業評論》於2004年聯合發起主辦的，每年舉辦一次，企業主動報名參與並據實填寫的《企業公民調查表》，之後由評選方通過對參選企業的調研和對入選企業的案例進行研究之後再進行評選。②中國企業社會責任「金蜜蜂」獎。該獎項是由《經濟導刊》雜誌社2006年主動發起，每年評選一次「企業社會責任中國榜」，企業在主動報名參選之後由雜誌社來組織發放調查問卷，以此對企業在社會責任方面履行的各項工作進行評價。③「中國企業社會責任發展指數」。該指數是中國社會科學院經濟學部的企業社會責任研究中心負責編著，主要是收集和整理企業在年度報告、社會責任報告及官方網站等中公開披露的相關社會責任信息，根據《中國企業社會責任報告指南》來進行綜合評價，最後評選出中國國有企業100強、民營企業100強和外資企業100強等系列。

　　（3）污染指數法。污染指數法主要是關注企業是否履行了環境保護責任，其主要思想是可以通過計算企業污染物的排放總量來間接衡量其在環境保護責任方面的履行情況，如Patten（1992）通過考察企業污染物的排放總量來評價企業的社會責任履行[142]。目前沈洪濤等（2010）以中國重污染行業上市公司為考察對象，通過分析公開披露的「企業年度資源消耗總量」和「企業排放污染物種類、數量、濃度和去向，企業在生產過程中產生的廢物的處理、處置情況，廢棄產品的回收、綜合利用情況」等信息來評價企業的環境保護責任的履行情況[143]。

　　（4）公司慈善法。公司慈善法是由美國公共管理協會（American Society for Public Administration，ASPA）推出的一種評價方法，主要是以美國500家大公司的年度慈善捐贈的數額為基本依據，通過構建「慷慨指數」來劃分等級進而評價企

在慈善方面的責任履行情況。目前中國如山立威等（2008）[144]、賈明等（2010）[145]、高勇強等（2011，2012）[2,146]、張敏等（2013）[147]、戴亦一等（2014）[148]等通過企業的對外捐贈來間接衡量企業的社會責任履行情況。一般而言，主要採用是否捐贈和捐贈支付的金額大小來衡量捐贈的意願及其強度，以當前的捐贈支出占營業收入的比重來衡量捐贈的絕對水準，以當前的捐贈支出占期末總資產的比重來衡量捐贈的相對水準等方法。

（5）問卷調查法。問卷調查法主要是根據企業社會責任的概念或表現形式來設計多個維度的多個選題，然後對調查者發放問卷並通過分析他們的回答，轉化為指標來評價企業社會責任的履行。如 Aupperle et al.（1985）[149]借鑑 Carroll（1979）[10]的四因素模型來編製社會責任導向量表，並利用數據進行了實證研究。國內目前李海芹等（2010）、張正勇（2012）等使用了問卷調查法來測量企業的社會責任及其信息披露情況[150-151]。

（6）專業機構評價。專業機構評價主要是獨立的第三方專業評估機構在綜合使用上述不同方法的基礎上，對企業履行社會責任的情況進行全面深入的分析和綜合評價，並對外公布企業的社會責任履行情況。目前專業評估機構中比較著名的是美國的 KLD 指數，該指數主要從環境、社區關係、雇用關係、機會平等、消費者關係五個維度來評價企業社會責任。Schuler and Cording（2006）、Lanis and Richardson（2012）等研究都採用了該指數對企業社會責任進行評價[152-153]。

另外一個評價體系是美國一家長期研究社會責任及環境保護的非政府組織——經濟優先認可委員會（Council on Economic Priorities，CEP）依據國際勞工組織（International Labour Organization，ILO）、世界人權宣言（Universal Declaration of Human Rights，UDHR）、聯合國兒童權益公約（Convention on the Rights of the Child，CRC）、聯合國消除一切形式歧視婦女行為公約（The Convention on the Elimination of All Forms of Discrimination against Women，CEDAW）等公約中有關勞動權益保障條款在 1997 年 8 月建立起來的社會責任管理體系（Social Accountability Management System 8000），簡稱 SA8000 體系。該體系認證對企業在勞動條件、員工職業健康與安全、教育培訓、薪酬津貼、工會權利等方面的具體責任，都做了較為明確的最低規定。SA8000 體系的主要由九個方面組成：童工、強迫勞動、安全衛生、結社自由和集體談判權、歧視、懲罰性措施、工作時間、工資報酬及管理體系，如圖 2-2 所示。

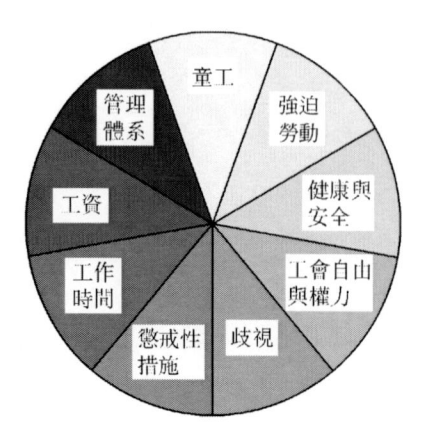

圖 2-2　SA8000 體系的構成

2001 年，美國社會責任國際（Social Accountability International，SAI）出版了 SA8000 標準的第一個修訂版[154]。SA8000 是世界上第一個針對企業社會責任的認證標準體系，它適用於不同地區、行業及規模的公司，旨在規範企業道德行為，確保所提供的產品符合社會責任標準的要求，其核心是保護勞工權益[155-156]。SA8000 同 ISO9000 質量管理體系、OHSAS 職業健康安全體系、ISO14000 環境管理體系一樣可以成為一套可被第三方認證機構審核的國際標準[157]。

對不同性質的企業來說，SA8000 標準的實施有兩種方法可供選用[158]。以生產為主的企業可以直接申請認證，然後由認證機構安排獨立的第三方評審和受理、初訪、簽訂合同、提交文件、組成審核組、文件預審、審核准備、預審、認證審核、提交審核報告和結論、技術委員會審定、批准註冊、頒發認證證書、獲證公司公告、監督審核等；以銷售為主或者生產銷售複合型的企業可以參加 CIP（Corporate Involvement Program）項目，通過整合上下游「供應鏈」打包來申請認證[159]。SA8000 的審核包括三種形式：第一方審核（企業的自我審核或內部審核）；第二方審核，由顧客或委託代表到工廠進行審核；第三方審核，由 SAI 授權的認證機構進行審核[160]。當前，推動中國企業進行 SA8000 體系認證的主要動力是來自買家的壓力。

目前國內也出現了由第三方專業評估機構發布的企業社會責任評級——潤靈環球責任評級（Rankins CSR Ratings，RKS）。該評級是由潤靈環球公司自 2009 年開始對中國 A 股上市公司的社會責任進行的評級。該評級體系包括整體性、內容性、技

術性和行業性四個零級指標。其中：Macrocosm——整體性是從企業整體社會責任戰略有效性、公司治理和利益相關方對企業社會責任的信息溝通與評價三個層面進行的評價；Content——內容性則從企業經濟績效責任、勞工與人權、環境績效責任、公平營運責任、消費者、社區參與及發展等層面進行的評價；Technique——技術性從社會責任報告的內容平衡、相關信息可比、報告創新、可信度與透明度、規範性、可獲得及信息傳遞有效性等層面進行的評價；Industry——行業性是潤靈環球（RKS）在對中國上市公司 2009 年的企業社會責任報告評價的基礎上，結合中國的本土情況新增加的行業性指標，考慮到中國證券監督管理委員會將上市公司分為 22 類行業，根據所有行業的上市公司的特徵，對其社會責任進行分類評價。MCT 體系評分採用結構化專家打分法，滿分為 100 分，其中整體性評價 M 值權重為 30%，滿為 30 分，內容性評價 C 值權重為 45%，滿分為 45 分，技術性評價 T 值權重為 15%，滿分為 15 分，行業性評價 I 值權重為 10%，滿分為 10 分（其中綜合業與其他製造業行業性指標評價，內容性評價權重調整為 50%，滿分為 50 分，技術性評價權重調整為 20%，滿分 20 分）。朱松（2011）[132]、周中勝等（2012）[161]、王霞等（2014）[134]和權小鋒等（2015）[162]都使用了基於該社會責任評級指數來衡量社會責任履行情況。

　　從現有的使用情況來看，上述各種評價方法都有各自的優點和缺點。例如，內容分析法操作比較簡單，由於相關信息來源於公開資料，客觀性較強，數據容易取得，適合大樣本實證研究，但由於衡量標準多樣，研究者可能基於不同的選擇標準得出不同的衡量結果。儘管聲譽指數法比較容易操作，但無法避免專家可能存在的主觀性，造成評價結果的不可比，並且即便是同一個專家，也不可能對所有企業的社會責任履行情況都非常熟悉，進而造成評價結果的可比性不強。污染指標法和公司慈善法都是企業公開披露的實際發生的數據，可靠性較高，但由於都是更側重於評價企業社會責任的某一個方面，評價內容不夠全面和系統，受到研究主體的限制較為嚴重。問卷調查法也是操作比較方便，針對性較強，也存在專家打分的主觀性較強，並且對量表的信度和效度要求較高的問題。專業機構數據庫法由於其依託的第三方研究機構非常專業和獨立，信息來源廣泛，對企業社會責任的內容和實際履行情況的評價比較全面、客觀和系統，並且由於評價時間比較長，適合進行跨時期的大樣本實證研究，並且最後檢驗出來的結果具有較強的可比性，但由於數據的收

集量較大，需要花費較多的成本，並且要求評價機構具備較高的權威性、獨立性和公平性。這表明，目前現有的企業社會責任評價方法還存在很多不完善的地方，這需要更多的學者、專業機構等進行不斷地創新和改進。

2.3.3 企業社會責任推進機制研究述評

國內外關於推進企業社會責任履行的影響因素的研究成果非常豐富，這為本書的研究提供了重要的借鑑，目前大致可以分為以下幾類。

1. 企業組織層面

（1）企業規模。企業規模的大小可能決定了企業擁有的資源數量，另外社會公眾對規模大小不同的企業給予關注程度也存在較大差異，進而可能造成企業社會責任的履行水準和動機存在較大差異。Patten（1991）和 Banerjee（2001）發現企業的規模越大，企業社會責任信息披露質量也越高[163-164]；Mcwilliams（2001）、Lepoutre and Heene（2006）和 Baumann et al.（2013）的研究結果表明，與中小企業相比，大型企業擁有的資源更多，更有能力維繫關係和進行經營管理，受到社會公眾和政府的關注程度更高，這都有助於提高社會責任的履行程度，表明企業規模越大，對社會形象更注重，社會使命感和責任感更強，履行社會責任的意識更強，承擔的社會責任越多[165-167]。國內沈洪濤（2007）發現企業規模越大，社會責任信息披露的質量越高[168]；黃群慧等（2009）考察了中國100強企業的社會責任信息披露情況，結果企業社會責任指數會隨著企業規模的增大而顯著提高[169]；郭毅等（2012）從供應鏈的視角進一步證實了與小企業相比，大企業的社會責任履行情況更好[170]；郭毅等（2013）通過對企業調查問卷的數據也發現，企業的規模越大，社會公眾對其社會責任履行的要求更為迫切[171]。

（2）財務槓桿。McGuire et al.（1988）和 Orlitzky and Benjamin（2001）都指出，企業的財務槓桿越高，面臨的財務風險越大，因此利益相關者的關注程度會更高，企業更傾向於通過主動披露更多的相關信息來向外界傳遞有利信號，以獲得利益相關者的信任和支持[172-173]。這表明，財務槓桿更高的企業主動披露社會責任信息的傾向更明顯。Andrikopoulos and Kriklani（2013）的研究結果也發現，企業的資產負債率越高，企業會越傾向於在環境保護方面披露更多的相關信息[174]。但與這些研究結論不一致的是，Mitchell et al.（1997）的研究結果表明，資產負債率會降

低企業的社會責任履行，因為資產負債率的上升就意味著股權資本的降低，進而導致企業股本更加集中，企業在履行社會責任方面成本支出的增加，會導致股東財富的減少，因此會降低企業社會責任的履行[36]；Eng and Mark（2003）也指出，負債比例的上升會導致企業償債壓力的增加，可能表明企業沒有多餘的財務資源來承擔社會責任，並且負債比例越高也意味著企業破產風險的可能性越大，企業更傾向於隱藏信息來減少利益相關者的關注，這都可能導致企業社會責任履行水準更低[175]。國內的研究結果總體上也和國外的研究發現類似，沒有得出一致的研究結論。如劉長翠等（2006）以冶金和農、林、漁、牧業兩個行業為樣本，結果發現企業的資產負債率與社會責任貢獻率顯著負相關，因為資產負債率上升會增加企業的財務風險，導致企業履行社會責任的動機和能力都下降[176]。楊忠智等（2013）的研究結論也表明，企業社會責任與資產負債率顯著負相關[177]，進一步支持了上述發現。而沈洪濤（2007）發現企業資產負債率與其披露的社會責任信息質量不存在顯著的相關性[168]；陳文婕（2010）也發現財務槓桿的上升沒有提高企業社會責任的水準[178]。

（3）盈利能力。Roberts（1992）的研究結果表明，盈利能力較好的企業，承擔社會責任的意願會更強烈[179]；Lee and Bannon（1997）的研究結果發現，企業的盈利能力與承擔社會責任的情況正相關，因為企業履行社會責任離不開資金的支持，只有當企業具有較強的獲利能力時，才有承擔更多的社會責任的能力[180]；Hooghiemstra（2000）研究發現，盈利能力越強的企業更可能通過披露更多的社會責任信息來向利益相關者傳遞積極信息，以提高企業形象進而獲取競爭優勢[181]；Caracuel and Mandojana（2013）基於企業環保技術研發的視角，發現盈利能力好的企業有更多的資金投入到環保技術的研發和創新中，進而提高了環保責任意識[182]。Kang（2013）基於企業多元化經營的視角，發現企業採取多元化經營的發展戰略能增加企業價值，進而能推動企業更好地履行社會責任[183]。但Julian and Dankwa（2013）發現，與經濟發達國家不同的是，在經濟不發達國家中，企業的盈利能力與企業社會責任的履行水準負相關[184]。國內目前有關企業盈利能力與企業社會責任之間關係的研究結論還存在爭議。鞠芳輝等（2005）發現盈利能力較好的企業承擔社會責任的情況也較好，因為只有能獲取收益才是企業承擔社會責任的根本動因[185]；而沈洪濤（2007）發現公司的盈利能力會顯著提高企業的社會責任信息披露的質量[168]；張川等（2014）的研究結果也表明良好的盈利能力能提高化工企業在環境

保護方面的責任[186]。而張兆國等（2013）卻發現企業社會責任會受到前後不同時期的盈利能力的影響，企業當期較好的財務績效能顯著改善當期的社會責任履行情況，而滯後時期的財務績效並不能改善當期的企業社會責任履行情況[187]。

（4）公司治理。①股權結構。La Porta et al.（1998）發現隨著股權集中度的上升，大股東監督管理層的動機更高，能顯著降低管理層的機會主義行為[188]；Hillman and Keim（2001）的研究結果表明，股權集中度的上升會使得大股東與企業長期利益更為趨同，進而有助於改善和提高企業社會責任[189]。其他一些證據表明股權集中度可能會對企業社會責任產生負面效應。如 Walls et al.（2012）指出，隨著股權集中度的上升，大股東更有動機和能力利用其控制權來掏空公司，同時也可能通過減少披露企業社會責任信息來掩蓋信息，以降低攫取私人收益被曝光的風險[190]；Dam and Scholtens（2013）也發現隨著股權集中度的上升，企業社會責任會顯著下降[191]。由於股權高度集中是中國上市公司股權結構非常鮮明的特徵，因此很多研究討論了大股東控制對企業社會責任的影響。宋建波等（2010）發現股權集中度的上升會促進企業社會責任履行水準的提高[192]；謝文武（2011）和楊忠智等（2012）發現隨著第一大股東持股比例的提高，企業社會責任的履行情況會變差[193][177]；而肖作平等（2011）發現第一大股東持股比例與企業社會責任的履行水準顯著正相關，並且股權制衡度的增加會提高企業履行社會責任的水準[194]；王勇等（2012）的研究結果卻表明，股權集中度的上升沒有對企業社會責任信息披露質量的改善產生顯著影響[195]。以上結論表明股權集中度與企業社會責任之間的關係在研究中還沒有取得一致結論。很多學者開始考慮一些調節變量在股權集中度和企業社會責任中的作用。馮麗麗等（2011）發現國有企業社會責任的履行情況會隨著股權集中度的上升而改善，但這種促進作用在民營企業中表現得不明顯[196]；井潤田等（2009）從股權來源的角度考察了股權集中度對上市公司履行社會責任的影響後發現，國有股權比率的上升會抑制股東的利益和員工的利益，相對於國有股權，由於外資股權的治理水準更高，外資股權比率的上升會促進對股東的利益和員工的利益的提高[197]；王海妹等（2014）發現外資參股和機構持股對企業履行社會責任具有促進作用，而高管持股對企業履行社會責任具有抑製作用[198]。②董事會特徵。Roberts（1992）指出公司獨立董事的比例增加能促進企業社會責任信息的披露[179]；Wang and Dewhirst（1992）發現，對那些長期依賴社區、消費者和員工的企業來說，

獨立董事會考慮和關注他們的利益，而不是僅僅關注股東的利益[199]；Johnson and Greening（1999）的研究發現，獨立董事能代表除股東之外的其他利益相關者的利益，並且擁有更多的懂得如何遵守法律、環境等方面的規定、避免媒體負面報導或聲譽損失以及經濟處罰等專業知識，有利於提高企業承擔社會責任的水準[200]；Haniffa and Cooke（2005）發現隨著企業獨立董事比例的增加，企業履行社會責任的傾向更強[201]；Milliken and Martins（1996）發現，擴大董事會成員的來源渠道，有助於企業與利益相關者之間建立互信關係，進而能增強獲利能力[202]；Ricart et al.（2005）認為，通過調整董事會的結構以明確董事會的企業社會責任職能，進而能提高利益相關者參與企業治理的能力[203]；Fauver and Fuerst（2006）指出，通過增加董事會中董事的多元化來源可以有效提高企業社會責任的履行水準[204]；Wang and Coffey（1992）、Ibrahim and Angelidis（1994）和 Fernandez-Feijoo et al.（2012）的研究都發現，董事會中女性董事比例的增加能改善社會責任的履行情況，以及披露更多的企業社會責任信息[205-207]。和國外的研究結論基本類似，國內針對董事會特徵與企業社會責任關係的研究也沒有取得一致結論。馬連福等（2007）分析獨立董事比例、董事長與總經理兩職是否合一對社會責任信息披露不存在顯著影響[208]；沈洪濤等（2010）發現董事會規模與企業社會責任信息披露呈現倒「U」型關係，獨立董事比例和監事會規模的增加能促進企業社會責任信息的披露，但監事會的會議次數則會降低社會責任信息的披露[209]；肖作平等（2011）發現董事會規模、董事會會議次數、獨立董事比例、董事長與總經理兩職合一與企業社會責任的履行顯著負相關[194]；張正勇（2012）通過構建公司治理總指數發現，總體上企業公司治理機制的改進能促進企業社會責任信息披露[151]；於曉謙等（2010）以中國石化塑膠業行業為樣本，發現獨立董事比例沒有對企業社會責任的信息披露質量產生影響，但高管薪酬激勵和國有控股能提高企業社會責任的信息披露質量[210]。③高管特徵。現有研究主要發現高管的態度、性格和思維模式等方面會影響企業社會責任。Sturdivant and Grinter（1977）發現企業高管在企業社會關係中抱有更加開放的態度，將會更積極地去履行社會責任的決策[211]。Swanson（1995）認為企業高管的道德承諾有助於提高企業履行社會責任的動機，從而幫助企業提升其社會地位[212]。Weaver et al.（1999）考察了高管的經濟承諾、倫理承諾對企業履行社會責任的影響，結果發現高管的倫理承諾會促進企業社會責任的履行，但經濟承諾不利於社會責任的履

行，可能是因為高管承諾越注重短期利益越不利於企業社會責任的履行[213]。Hemingway and Maclagan（2004）發現社會責任感更高的管理者將會制定積極履行社會責任的決策[214]，而 Agle et al.（1999）卻發現高管的個人價值觀並不能對員工、產品和環保等方面的社會責任產生影響，但能顯著影響在社區方面的責任[215]。另外 Rashid（2002）發現高管的家庭教養越好，受教育程度越高，越能促進企業社會責任的履行[216]；Brammer et al.（2007）考察了高管個體的宗教信仰影響對企業社會責任履行的態度，結果發現存在宗教信仰的高管對企業社會責任的理解更為深刻，更有利於促進企業社會責任的履行[217]。同時，Mudrack（2007）通過研究發現，高管的性格以及思維模式也是影響其企業社會責任態度的一個重要因素[218]。目前國內學者針對高管個人特徵影響企業社會責任的研究還不多見，如鄧麗明等（2012）發現，企業社會責任履行情況會隨著企業家社會責任認知程度的提高而顯著改善，並且對社會責任認知越高的企業家來說，企業在經濟責任、法律責任和慈善責任等方面的履行情況都會表現更好[219]。曾建光等（2016）發現當民營企業高管層更加信仰宗教時，其個人捐贈也更多，這種影響在高風險企業中尤為顯著，並且民營企業高管層的社會責任基調會因為受到信仰東方宗教還是西方宗教的影響而有所差異，這可能說明民營企業高管層信仰宗教並非源自心底對宗教價值理念的認同，個人積極履行社會責任可能是民營企業高管層「祈求平安」的內心願望的某種反應[220]。

（5）內部控制。Guiral et al.（2014）發現相對於那些不存在公司層面內部控制缺陷的企業而言，存在公司層面內部控制缺陷的企業履行社會責任的情況更差，但存在會計層面內部控制缺陷的企業履行社會責任的情況沒有變得更差[221]；Rodgers et al.（2015）指出，企業組織內部良好的控制機制能有效減少腐敗問題的發生，而這有利於企業社會責任的履行[222]；李志斌（2014）發現高質量的內部控制有助於促進企業社會責任的履行，與非國有企業相比，國有企業高質量的內部控制對履行社會責任的促進作用更強[140]；彭鈺等（2015）發現高質量的內部控制能顯著提升企業社會責任的履行水準，並且相對於市場化進程更低的地區而言，在市場化進程度更高的地區，高質量的內部控制提升企業社會責任的履行水準的作用更強[223]。

（6）行業屬性和產權特徵。國外很多研究表明對環境責任更敏感的企業而言，其積極履行社會責任和披露相關信息的動機更強。如 Trotman and Bradley（1981）的研究發現，對汽車業、通訊服務業、航空業、煉油業及相關行業中的企業而言，

主動披露社會責任信息的傾向更明顯[224]。Jenkins et al.（2006）發現，與其他行業相比，重污染行業在員工保護和環境保護等方面的社會責任履行情況更好[225]。Reverte（2009）的研究結果表明，對媒體關注程度較高和環境保護敏感性較高行業來說，它們通過主動披露社會責任信息來樹立企業形象的動機更明顯[226]。近年來，國內的一些學者也開始關注行業屬性對企業社會責任履行情況的影響。馬連福等（2007）發現對不同的行業來說，企業披露社會責任信息的主動性差異較大[207]；李正（2007）發現，為了接受政府監管或者來自社會公眾的壓力，與其他行業相比，重污染行業在環境保護、員工健康和社區參與等方面的社會責任履行情況會更好[117]。張正勇（2012）發現產品市場競爭能部分替代公司治理機制，進而對企業社會責任的信息披露產生一定的促進作用[151]。楊忠智等（2013）進一步發現企業社會責任的履行不僅受到自身特徵的影響，還會受到其所在行業競爭程度的影響，相對於處於競爭程度較高行業的企業而言，處於壟斷程度較高行業的企業履行社會責任情況要更好[177]。徐珊等（2015）發現在競爭性行業、環境高敏感性行業以及消費者高敏感性行業中，媒體監督對企業社會責任的增強作用更加明顯[227]。另外，考慮到中國政府及其監管部門對產權性質不同的企業承擔社會責任存在不同的要求，一些實證研究也對這一問題進行了檢驗。如黃群慧等（2009）發現民營企業履行社會責任的情況要差於國有企業[169]；肖作平等（2011）和李志斌（2014）發現相對於非國有企業而言，國有企業履行社會責任的情況要明顯更好[194,140]；姚海琳等（2012）進一步發現，相對於非國有上市公司而言，政府控制特別是中央政府控制的上市公司履行社會責任的情況要明顯更好[228]。但與上述研究發現有所不同的是，辛宇等（2013）發現在社會責任履行方面，中央國企最好，民營企業次之，地方國企最差，並且與中央國企和地方國企相比，民營企業的經濟動機更加明顯，表現為民營企業所處行業競爭程度越弱，或者是消費者敏感性較強，社會責任的履行情況就越好[229]。這些研究表明，產權性質和行業特徵不同的企業在社會責任履行方面還存在較大差異，而這些差異除了上述原因外，是否還存在其他可能的解釋，仍需要更多的研究來解答，而這也是未來研究有可能進一步深入的突破口。

2. 宏觀制度環境層面

上述研究更多的是從微觀組織層面來展開，這可能忽視了企業所處的外部制度環境對企業社會責任履行的影響，由於企業總是處於具體的制度環境之中，因此一

些研究從企業外部的制度環境視角來探討如何對企業社會責任行為的影響。

（1）制度環境。Husted and Allen（2006）指出，跨國公司的社會責任水準會受到所在國家或地區制度環境的影響[230]。Campbell（2007）發現完善的制度環境有助於政府更好地監督企業履行社會責任[231]。Simnett et al.（2009）和 Zizzo and Fleming（2011）的研究結果表明，一個國家或地區的法制環境會影響企業社會責任報告的鑒定決策活動和環保信息的披露行為。在法制環境更好的地區或國家中，企業違法的成本相對較大，企業會自覺遵守相關法律制度來鑒定社會責任報告或者披露環境信息[232-233]。除了政府監管和法律制度之外，市場機制這只「看不見的手」也對企業社會責任的履行發揮著重要的監督作用。如 Golob and Bartlettb（2007）發現企業披露社會責任信息的傾向會隨著來自市場的壓力的增強而顯著提升[234]；Aguinis and Glavas（2012）認為利益相關者的壓力、貿易壓力、顧客評價和購買決策、第三方評價和國家背景等外部制度壓力是第一制度層次的影響因素[235]；其他一些研究（Shamsie，2003；Sen，2006）也指出，發育良好的市場能有效傳遞信號，而具備高度社會責任感的企業可以通過傳遞有利信號來吸引消費者，以及提高雇員對企業的忠誠度，幫助企業建立與其他利益相關者的互信關係[236-237]。但 Perego（2009）和 Kolk et al.（2010）的結果表明，當一個國家或地區的法制環境越差時，企業更有可能主動對企業社會責任報告進行鑒定來提高信息的可信度[238-239]。國內學者如郝雲宏等（2012）和萬壽義等（2013）發現企業受到的制度壓力會驅使其提高社會責任的履行水準[240-241]；考慮到中國當前政府對企業行為的干預情況，姚海琳等（2012）發現在政府干預越嚴重的地區，企業難以通過市場來配置資源，企業履行社會責任的情況越差[228]；周中勝等（2012）也發現在政府干預程度越低、法制環境越好和要素市場越發達的地區，企業履行社會責任的狀況越好[161]；張兆國等（2013）以高能耗的 A 股上市公司為考察對象，發現地區法制環境的改善能增加企業的低碳經濟行為[187]；李正等（2013）的研究也發現，與法律制度更差、信任程度更低的地區相比，在法律制度更好、信任程度更高的地區，上市公司更可能對社會責任報告進行鑒證[242]。這些研究表明，市場環境和法制制度儘管都可能對企業社會責任的推進和履行產生重要的影響，但作用機理究竟是如何，仍是一個有待檢驗的問題。

（2）社會監督。政府監管、市場監督和法律制度並不總是有效的，總是存在失效的可能，因此社會輿論等社會監督就是一種有效的替代機制。Bansal and Prat

(2006）的研究表明，由於新聞媒體會報導社會公眾格外關心的事件，進而引導社會輿論和公眾行為，進而也會對企業社會責任的信息披露產生影響[243]；Wiener et al.（1990）和 Yeosun et al（2006）也指出，社會公眾時常會質疑企業主動披露的社會責任信息的真實性，進而也可能影響企業主動披露信息的動機[244-245]；然而 Groza et al.（2011）卻指出，社會公眾可能並不總是存在偏見，新聞媒體報導是他們獲取企業社會責任信息來源的重要渠道之一，也會進一步對表現好的企業予以積極回應[246]；Stelios et al.（2012）發現媒體關注能顯著提高企業社會責任的履行[247]；Du et al.（2015）發現媒體報導能顯著增強污染行業企業的慈善捐贈，表明媒體監督能提高企業履行社會責任的水準[248]；Du et al.（2016）也發現媒體報導能顯著增強家族企業的慈善捐贈意願，並且隨著家族企業控制權的增強，媒體報導對家族企業慈善捐贈的促進作用更加明顯[249]。目前，國內的一些學者也開始關注媒體監督對企業社會責任履行的影響。徐莉萍等（2011）發現社會公眾的監督作用對新聞媒體報導的依賴性較大，因為新聞媒體報導是他們瞭解企業社會責任履行情況的重要信息來源之一，因此輿論方式對社會公眾促進或抑制企業履行社會責任行為的影響較大[250]；徐珊等（2015）發現媒體監督能顯著影響企業的社會責任的履行情況，並且相較於非負面的媒體報導，負面的媒體報導發揮的促進作用更為明顯，特別是在競爭性行業、環境高敏感性行業以及消費者高敏感性行業中，媒體監督的作用更加顯著，但媒體的上述促進作用會受到地方政府干預程度的影響[227]；孔東明等（2013）和高潔等（2016）的研究也發現媒體關注能顯著增強企業社會責任的履行動機[251-252]；陶瑩等（2013）發現政策導向性媒體的報導，特別是非負面報導能顯著促進企業社會責任信息的披露，但市場導向性媒體的報導，特別是負面報導卻顯著抑制了企業社會責任信息的披露[253]；同時李正等（2013）也發現，上市公司在被新聞媒體曝光負面社會責任事故後，對社會責任報告進行鑒定的傾向會顯著下降[242]。

（3）複合因素。企業社會責任的實現除了依靠法律制度上的層面來規定和保證外，非政府組織和行業協會也起到了一定的推動作用，因此國內還還有一些文獻討論了公司治理之外的一些方式如何促使企業更好地履行社會責任。如韋英洪（2007）認為，從法律和道德兩個層面合理構建有效的推進機制是中國企業社會責任實現的根本路徑。一方面，2013 年 12 月 28 日第十二屆全國人民代表大會常務委員會第六次會議通過修訂的新《中華人民共和國公司法》在內的眾多法律法規對關

於如何督促企業履行社會責任給與了詳細明確的闡述；另一方面，從社會公眾的輿論監督的道德層面對企業承擔社會責任也起到了重要的促進作用。因此韋英洪提出，充分發揮法律法規的巨大導向作用，並對一些規避社會責任的企業、個人加大懲處力度等，從道德層面設計和建立相應的機制，不斷加強道德的對企業自覺履行社會責任的硬約束性。法律和道德相互協調、配合從而促進企業由規避、消極履行社會責任向積主動承擔社會責任轉變[254]。楊和榮等（2006）認為，目前和其他利益相關者相比，政府是企業面對的最重要的利益相關者，企業必須密切注意政府制定的政策及其變化[255]。張廣宣（2007）基於企業與政府博弈理論及模型，通過調研分析消費者對企業履行社會責任的態度及反應案例發現，如果企業沒有履行其應該履行的社會責任，而政府又沒有及時地進行監管時，雖然企業能夠增加利潤，但這樣做會犧牲更大的社會效益。而且，由於企業發生不履行社會責任的趨勢時，政府也會相應地加大投入一些不必要的監督成本。對於企業自身而言，雖然不履行社會責任的預期利潤會提高，但是從長遠看來，這會導致的一系列負面外部效應反過來也會危及企業自身的生存和發展，最後得不償失[256]。

蔡寧等（2007）指出，企業履行社會責任的情況除了受到經濟因素影響之外，還要受到道德、法律等其他因素的影響，而且企業也會反作用於所處的外部社會環境，因此可以從系統論的視角來看待企業、政府和社會之間的關係，如圖2-3所示。

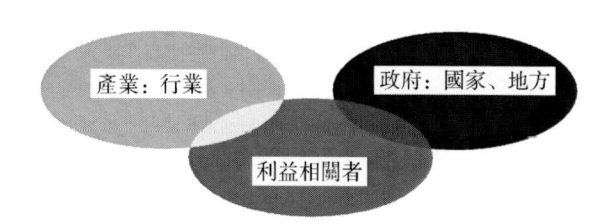

圖2-3　企業、政府與社會之間的關係模型

進一步，蔡寧等試圖嘗試從系統論的角度建立企業社會責任實現機制，主要包括經濟、制度、監督與執行四個子系統，如圖2-4所示，只有四個子系統之間有機結合和相互作用，才能有效推動中國企業社會責任的實現[257]。

易開剛（2009）基於博弈論的思想，通過建構企業社會責任系統化實現機制的理論模型，認為企業社會責任的系統化實現是企業、政府、媒體、消費者等多個主體之間經過多重博弈後最終產生的均衡結果[258]。閆敬（2007）認為，要進一步構

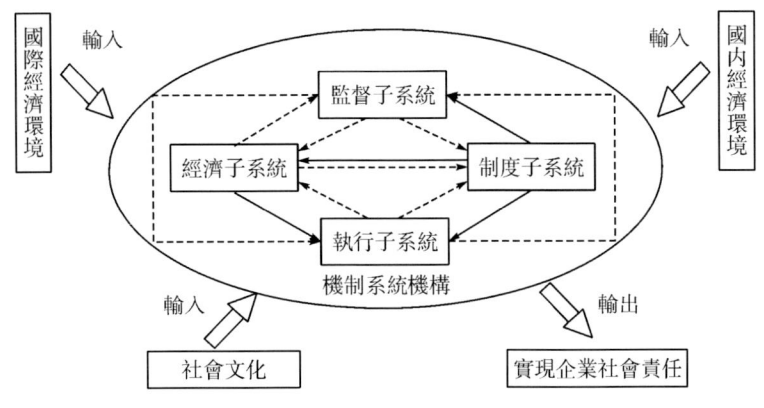

圖 2-4　機制系統功能實現示意圖

建國有企業社會責任的實現機制，首先需要完善國有企業內部的法人治理結構，在國企法人治理結構模式上，主要依據中國國有企業目前的現實情況從改革董事會成員來源、完善監事會職能和重構職工代表參與制度三個方面進行探討和設計[259]。陳德萍等（2007）提出企業社會責任分為為基本、中級、高級三個不同的層次，基本層次主要是為股東創造價值等，中級層次主要包括對保護環境、對員工職業健康和安全負責、對消費者利益負責等，高級層次主要是包括熱心公益、慈善捐助事業等。不同層次的社會責任具有不同的特點，應分別對其作出成本收益分析。作者認為中國企業社會責任的實現重點一般是基本和中級兩個層次，第三層次的道德責任，對於企業來說可以鼓勵，但不能強求[260]。張亞楠（2011）認為要解決國有企業社會責任缺失的問題需要從以下兩個方面著手：一方面，通過提高企業的創新能力來進一步增強競爭優勢，從而切實有效地增強其履行社會責任的能力，從根本上使得企業獲取履行社會責任的內在動因；另一方面，通過改善外部環境，主要是通過社會責任的聯動資本來提升企業履行社會責任的動力[261]。黎文靖（2012）認為，當前中國企業披露社會責任信息的行為不是簡單地滿足合法性的需求，也不是在考慮各利益相關者利益訴求後產生的慈善行為，而是轉型經濟環境中政府干預的一種政治尋租行為[262]。賀立龍等（2012）從企業社會責任存在的緣由出發提出了四點企業社會責任實現機制及路徑，包括利用社會媒體的社會評判機制，發揮市場引導機制，從社會價值基準出發的政府干預機制，從利益相關者出發的公眾干預機制[263]。胡焱（2013）從科學發展觀的視角探討了企業社會責任的實現路徑，提出三點實現

路徑：第一，企業需要在經營戰略體系中融入正確的社會責任理念；第二，政府應當進一步建立和完善制度保障和機制約束以提高企業履行社會責任的動力；第三，充分發揮媒體和社會公眾的監督和導向作用[264]。王一（2014）進一步從法學、管理學、經濟學的視角全面闡述了中國企業社會責任推進機制的完善路徑，通過對比分析國內外關於企業社會責任的主流理論，結合中國的基本國情，重點基於法學的角度詳細探討了中國企業社會責任推進機制完善路徑的保障機制[265]。

綜上所述，近年來已有很多文獻探討了如何完善企業社會責任及其推進機制，並取得了豐富的理論成果，這為本書的研究提供了良好的基礎。早期國內外學者主要是從利益相關者與合法性視角進行了探討，發現公司治理機制是一個較為關鍵的因素，隨著研究視角的進一步拓展，已有一些文獻開始從企業組織的微觀視角脫離出來，進一步從法律、政治、經濟、文化等宏觀制度視角來考察如何更為有效地促進企業更好地履行社會責任，也發現了一些比較重要的結論。這些理論成果對於研究中國轉型經濟背景下的企業社會責任推進機制無疑具有重要的借鑑意義。已有研究指出外部宏觀制度環境中的正式的法律制度與法律外的非正式制度可能是影響企業社會責任履行的重要因素，特別是在當前中國經濟處於轉型時期，從正式的法律制度和非正式法律制度（如媒體報導）聯合的視角來探討企業社會責任的推進機制，具有較高的理論價值與現實價值。已有研究指出公司治理機制是影響企業社會責任履行情況的重要因素，而中國企業的公司治理機制無疑與西方發達國家的公司治理機制存在顯著差異，這為本書考察具有中國特色的公司治理機制如何推進企業社會責任的履行提供了重要的實驗場景。

而需要強調的是，總體上來看，目前關於企業社會責任推進機制的研究還處於初級階段，沒有形成完整的理論體系和框架結構，學者們往往重點分析其中的某一方面的影響因素，因此可能還存在著以下幾方面的不足：第一，目前國內外學者對利益相關者在企業履行社會責任中會發揮作用基本達成共識，但這更多的是解釋和回答了利益相關者能影響企業履行社會責任的情況。而針對不同的利益相關者分別如何推進以及他們在推進企業社會責任過程中的作用機理是什麼尚缺乏全面系統的分析，這可能無法回答利益訴求不同的利益相關者是如何共同推進企業社會責任的履行的這一問題，特別是經濟轉型國家中企業的利益相關者對企業社會責任產生作用的制度環境和西方發達國家還存在較大差異。因此在中國的轉型經濟環境下，需

要進一步分析和甄別不同的利益相關者在企業社會責任中的利益訴求取向，進而挖掘出他們共同推進企業社會責任履行的動機和誘因，在此基礎上詳細分析他們發揮的作用才能進一步厘清不同利益相關者影響企業社會責任推進機制的內在機理。第二，從現有的研究可以看出，對企業社會責任的推進機制的影響因素非常多，但現有的研究特別是相當一部分實證研究主要是從不同的單個視角去尋求和檢驗企業社會責任推進機制受到何種因素的影響，還缺乏完整系統的理論框架來指導實證分析，這導致無法厘清各種因素對企業社會責任影響的具體路徑，導致研究結論相互矛盾，進而可能無法準確找出影響的確切動因。因此需要轉換思路，在構建企業社會責任推進機制的分析框架的基礎上，從中國經濟轉型環境下的特殊制度環境著眼，結合特有的公司治理機制來考察企業社會責任推進機制的影響因素，對總結出適合中國企業社會責任推進機制的實現路徑提供具體建議。

總體而言，國內外現有針對企業社會責任及其推進機制的理論研究成果不僅為本書的研究提供了思考的基礎，也指出了未來可能的研究方向。為了彌補以往研究的局限和不足，本研究接下來準備通過對中國企業社會責任推進機制的現狀、問題及其成因進行分析，構建出企業社會責任推進機制的分析框架，然後通過博弈模型來探討不同的利益相關者在社會責任推進機制中的行為選擇，以期通過均衡穩定分析找到企業社會責任推進機制的實現路徑，最後結合企業社會責任推進機制的分析框架，採用嚴謹的統計方法，以中國特殊的制度背景及其特有的公司治理機制為切入點，對企業社會責任推進機制的實現路徑進行實證研究。

2.4　本章小結

本章在分析企業社會責任思想的起源及演進歷程的基礎上，從哲學、經濟學、管理學、社會學等方面，對企業社會責任問題進行了思考，並基於系統論思想，對企業社會責任進行了界定。與此同時，為確保研究的有效性，對企業社會責任推進機制研究所需要借助的基礎理論進行了回顧，包括利益相關者理論、契約理論、資源依賴理論、新制度理論等。最後對企業社會責任及其推進機制的相關文獻進行了述評。這為接下來的對中國企業社會責任推進機制的現狀、問題成因等的分析奠定了良好的基礎。

第三章 企業社會責任推進機制的現狀、成因與框架構建

針對中國企業社會責任的推進機制進行分析，本書有必要結合具體企業的社會責任實際履行情況進行深入挖掘，分析具體企業在推進社會責任中遭遇的問題及原因，以小見大，進而從總體上分析和把握當前中國企業社會責任履行機制的現狀，並對其成因進行分析和總結，在此基礎上，構建中國企業社會責任推進機制的分析框架。

3.1 企業社會責任履行情況分析——基於安德公司的案例研究

3.1.1 安德公司社會責任履行情況及其問題

安德公司成立於1937年，主要為國際電信市場提供先進的基礎設施設備和有效的解決方案。公司自成立以來長期致力於技術創新和滿足客戶要求。迄今，安德公司在亞洲、歐洲和美洲設立了多家辦事機構，足跡已遍布全球三十多個國家。安德公司提供的產品和服務主要包括：塔頂基站天線、傳輸線系統、射頻（RF）站點解決方案、信號分配、網絡優化及專門應用，例如微波、衛星、雷達和高頻通信系統的解決方案，這些主要產品和服務的市場佔有率均位於國內前列。安德公司先進的產品設備和優質的服務水準已經得到了市場和消費者的認可。

當前，安德公司已與國內主要的電信營運商和大部分知名的電信設備企業建立了合作關係，為其提供先進的基礎設施設備和有效的解決方案。安德公司提供的產品和服務所涉及的應用領域不斷擴展，目前幾乎覆蓋了語音、視頻和數據通信系統的所有領域。安德公司「閃電」形狀的企業標示在世界各地的衛星天線和電信設備

設施上都能看到。

作為外資企業，安德公司在業務獲得發展的同時，通過開展各項慈善活動如捐資助學等方式，履行企業社會責任。國家商務部委託 F 諮詢公司，對安德公司 2014 年年度企業社會責任履行情況進行了評價。總體來說，安德公司在推進企業社會責任履行的過程中表現得相當不錯，企業社會責任的總體評價等級很高。但是，該公司在履行企業社會責任方面仍存在著一些不足和缺陷，這主要表現如下。

（1）尚未形成系統完善的企業社會責任管理體系。

作為一種新型的企業管理模式，企業社會責任管理體系的目標不再純粹局限於追求利潤最大化，而是實現經濟、社會及環境綜合效益的最大化。在管理對象層面上，完善的社會責任管理體系不僅針對企業內部的人、財、物，也包括了企業外部利益相關者。在管理價值方面，完善的企業社會責任管理體系從關注企業的財務價值發展到實現經濟、環境及社會價值的協調發展，從關注股東價值發展到注重利益相關者的價值。在管理機制方面，完善的企業社會責任管理體系不僅關注實現內部資源的優化配置，也把促進社會資源的有效配置作為戰略重點。完善的企業社會責任管理體系為公司提供組織基礎，內容主要包括將社會責任管理納入企業組織架構、構建企業日常管理制度、制定企業社會責任指標體系及監控反饋機制等。目前，安德公司還沒有制訂長期的企業社會責任規劃，在組織體系、管理制度及內部溝通等方面尚未形成全面的企業社會責任規劃，致使企業社會責任的實施缺乏內部制度保障，在一定程度上制約了公司企業社會責任的推進進程。

（2）企業社會責任的履行主要靠外力，缺乏主動意識。

企業社會責任的履行，離不開社會、政府和媒體的推動。社會為企業提供了一個良好的環境，政府充當了引導者的角色，合理引導企業，媒體輿論從側面理性評判企業社會責任行為，積極推動企業履行社會責任。社會、政府、媒體的外部作用，結合企業自身社會責任推進機制的完善，使內部力量和外部力量相輔相成，才能有效推動企業積極履行社會責任。當前，安德公司主要依靠外力推動企業社會責任的履行，公司的經營管理者對社會責任方面的認識水準有待提高，企業社會責任活動主要集中在簡單的慈善活動、社會公益活動、環保活動等方面。在考慮相關者的利益時，如完善售後服務體系等方面的活動，公司的主動性不是很高，很多情況下都是在政府的干預下才進行的。

（3）企業社會責任信息披露不足。

企業公開披露社會責任信息可以讓利益相關者瞭解企業的社會責任履行情況，是宣傳和提升企業社會形象的有利契機，並且可以在無形之中促進企業自覺履行社會責任。在社會不斷進步的同時，可持續發展的理念越來越深入人心。公眾在評價一個企業的發展狀況時不僅關注企業的財務報表情況，也將目光投向企業社會責任的履行情況上來。為了實現企業自身及社會的可持續發展，企業應當提高對社會責任信息披露的重視程度，以便於全社會的公眾能夠對其進行有效的監督。因此，除了在報告中披露自身的財務狀況以外，企業還應該詳盡地向社會公眾公開內部員工的權益維護情況、產品的質量監督情況、消費者權益保護情況及消費者的投訴情況、社區活動參與程度、資源有效利用情況和環境污染情況等。採用積極、透明的方式公開企業履行社會責任的情況，建立社會責任披露制度，有利於企業的長遠發展。安德公司在社會責任信息披露方面仍存在不足，在公司內部沒有公開環境信息，對於潛在的污染源及生產環節可能存在的安全問題，公司只採取了一些最基本的措施，如張貼安全生產告示和準備應急措施；在安德公司的網頁上也沒有關於企業社會責任信息情況的披露內容，僅僅在公司的年度報告中披露了一些簡單的、對於企業的經營發展不存在較大影響的信息，並且未對這些事項可能導致的後果進行詳盡的解釋說明。

（4）企業未將社會責任納入企業文化。

企業文化在企業的發展過程中發揮著至關重要的作用。作為企業管理的專門手段，企業文化體現了企業的綜合競爭力，反應了企業的內在需求，承載了企業的職業道德和社會責任。企業文化的社會責任內涵，指企業在追求經濟效益的同時兼顧社會效益，在企業的精神、制度、行為中要體現出其承擔的社會責任使命。這具體表現為企業在使用資源、生產產品、提供服務的過程中，對相關者的合法利益負責，對自然及社會的和諧發展負責。將社會責任意識有效融入企業文化，需要在思想上統一對社會責任觀念的認識。企業可以制定明確的社會責任制度和規則，加強對企業成員的社會責任教育，將社會責任標準納入員工考核體系，慢慢地加強員工的企業社會責任意識，形成符合企業發展戰略的特色企業文化。只有那些敢於承擔社會責任的企業文化才能凝聚全員的力量，引導企業實現可持續發展。相比在社會責任履行方面表現較好的一些大型企業而言，安德公司尚未將社會責任納入企業文化之

中。安德公司的企業文化主要是督促職工努力工作，以及幫助實現降低成本和擴大生產的企業目標，而很少和社會責任有關聯。這使得該公司沒有真正融入社會，沒有真正融入城市建設和文化發展之中。

3.1.2 安德公司社會責任履行問題的成因

根據上文的分析，安德公司在企業社會責任履行的過程中存在著一些不足。這些不足存在的原因既有企業自身方面的原因，也有政府和社會監督等方面的原因，這些都在一定程度上阻礙了安德公司的長遠發展。

3.1.2.1 公司高管尚未將企業社會責任納入公司的管理體系

從安德公司自身來看，公司高管對企業社會責任的重要性的認識還不足，缺乏長遠的眼光，尚未將企業社會責任納入公司的管理體系，企業社會責任的履行情況有待改善。作為企業發展方向的決策者，公司的管理層對企業社會責任的認知態度和參與水準決定了企業履行社會責任的總體水準。管理層參與履行企業社會責任，主要包括兩個方面的內容：一是在企業制定經營戰略方面，管理者承擔著對企業社會責任進行戰略規劃的任務，在組織目標的指導下，結合企業當前的發展情況，管理者應該選擇合適的企業社會責任行為，並將其有效融入企業的組織戰略中，從而提高履行企業社會責任的可信度；二是在具體實施方面，公司管理者還應該建立有利於推進社會責任履行的組織機構和管理體系，更好地促進企業積極履行社會責任。此外，公司管理者應對企業社會責任的履行情況進行監督和考核，以確保社會責任實施的有效性和高效性。

安德公司的管理者並未將社會責任管理體系放在企業戰略發展的高度來考慮，只是簡單地組織員工進行志願者活動或無目的性地進行捐助，忽視了日常生產經營中的社會責任履行。安德公司的經營管理者關於建立企業社會責任管理體系的意識淡薄，導致公司的治理存在問題；相關的企業社會責任管理思想無法與企業管理過程相融合，導致公司更偏重於關注眼前利益，忽視長遠利益，使得公司在長遠競爭中處於不利地位。

3.1.2.2 部分員工未能認識到履行社會責任的重要性和必要性

安德公司履行企業社會責任主要以組織員工參與簡單的慈善活動、社會公益活動、環保活動為主。在考慮相關者的利益時，如完善售後服務體系等方面的活動，

公司的主動性不是很高，很多情況下都是在政府的強制下進行的。究其原因，主要是企業成員未能認識到履行社會責任的重要性和必要性。一方面，企業履行社會責任，有助於合理利用資源和保護環境，實現企業和社會的可持續發展。企業在履行社會責任的過程中，有利於杜絕資源的過度開發，降低企業在生產營運過程中對環境的破壞程度，緩解自身需求和社會發展在資源、環境方面的矛盾衝突。另一方面，企業履行社會責任雖然會加大營運成本，但隨之而來的是更多的商業契機。企業的形象和聲譽得到提升，競爭力將會更強，企業將吸引更忠誠的客戶群體和更多的合作經營夥伴，價值遠遠大於為履行社會責任而付出的成本。可見，企業履行社會責任完全可以實現企業和社會之間的雙贏。

　　安德公司的部分管理者及多數員工並沒有意識到履行企業社會責任的重要性和必要性，沒有認識到企業履行社會責任有助於提升企業的形象、為企業帶來競爭力、促進企業實現可持續發展。正因為如此，安德公司的部分管理者及多數員工在履行企業社會責任時不夠積極主動，缺乏社會責任意識，更不用說以個人行動幫助企業履行社會責任。

3.1.2.3　法律體系不健全，法制環境有待進一步改善

　　當前，中國在企業社會責任方面的立法相對滯後，雖然政府及其監管部門近年來致力於通過出抬相關的法律法規來推動企業承擔社會責任，但關於企業履行社會責任的標準及內容缺乏統一詳細的規定。如在《中華人民共和國消費者權益保護法》中僅僅明確了企業應承擔的部分相應民事責任，並未就企業具體違反規定，如故意拖延、無理拒絕等行為制定處罰標準。這可能在一定程度上加大監管部門在實際執法過程中的處罰難度，讓違法企業有機可乘，從而導致消費者的合法權益受到侵害。

　　此外，與國外高達數千萬，甚至上億美元的罰款相比，當前中國政府及監管機構的執法力度和處罰力度較弱，僅僅採取警告或者是數額不大的罰款等措施，無法對公司忽視企業社會責任的行為產生有效的法律約束力。法律約束機制不健全，法制建設落後，加上執法不嚴、違法不究，導致安德公司在履行社會責任方面開始出現弱化現象。

3.1.2.4　政府管理缺失，缺乏積極引導，監督力度不夠

　　在管理監督方面，政府管理缺失、缺乏積極引導及監督力度不夠是致使安德公司不重視履行社會責任的原因之一。首先是政府管理還有待完善。由於企業可以帶

動地方經濟發展、解決就業問題，在經濟發展目標的驅動下和服務型政府的定位下，政府往往從經濟利益出發，忽視對企業社會責任履行狀況的監督和引導。在政府管理缺失的情況下，部分企業為追尋更多的利潤而違規操作。這些企業通常會選擇採取不正當的競爭手段，損害消費者的權益、污染環境、浪費資源，將企業利益建立在犧牲利益相關者利益的基礎上。其次是政府引導還有待改進。企業主動承擔社會責任以實現企業和社會的雙贏，離不開政府的推動和引導。當前，政府部門對企業全面履行社會責任存在著督導不足的現象，僅限於在企業納稅和社保繳納方面進行宣傳引導，甚至部分地區的政府部門工作人員缺乏對社會責任的正確認識，造成企業社會責任的缺失，利益相關者的利益得不到保障。最後是監督力度還有待加強。目前，中國尚未建立起完善的企業社會責任評價監督體系，國內會計師事務所和律師事務所等權威機構還沒有將企業社會責任納入業務範疇，單純依靠非政府組織的力量進行評價、監督比較困難，加上政府缺位等因素，導致中國企業社會責任評價監督體系出現了嚴重滯後的現象。

3.1.2.5 社會監督機制有待完善，監督力度有待加強

在安德公司履行社會責任的過程中，除了依靠政府層面的立法和監督外，社會監督也發揮著相當重要的作用。在國外，主要由行業協會、消費者協會及新聞媒體負責履行社會監督職能。行業協會通過制定行業標準來約束公司行為，而消費者和媒體則通過用腳投票和輿論等方式對督促公司承擔企業社會責任產生一定的社會壓力，促使公司更好地履行企業社會責任。目前在國內，經濟技術發展的滯後，加上市場體系建設的不完善，導致相關社會監督體系缺失。總體而言，目前國內消費者的自我保護意識和維權意識較為薄弱，沒有形成抵制社會責任缺失的公司的產品的自覺性；一些地區消費者的知情權被剝奪，基本的權利得不到保障。近年來新聞媒體和網絡輿論的監督力量才逐漸發揮作用，但社會輿論方面的監督力度相比國外還很薄弱。因種種原因，有些媒體不能充分履行社會輿論監督的職責，如部分財經媒體沒有公開不承擔社會責任的公司的情況，導致一些企業因沒有外部監督的壓力，更加消極對待企業社會責任的履行。

作為促進政府和企業溝通的紐帶，行業協會的監督是社會責任外部監督的重要組成部分。但目前中國很多行業協會規模較小，很難有效發揮對行業的調節作用，加上多數行業協會依附於政府機構，存在著組織缺陷，自身發展空間受到一定的限

制。在法律制定方面，暫時還沒有出抬關於行業協會管理的專門法規，導致行業協會和其他社團組織在管理結構中存在著多重管理、重複管理的現象。因此，行業協會在監管企業履行社會責任方面並未發揮作用，行業協會的管理服務和監督功能有待進一步加強。

前幾年在市場經濟競爭中，安德公司不能自覺履行社會責任，損害利益相關者的合法權益，同時社會輿論不能充分發揮作用，社會監督力度不夠，最終不可避免地產生企業社會責任的弱化現象。對此，公司必須及時採取有效措施，增強企業履行社會責任的意識，將企業社會責任納入公司管理體系；加強政府、媒體及行業協會的監督和干預，形成推動企業承擔社會責任的外部壓力。

3.2 企業社會責任推進機制現狀分析

3.2.1 企業社會責任推進機制總體分析

隨著經濟的發展和社會的進步，企業社會責任意識不斷增強，特別是自《中華人民共和國公司法》修訂及黨和政府提倡構建和諧社會目標以來，中國企業履行社會責任的實踐獲得了較大的發展，其中湧現出一批批自覺履行社會責任的優秀企業，比如中國銀行股份有限公司。2015 年 11 月，在由中國新聞社、中國新聞周刊主辦的「第十一屆中國‧企業社會責任國際論壇暨 2015 責任中國榮譽盛典」上，中國銀行獲得「2015 年度責任企業」。中國銀行已在全國範圍內同多家機構合作開展各類公益活動，並取得了良好的社會反響。根據國家的扶貧計劃，中國銀行通過實施「春蕾計劃」及援助地震災區，幫助貧困人口脫貧致富等措施履行其社會責任，並且一直秉承「擔當社會責任，做最好的銀行」的經營理念。這一獎項是對中國銀行履行社會責任的充分肯定。

但是近年來，中國企業履行社會責任的現狀仍存在很多不盡如人意的地方。在評價企業貢獻時，利潤成為最主要的衡量指標，利潤高的企業被認為效益高，而忽視了企業為社會帶來的「消費者剩餘」，也根本不關注企業做出的社會貢獻。這樣導致很多企業以眼前利潤為唯一指標，不願在其他方面如環保上進行投入，漠視公共利益，甚至損害消費者合法權益，給社會帶來了極大負面影響。破壞社會責任的

案例屢見不鮮，如表 3-1 所示。這些都說明了中國目前企業社會責任的履行水準還比較低，需要社會各方面的共同努力加以提高。

表 3-1　　　　　　　　　歷年社會責任缺失企業的案例

時間	事件名稱	主要情況
2007 年	山西黑磚窯事件	非法拘禁並強迫工人從事危重工作，非法收買使用被拐騙的兒童，惡意拖欠工資和侵占他人財產
2008 年	三鹿奶粉事件	奶粉中非法添加化學原料三聚氰胺，造成嬰幼兒出現各種不適症狀，並造成多名患兒死亡
2009 年	完達山藥業事件	完達山藥業生產的注射液在流通環節被雨水浸泡，受到細菌污染，企業更換包裝標籤後繼續銷售，造成多名患者死亡
2010 年	紫金銅礦事件	紫金礦業礦山銅酸水滲漏事故，使附近水域受到嚴重污染，公司拖延 9 天後才發布公告，造成惡劣社會影響
2011 年	松花江污染事件	吉林新亞強化工廠一批裝有三甲基一氯硅烷的原料桶被衝入松花江中，污染了江水，嚴重影響當地群眾生活
2012 年	4.24 制售假藥事件	涉及二十多個省市自治區，制售假黑藥窩點十餘個，案值達幾千萬元，造成惡劣的社會影響
2013 年	廣西賀州水體污染事件	沿岸冶煉、選礦企業惡意排污，導致嚴重的鉻、鉈等重金屬污染，造成嚴重的經濟損失和生態破壞
2014 年	昆山 8.2 爆炸事故	中榮公司事故車間除塵系統長時間未清理，導致粉塵爆炸，造成一百多人死亡，直接經濟損失數億元
2015 年	天津濱海新區爆炸事故	瑞海公司所屬倉庫違法經營、違規儲存危險貨物引起爆炸，造成 165 人死亡，8 人失聯，周邊房屋受損數萬間，直接經濟損失近百億元
……	……	……

中國近年來發生的企業社會責任缺失重大案例，反應出當前中國企業履行社會責任的約束力弱、自律性差，原因主要歸結為以下幾個方面。

第一，企業自身的環保意識淡薄。改革開放以來，一些企業以犧牲環境為代價獲取企業利潤的情況時有發生。自建設社會主義市場經濟體制以來，中國就將保護環境確立為一項基本國策，但仍存在「紫金山銅礦事件」「松花江污染事件」「賀州匯威礦業事件」等破壞生態環境、社會和諧的事件。

第二，侵犯消費者權益的事件頻繁發生。企業履行社會責任應當保護消費者權益，而市場上，只顧眼前利益、以次充好，甚至不顧消費者生命安全的事件依然存在。「三聚氰胺事件」「地溝油事件」「雙匯瘦肉精事件」「毒豆芽兒事件」「毒饅頭

事件」等侵害消費者權益的事件時有發生。

第三，員工的合法利益難以保障。企業為最大限度降低生產成本，讓員工加班至身體透支，還有一些企業拖欠工資，這些行為均損害了員工的合法權益。例如，「黑煤窯事件」「討薪難問題」及 2009 年下半年出現的「民工荒問題」和富士康「連跳門」事件，其原因之一是員工的合法權益得不到保障。

從以上分析中，我們看出，目前中國企業社會責任履行情況的總趨勢向好，但仍存在不理想的情況。不同規模的企業往往因其特徵不同，履行社會責任的表現也不同。中小企業在嚴峻經濟形勢下的生存壓力使其逃避對社會責任的履行，而大型央企、國企因缺乏社會責任履行的意識和認知及履行社會責任的範圍不明確，沒有發揮在履行社會責任方面應有的影響力和示範效應。總而言之，中國企業社會責任的履行發展尚處於起步階段，需要社會各界的廣泛關注和共同推進。

企業社會責任的履行是一項複雜的系統工程，需要社會與公眾、政府、企業等各方面的力量共同努力，加以推進。正如喬治斯蒂娜在其《公司、政府與社會》一文中說到的那樣：企業社會責任的實現可以用動態力量模型分析（見圖3-1）。從圖中我們可以看到，具體影響企業社會責任履行的因素包括社會、政府、企業。接下來筆者將從社會、政府、企業三個視角分析中國企業社會責任推進現狀，從而為更好地推動中國企業履行社會責任提供一些思考。

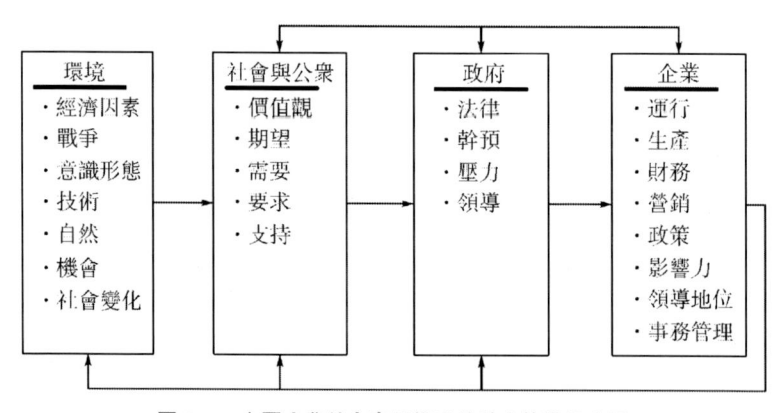

圖 3-1　中國企業社會責任推進的動力傳導示意圖

3.2.2　政府推進現狀

中國經濟自改革開放以來的迅猛發展，離不開中國企業為社會提供的大量產品

及優質服務，企業為人民生活富裕及國家富強做出了巨大貢獻。經濟全球化的發展，使跨國企業將企業社會責任理念引入中國，中國政府一開始對此不熟悉，但伴隨著企業社會責任理念的進一步普及和「建設和諧社會」「科學發展觀」及「生態文明」等理念的提出，中國政府開始逐步與國際接軌，在促進經濟發展的同時，開始主導企業社會責任的推進。

目前，中國政府面臨的一個重要課題就是如何進一步促進企業履行好社會責任。由於中國社會責任推進運動開始較晚，政府推進社會責任機制尚缺乏一套完整的標準和體系，大多是在政策制度上對企業形成一些激勵和約束措施。近十多年來，隨著中國加入世界貿易組織，企業社會責任的推進受到社會各界和各級政府的重視。縱觀中國政府推進社會責任履行的現狀，大致分為國家立法、政策實踐、研討培訓及國際合作四個方面。

3.2.2.1　國家立法

在企業社會責任的推進過程中，政府的作用尤為重要。近年來，國家在企業社會責任方面的立法工作取得了較大的進步，基本分為六大類型，包括基本原則、環境責任、商業責任、安全衛生、社區責任、職工權益。立法內容涉及概念定義、處罰辦法、生產、消費、知識產權、商業道德、勞工標準、職工福利等多個方面。

2006年1月，中國政府第二次修訂了《中華人民共和國公司法》，在總則中增加了企業必須承擔社會責任的要求，這一規定的提出為政府推進企業履行社會責任提供了理論支撐。除了《中華人民共和國公司法》的主導作用，中國還確立了一些相關法律法規和規章制度作為推進企業社會責任履行的堅強後盾和有力保障。例如，《中華人民共和國環境保護法》強調企業對環境的社會責任，《中華人民共和國消費者權益保護法》強調了企業在市場經濟中的社會責任，等等。另外還有《中華人民共和國勞動保護法》《中華人民共和國安全生產法》《中華人民共和國工會法》《中華人民共和國失業保險條例》等。這一系列的法律法規規定了企業對社會及各利益相關者應盡的義務和責任。

3.2.2.2　政策實踐

由於目前中國經濟發展的區域特殊性，各地政府在遵循中央要求，堅持推進企業履行社會責任的大方向外，還根據地方經濟發展的特點，有針對性地實施多元化的地方政府相關政策，解決區域企業社會責任履行中出現的問題。國家層面上，自

2007年以來制定了各種影響深遠的相關企業社會責任推進政策，如表3-2所示。2007年，《中國應對氣候變化國家方案》強調節能減排工作的重要性，把資源與環境責任列為企業經營的重要影響因素。2009年，《食品工業企業誠信體系建設工作指導意見》頒布，進一步強調了食品生產企業的社會責任，對推動企業社會責任建設產生了積極的作用。2014年，《關於鼓勵支持民營企業積極投身公益慈善事業的意見》則為民營企業積極參與公益慈善事業、履行社會責任提供了7個方面共計12條途徑的指引。2015年，《社會責任指南》強調企業社會責任國家標準，同時還頒布《社會責任報告編寫指南》和《社會責任績效分類指引》與其配套。通過以上一系列政策的制定和實踐，中國政府推進社會責任的標準逐步建立。

表3-2　　　　　　　　　　國家層面的重要政策實踐

年份	政策名稱	頒布部門
2007	《關於落實環保政策法規防範信貸風險的意見》	環保局、央行、銀監會
2007	《中國應對氣候變化國家方案》	國家發改委
2008	《關於中央企業履行社會責任的指導意見》	國資委
2009	《外商投資企業履行社會責任指導性意見》	商務部
2009	《食品工業企業誠信體系建設工作指導意見》	工業和信息化部
2011	《中央企業「十二五」和諧發展戰略實施綱要》	國資委
2012	《中華人民共和國可持續發展國家報告》	國家發改委
2013	《直銷企業履行社會責任指引》	國家工商總局
2014	《關於鼓勵支持民營企業積極投身公益慈善事業的意見》	民政部和全國工商聯
2015	《社會責任指南》	國家質檢總局、國家標準委

除國家層面上的推進行動外，各地方政府也出抬了一系列相關的政策措施或者行動綱要。例如，上海市、廣東省、浙江省等，在推進企業履行社會責任方面樹立了模範，形成了相應的浦東模式、深圳模式、浙江模式等，地方政府頒布了《浦東新區企業社會責任導則》《廣東省房地產企業社會責任指引》《浙江省企業社會責任指導守則》等地方行動綱要。

3.2.2.3　研討論壇

自2007年以來，國家政府頻繁舉辦企業社會責任促進工作的研討會、培訓班。2007年的「中央企業社會責任高級研討班」「勞動者健康與企業社會責任論壇」，

2008 年的「跨國公司企業社會責任研討會」「中瑞企業社會責任高層論壇」，2009 年到 2015 年的「中國企業社會責任報告國際研討會」「企業社會責任國際論壇」等均體現了中國政府在推進企業社會責任方面所做的努力。

地方層面，2006 年，深圳市政府舉辦了「建設和諧社會與企業社會責任論壇」，2015 年建立「深圳市企業社會責任促進會」。山東省自 2007 年以來舉辦多屆「企業社會責任高峰論壇」「企業倫理與企業社會責任」大討論和「應對國際金融危機，履行企業社會責任」的主題教育活動。此外，還有「浙江省企業社會責任高層論壇」「中國企業公民道德建設（湖北）論壇」等研討論壇在各地區都有開展。

3.2.2.4 國際合作

中國政府參與制定了《社會責任指南》。在社會責任原則問題上，中國堅持在總則部分增加以下內容：應用該標準時，建議組織要考慮當前不同國家的社會、經濟發展階段的差異性，以及組織之間形式的複雜性和多樣性，同時需要尊重不同國家的風俗習慣和行為規範等。在各方做出努力的基礎上，2010 年 ISO26000《社會責任指南》正式發布，其包含了社會責任的概念定義、基本原則及實踐，社會責任的主要方面及履行，社會責任信息溝通與交流等。該標準的發布為中國政府推進企業社會責任提供了可參考的標準和指南。

3.2.3 社會推進現狀

3.2.3.1 社會組織監督管理推進

企業社會責任本身具有廣泛的社會性，是一個與社會密切關聯的問題，單單依靠政府一方推動是不夠的，企業社會責任的推進本質上反應的是企業與社會之間的互動關係。這就需要社會公眾（包括社會團體、媒體等）的參與和推動。在中國，企業社會責任的履行往往需要借助社會公眾的監督、推動。在國外，非政府組織（如行業協會等）的監督成為企業社會責任履行的關鍵推動力之一。

中國的行業協會和社會組織為推動企業履行社會責任提供了完善的組織保障，並在宣傳培訓、行為準則、評價體系等方面形成了一套完整且系統的促進機制。各種行業協會（組織）建立起了不同行業內企業社會責任的履行、管理、評價體系，實現行業自律管理，通過制定行業內企業社會責任準則及標準，提升企業社會責任的履行意識，推進企業社會責任實踐活動的實施。自 2005 年 5 月中國紡織工業協會

推動制定了中國第一個行業自律標準——《中國紡織企業社會責任管理體系》（CSC9000T）以來，各行業協會和社會組織相繼制定了一系列廣泛推進企業社會責任履行的行業管理體系，如表3-3所示。促進企業履行社會責任的行業管理體系主要現狀是：借助建立對社會責任系統的管理體系的指導，推進企業自覺履行其社會責任，提高企業社會責任履行的管理水準；構建完善有效的社會責任管理評價體系，幫助企業認識到在社會責任管理方面存在的優勢及不足，促進企業不斷改進社會責任管理工作。這成為企業承擔社會責任、建設和諧社會及提高企業競爭力的有力保障。

表 3-3　　　　　　　　企業社會責任的行業管理文件

時間	文件名稱	主要內容	制定組織
2005 年	《中國紡織企業社會責任管理體系》	建立以人為本的社會責任管理體系，保障職工的合法權益，激勵員工的主人翁精神，實現其人生價值	中國紡織工業協會
2008 年	《中國工業企業及工業協會社會責任指南》	提高工業企業和行業協會的社會責任意識，強化承擔社會責任的理念，引導更多企業履行社會責任	中國煤炭、中國機械等十餘家工業行業協會
2009 年	《食品醫藥行業履行社會責任標準》	舉辦企業代表簽名承諾活動，推動企業積極執行標準，履行社會責任	中國食品行業協會 中國醫藥行業協會
2010 年	《中國工業企業及工業協會社會責任指南（第二版）》	共同推進企業社會責任工作，引導和推進工業企業和行業協會積極履職盡責	中國工業經濟聯合會等十餘家工業行業協會
2011 年	《關於建築業企業履行社會責任的指導意見》	積極履行社會責任，實現企業與職工、社會、環境和諧發展，提高影響力和競爭力	中國建築業協會
2012 年	《中國工業企業社會責任評價指標體系》	全面評價工業企業在經濟、環境、社會各方面表現	中國工業經濟聯合會
2013 年	《中國建築業企業社會責任管理體系通用評價準則》	進一步規範建築市場行為，促進建築業全面協調可持續發展	中國建築業協會 中國水運建設協會等
2014 年	《互聯網金融企業社會責任自律守則》	互聯網金融企業應加強自律、遵守金融法律、倡導網絡安全	中國銀監會 中國銀行法學研究會
……	……	……	……

3.2.3.2　社會組織考核評價推進

企業社會責任的履行具有法律與道德義務的統一性，決定其不可能完全依賴政府強制推進。因而，選擇合適的推動和激勵形式，對於企業社會責任的履行十分必

要。這就需要對企業社會責任的履行情況進行考核評價。社會組織對企業社會責任的考核評價及推進主要有兩個方面。

一方面是通過借鑑聯合國全球契約組織及國外先進的管理經驗，中國先後推出了一系列的企業社會責任缺失認定標準。例如《中國企業社會責任評價準則》《RepuTex 企業社會責任標準與指標：中國》，等等。其中最為著名的是由《中國企業報》中國企業社會責任（CSR）研究中心劉傳倫編製的「LCL5+1 評價體系」。該評價體系從六個方面認定社會責任缺失，如圖 3-2 所示。

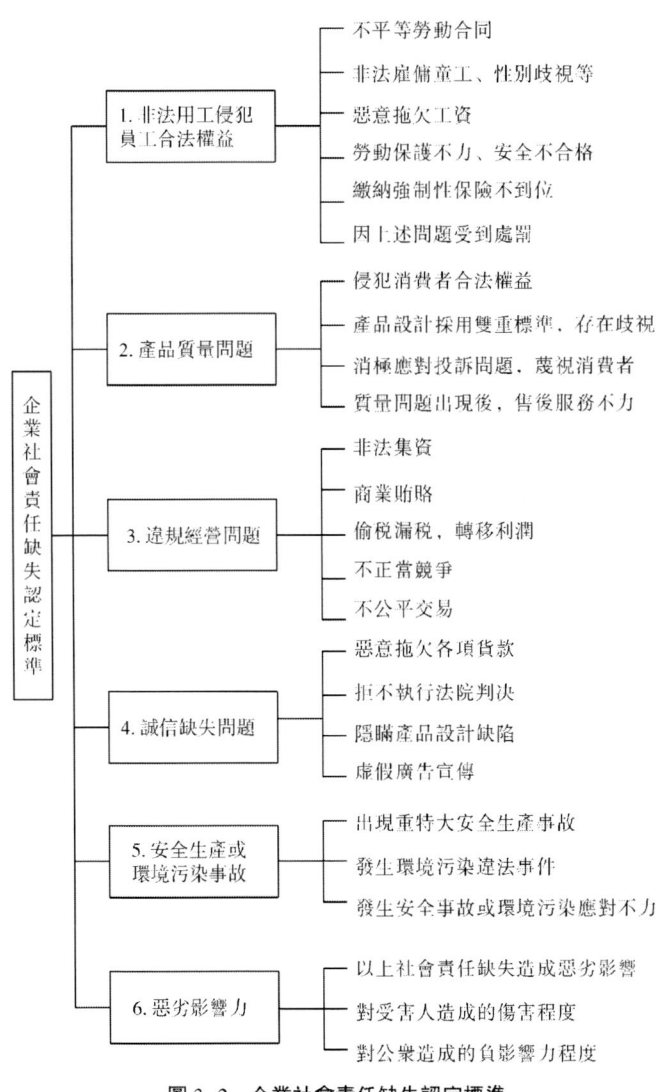

企業社會責任缺失認定標準

1. 非法用工侵犯員工合法權益
   - 不平等勞動合同
   - 非法僱傭童工、性別歧視等
   - 惡意拖欠工資
   - 勞動保護不力、安全不合格
   - 繳納強制性保險不到位
   - 因上述問題受到處罰

2. 產品質量問題
   - 侵犯消費者合法權益
   - 產品設計採用雙重標準，存在歧視
   - 消極應對投訴問題，蔑視消費者
   - 質量問題出現後，售後服務不力

3. 違規經營問題
   - 非法集資
   - 商業賄賂
   - 偷稅漏稅，轉移利潤
   - 不正當競爭
   - 不公平交易

4. 誠信缺失問題
   - 惡意拖欠各項貨款
   - 拒不執行法院判決
   - 隱瞞產品設計缺陷
   - 虛假廣告宣傳

5. 安全生產或環境污染事故
   - 出現重特大安全生產事故
   - 發生環境污染違法事件
   - 發生安全事故或環境污染應對不力

6. 惡劣影響力
   - 以上社會責任缺失造成惡劣影響
   - 對受害人造成的傷害程度
   - 對公眾造成的負影響力程度

圖 3-2　企業社會責任缺失認定標準

這個評價系統類似於傳統的專家打分法，在給企業社會責任履行情況打分時，先對前五項中的評價指標進行分析，某一企業違反其中任何一項評價指標，就認定為該企業社會責任履行已缺失。再把該缺失項與第六項評價指標結合起來，綜合考評分析，從而得出企業社會責任缺失的程度，也可以採用賦值給出企業的得分情況。最後借以建立企業社會責任履行情況的外部評價機制和激勵獎懲機制，如上海證券交易所和深圳證券交易所建立了一套類似道瓊斯可持續發展指數的投資指數，對企業社會責任履行的得分情況進行綜合判斷。這已成為推進中國企業自覺履行社會責任十分重要的社會力量。

另一方面是企業社會責任履行情況良好的排名。2010年，上海銀則企業管理諮詢有限公司（InnoCSR）聯手時代公司的《財富》（中文版）聯合推出第一個「中國企業社會責任100強排行榜」。此後，不同形式的企業社會責任排行報告不斷被推出。這種發布排行的評價形式，有利於宣傳報導企業履行社會責任的優秀案例，增強企業自覺履行社會責任的意識，鼓勵企業在履行社會責任方面開展良性競爭。這種評價形式是對社會責任履行表現優良企業的一種認可，也是對落後者的一種鞭策，從而形成企業社會責任履行的共同價值觀。

3.2.3.3 社會公眾行為回應推進

作為企業經營行為的出發點及最終點，消費者對企業履行CSR的感知水準（消費者認同水準）很大程度上反應在其消費行為上。消費者的認同可以用「對於CSR的意識」和「消費頻率」來表徵，如圖3-3所示。故消費者的消費行為是對企業履行社會責任的回應，對促進中國企業積極履行社會責任具有十分重要的意義。

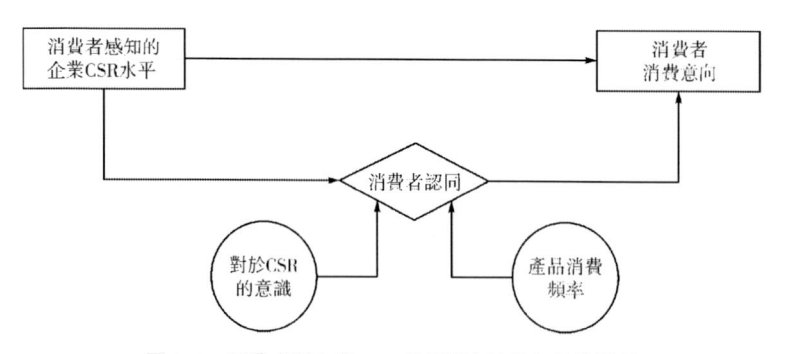

圖3-3 消費者對企業CSR的認同與消費行為的關係

一直以來，受傳統文化的影響，消費者對企業社會責任的認知更多的是看企業

是否在遵守社會規則的大前提下更多地獲取企業利潤。另外，由於中國關於企業社會責任履行相關方面的法規體系不健全，信息不對稱，消費者往往處於弱勢，加之中國正處於經濟轉型期，企業違法違規行為經常發生，更加劇了消費者對中國企業遵守法律法規、履行社會責任的渴望，並將這種渴望體現在消費行為中。

以前，面對五花八門的促銷活動和眼花繚亂的宣傳廣告，消費者購買產品時易受商家的這些行銷策略影響而盲目跟風，宣傳和促銷很大程度上成為消費者選擇產品的動因。隨著社會的發展，中國消費者對企業社會責任的履行認知水準不斷提高，並且在消費行為的選擇中起到越來越重要的作用。消費者對產品（包括企業本身）的評價、定位更趨理性，企業形象（商譽）被提高到前所未有的高度。消費者在進行消費活動時，往往會選擇社會責任履行良好的企業，即對於真正履行責任的企業給予消費選擇上的肯定和支持，用自己手中的「貨幣選票」來推進企業社會責任的履行。

作為社會公眾的另一重要方，新聞媒體對推動中國企業社會責任的履行也扮演著重要角色，主要體現在事實披露和輿論引導方面。一方面，新聞媒體對積極履行社會責任的企業進行大力宣傳；另一方面，新聞媒體對企業不法行為進行揭露曝光。例如，一年一度的 CCTV 年度風雲人物、優秀企業、年度品牌等評選活動越來越看重企業社會責任履行情況與社會評價。目前，消費者、媒體公眾的合力作用，對企業社會責任的履行形成強大的外在壓力，營造出全社會各企業積極履行社會責任的良好氛圍。因此，社會公眾在很大程度上推進了中國企業社會責任的履行。

3.2.4　企業推進現狀

3.2.4.1　積極開展實踐推進

社會捐助方面：企業是中國社會捐助的主力軍。目前，中國已形成各種不同的企業捐助渠道，如圖 3-4 所示，並且越來越多的企業積極開展社會捐助活動，自覺履行社會責任。根據《中國慈善捐助報告》統計，企業捐助約占當年社會總捐助的 70% 左右，其中的代表就是馬雲和蔡崇信捐贈阿里巴巴 2% 的股權，根據當時股價，捐贈金額折合人民幣 245 億元。企業捐助金額及占中國 GDP 的比重情況如圖 3-5 所示。在西方發達國家企業捐助額一般約占 GDP 的 2%，與之相比中國的企業捐助事業還有較大差距。

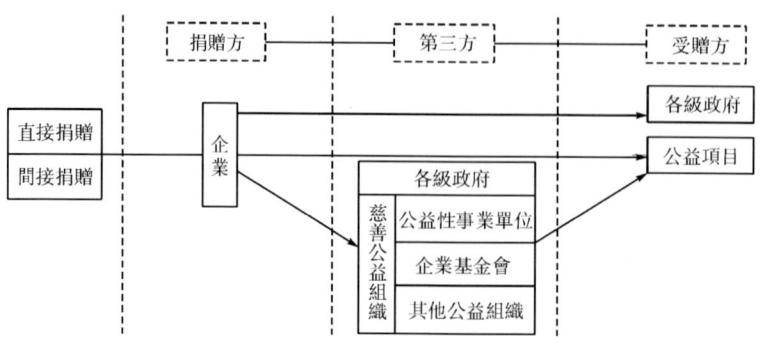

圖 3-4　中國企業捐助渠道

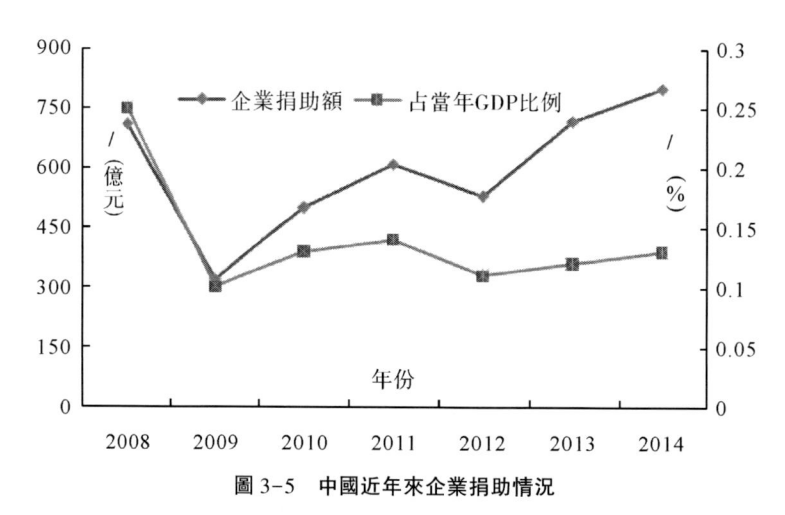

圖 3-5　中國近年來企業捐助情況

（根據歷年《中國慈善捐助報告》統計整理所得）

確保就業方面：2008 年，隨著經濟危機的咆哮而來，全球經濟遭遇了重創，經濟發展困難重重，全國就業形勢異常嚴峻。裁員、減薪可大幅減少企業自身支出，既符合市場經濟的規則，也會得到社會的理解。但是在這種背景下，杭州市 200 家企業聯合簽署倡議書，號召全市企業家 2009 年不裁員、不減薪。短短幾周內，全市累計 716 家企業向社會發出不裁員的莊嚴承諾，覆蓋全市職工 30 多萬人。在這場危機中，中國企業堅持「企業履行社會責任的重要方式就是保障就業。越是困難的時候，越是檢驗企業能否勇於承擔社會責任的時候。不把員工推向社會，這是對員工的尊重，也是企業履行社會責任的表現」。

保障質量方面：隨著時代的發展和社會不斷進步，企業的質量意識不斷加強。

中國企業把保障產品質量作為履行社會責任的重要使命，堅持「以質取勝」的企業發展戰略，認真履行保障產品質量第一的社會責任。尤其是在始於 1978 年的「質量月（Quality Month）」活動中，企業廣泛開展「質量為本、確保安全」活動，充分發揮企業作為質量安全主體的作用。中國企業目前在確保質量方面採取了三種方式：一是不斷加強質量安全管理，利用 PDCA 戴明循環理論，提高自主創新能力；二是建立和完善「三全」（全員、全過程、全方位）質量安全保障體系，努力趕超世界先進水準，打造世界級知名品牌，讓「中國製造」成為世界名優產品的典範；三是對消費者訴求高度重視，妥善處理，積極配合政府執法部門的執法活動，打擊假冒侵權行為，維護企業名譽，保護消費者合法權益。

保護環境方面：最近多地 PM2.5 指數爆表，再次給我們敲響了警鐘——保護環境刻不容緩。2015 年 12 月 15 日，在巴黎召開的全球氣候大會上，195 個國家達成了歷史性減排協議，幾乎每個參會的國家都承諾降低 CO_2 排放量，這具有里程碑式的意義。國家主席習近平出席了這次大會的開幕式，並做出了多項減排承諾。近年來中國企業在不斷努力履行環境保護方面的社會責任，切實開展了多項有力、有效的舉措。比如伊利集團為此提出了「三位一體」的發展理念，即「綠色生產、綠色消費、綠色發展」；2010 年，伊利與 SGS 通標標準技術服務有限公司（全球著名的碳審核機構）合作，對整個生產過程中產生的溫室氣體排放量進行檢測，積極尋求利用高新技術實現碳減排，這在全行業是首次。但是作為發展中國家，中國面臨著經濟發展、提高民生水準的壓力，加之，中國很多企業生產技術落後，因此，企業在推進環境保護的社會責任履行方面任重道遠。

3.2.4.2 發布企業社會責任報告

把社會責任情況對外進行報告是企業自覺履行社會責任的重要體現，也間接成為推動中國企業履行社會責任的動力之一。畢馬威會計師事務所（KPMG）每年發布的全球性企業社會責任調查報告顯示，2011 年，G250 公司（《財富》評選的世界年營業額 500 強公司中的前 250 名）和 N100 公司（KPMG 對 16 個主要工業化國家按照營業額排名的前 100 名的跨國公司）中，分別有 70% 和 65% 的公司發布了其社會責任報告。2006 年，國家電網發布內資企業首份《企業社會責任報告的可持續發展報告》。就在同一年，上海證券交易所和深圳證券交易所等陸續發布企業社會責任相關指引，中國企業社會責任報告的發布數量逐年顯著增加，如圖 3-6 所示。

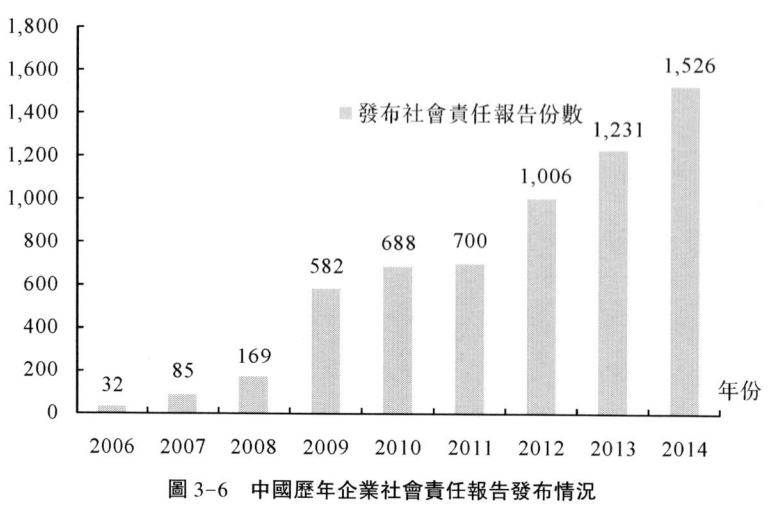

图 3-6 中國歷年企業社會責任報告發布情況

（引自《中國企業社會責任報告白皮書》）

雖然在量上增加很快，但是以 2014 年中國發布的企業社會責任報告數量為例，其只占世界的 15%，與中國企業數量占世界的比例相差不小。作為推進企業社會責任履行的重要力量，中國企業社會責任報告的發布現狀無論是數量還是質量都還存在著較大的改善空間。

發布社會責任報告是企業更好履行社會責任的一種外在動力的呈現，發布企業社會責任報告有助於提升企業的品牌形象，有助於吸引更多消費者，同時還有助於吸引投資。因此要鼓勵更多的企業積極履行社會責任，引導其發布更多更高質量的社會責任報告。

3.3　企業社會責任推進中存在的問題分析

基於不同的角度，政府、社會組織、企業、社會公眾等不同的社會組成部分紛紛通過各種方式加入到推動中國企業社會責任發展的隊伍之中，進而形成了全員參與的企業社會責任推進浪潮。然而，在實踐過程中，中國的企業社會責任推進過程相對落後，且存在一些突出的問題。

3.3.1　企業社會責任推進中存在的外部問題分析

3.3.1.1　政府部門缺乏社會責任意識

隨著企業社會責任的推進發展，政府部門的作用和角色越來越重要。然而，一些地方政府部門缺乏社會責任意識，在推進社會責任建設方面仍處於較落後的水準。部分官員缺乏對社會責任的足夠認識，片面追求經濟或政治利益，對一些企業的社會責任缺失行為放任不管。他們的認識觀念存在著明顯的錯誤：一是認為企業社會責任的履行在經濟上會加重企業負擔，從而影響企業的盈利水準；二是在不考慮企業實際承受能力的前提下，認為企業應該承擔更多的社會責任；三是認為企業承擔社會責任僅僅是企業進行宣傳的一種手段，並不存在實際意義。這些對企業社會責任的錯誤認識，是有些政府部門和官員不重視企業社會責任推進的根本原因。此外，政府不規範的行政行為也在一定程度上降低了企業履行社會責任的積極性。

3.3.1.2　相關法律法規尚不健全

相比國外對企業社會責任的研究發展，中國企業社會責任理念起步較晚，相關的政策法律制度尚需完善。

一方面，企業社會責任法律法規存在著分散、不完整的現狀。目前中國在企業社會責任的立法方面相對滯後，並未形成系統、完善的法律法規，相關立法分散於《中華人民共和國環境保護法》《中華人民共和國勞動者權益保護法》《中華人民共和國食品安全法》等法條之中。

另一方面，雖然這些相關法律法規涉及了企業社會責任的具體內容，但在實際執行過程中仍舊存在著執法不嚴、違法不究等現象。某些企業與地方政府成了利益共同體，考慮到地方利益和勞動就業等多方面的因素，政府行為往往會向自身利益傾斜。一些地方政府在處理企業違反社會責任規定的行為時，處罰力度較輕，多採取警告或者數額不大的罰款等措施。企業違規成本較低，只要通過繳納象徵性的罰金就能繼續從事生產，這不利於督促企業履行社會責任，進行合法生產經營。

3.3.1.3　社會力量參與程度較低

中國企業社會責任的推進離不開各種社會組織的大力宣傳和積極參與。目前，中國地方政府在企業社會責任推進方面積極性不高，且只有部分地方政府主動尋求社會力量的支持和參與，共同推進企業社會責任的履行。這是導致中國企業社會責

任推進過程中社會力量參與程度不高的主要原因。

社會力量參與程度不高主要表現在兩個方面：一是社會力量的參與範疇和水準受限，現有的方式主要包括參與政府及有關部門對標準的制定、參與相關的企業社會責任會議和論壇、參與社會責任的相關課題項目研究等。可見，社會力量主要參與的是促進和規範企業履行社會責任的相關活動，通過互聯網和傳統新聞媒體等渠道促進企業社會責任的履行。社會力量應加大參與企業社會責任監督的力度，從而有效彌補政府部門監督不足的缺陷。二是社會力量的參與數量有限。中國目前能夠與地方政府建立合作並進行社會責任建設工作的主要有行業組織、高校研究機構。其他社會力量，如消費者協會、環境保護組織等民間非政府組織力量相對薄弱，尚未形成健全的組織模式和維權策略，難以有效規範和影響企業行為。

3.3.1.4　企業社會責任評價、監督體系缺乏

規範和推進企業自覺履行社會責任的行為必須要建立合理的社會責任評價體系和監督體系。目前，國內的會計師、律師事務所等還沒有將企業的社會責任履行狀況納入對企業的評估範圍，非政府組織機構的評價和監督尚未形成系統的機制。雖然上海、深圳、浙江等少數地方的政府借鑑了國外構建社會責任評價指標體系的經驗，出抬了符合當地具體情況的評價體系，但是中國仍缺乏完整的、統一的、可操作的社會責任評價體系。另外，一些政府部門由於經濟等利益的驅使，對於企業的生產經營活動的監管不到位。這一系列的原因阻礙了中國企業社會責任的評價、監督體系的完善，從而間接助長了某些企業逃避社會責任的不良風氣。

3.3.2　企業社會責任推進中存在的內部問題分析

3.3.2.1　企業處於資本累積階段，社會權勢較弱

企業的社會權勢對企業社會責任的影響主要表現為企業的社會權勢會影響其社會責任的履行水準。通常情況下，一家企業的社會權勢與其所能承擔的社會責任能力成正比。

在中國，雖然有十幾家企業位列世界 500 強，但是這些企業大多數是處於行政保護之下的壟斷性企業，真正能靠自身實力做大做強的知名企業較少。中國的企業主要以中小企業為主，據統計，中國每年倒閉的中小企業有近 100 萬家，這些企業的平均壽命為 3~4 年。而企業的生存狀況又會影響企業社會責任的履行狀況。為了

能夠在激烈的市場競爭中生存下來，中小企業在全力進行資本累積的同時很難兼顧對社會公共利益的維護。除此之外，中國的國有企業和民營企業的社會權勢均弱於政府權勢。一些國有企業由於種種原因，導致產權歸屬不明晰，且尚未建立合理有效的公司治理結構，在某種程度上擔負著原本應由政府履行的義務，從而負擔較重。因此，為了防止政府將本應由自己履行的義務轉變成企業的社會責任，我們必須明確劃分國有企業的社會責任的權利和義務。

3.3.2.2 企業履行社會責任內部動力不足，認識有待提高

根據 2015 年 11 月 1 日在北京舉辦的首屆中國企業社會責任前沿論壇發布的《企業社會責任藍皮書（2015）》，中國企業 300 強社會責任發展指數為 34.4 分。其中，將近 80% 的企業得分低於 60 分，7 家企業得分為 0 分，未披露任何社會責任信息。由此可見，這些企業雖屬於中國最有實力的經濟力量，但仍嚴重缺乏履行社會責任的內部動力。中國企業內部動力不足，首要原因是對企業社會責任的認識存在偏差。在「企業辦社會」的思維模式下，企業履行社會責任在某種程度上被錯誤地等同為「慈善捐款」，加上官方的捐款攤派、媒體報導的錯誤導向，迫使企業認為履行社會責任實質上就是一種形式，一種變相捐款，會增加企業生產經營的成本負擔，從而導致企業產生抗拒心理。企業通過捐款的方式來履行社會責任，雖然有利於從資金上支持社會弱勢群體，但從長遠角度來看，會加重企業的生產經營負擔，不利於企業和社會的健康發展。此外，簡單的慈善捐款也未必是樹立企業形象的最佳渠道。

北京大學民營經濟研究院早在 2006 年就進行了關於中國企業社會責任的調查。調查結果表明：企業對公益責任的認知度遠高於對經濟、法律和環境等方面的認知度，但廣大群眾對職工和消費者權益較為敏感，並且比較關注環境保護、產品和服務的質量水準，對企業的社會捐贈行為反應較為冷淡。企業和公眾對社會責任的認識存在明顯的差異，如果要調動企業履行社會責任的動力，必須要統一政府、公眾及企業對社會責任的認知，包括什麼是企業社會責任、企業如何履行社會責任、企業社會責任的實現價值等。

3.4 企業社會責任推進機制的演化與分析框架構建

雖然企業社會責任推進機制面臨的問題不是僅存在於某個特定地區或特定行業之中，而是世界上所有企業和政府均需要解決的普遍性問題；但相比西方國家較完善的市場機制，目前中國的市場機制尚未完善，社會力量相對弱小，還沒有形成完善的多層次主體參與和治理制度，這些推進企業履行社會責任的力量參差不齊，利益相關者的利益訴求被忽視，導致企業社會責任的履行效果乏善可陳。黎文靖（2012）指出，當前中國企業披露社會責任信息的行為不是簡單地滿足合法性的需求，也不是在考慮各利益相關者利益訴求後產生的慈善行為，而是轉型經濟環境中政府干預的一種政治尋租行為[262]。因此研究中國企業的社會責任推進機制不能完全照搬西方國家的做法，必須構建適合中國當前轉型經濟體制下的企業社會責任推進機制的分析框架。

從前文對企業社會責任的概念和推進機制的基礎理論迴歸可以看出，人們對企業社會責任的認識不是跳躍式發展的，而是存在路徑依賴的。只有結合特定的制度環境和社會背景，才能領會和理解企業履行社會責任的行為動機和完整意義[266]。因此，要構建中國企業社會責任推進機制的分析框架，有必要首先借助一定的基礎理論方法對企業社會責任推進的歷史演化過程進行分析，然後在此基礎上，結合中國當前轉型經濟體制來構建分析框架，這可能是一種有效的方法。而在理解企業社會責任歷史演化的方法中，演化經濟學比新古典經濟學的解釋力度更強[266]。

3.4.1 企業社會責任推進機制的動力演化分析：基於演化經濟學的適用性分析

作為一種對新古典經濟學產生挑戰的經濟學理論，演化經濟學反對傳統經濟學所提出的「經濟人」假設和均衡的分析框架，主張從實際出發，借助生物進化的思想，提出個體差異及創新能夠轉變社會經濟運行方式，並通過「社會人」「制度人」等假設的提出，更好地把握經濟行為人的特徵。

演化經濟學雖然尚未形成統一的理論體系，且存在著諸如舊制度學派、通用達爾文主義、奧地利學派等不同流派，但是總體而言，演化經濟學還是達成了一些共

識，包括：①世界是變化的，並且這樣的變化不僅涉及量的變化，更重要的是質的變化（例如技術變革、組織變革等）；②認為創新是社會經濟變遷的重要推動力；③強調社會經濟系統本身所具有的複雜性，即主體之間的非線性、無序、混沌等關係；④經濟社會系統中各種複雜現象來源於系統內部的自發秩序[267]。

演化經濟學的基本假設主要包括：經濟主體的有限性及異質性，經濟過程的非均衡性，時間的內生性和不可逆性，隨機因素。並且，演化經濟學將「創新」引入經濟發展分析中，認為非均衡性是社會發展的動力，並且「路徑依賴」在經濟變遷中發揮了重要作用[196]。

上述分析表明，演化經濟學具有以下幾個方面的特徵：①演化經濟學的研究對象是社會經濟的演化或變化現象；②演化經濟學認為演化的動力主要是創新；③演化經濟學考察各參與方之間的互動關係及互動所產生的創新等行為。

企業社會責任問題作為社會經濟中的重要問題，在分析其演化問題時，可以通過運用演化經濟學的思想進行分析。具體而言，演化經濟學思想應用在分析企業社會責任演化問題中的可行性主要體現在以下幾個方面。

（1）研究對象的匹配性。根據分析，演化經濟學的研究對象是社會經濟中的變化發展規律。企業社會責任問題作為企業管理和經濟管理的重要內容，屬於社會經濟研究領域的組成部分。基於此，可以通過運用演化經濟學的有關理論，對企業社會責任演化問題進行分析和探討。

（2）研究對象特徵的匹配性。演化經濟學主要考察的是經濟社會問題中各參與方之間的互動關係。根據上文分析，在企業社會責任演化過程中，涉及的利益相關者較多，並且通過聚類分析，利益相關者可以分為股東利益一致相關者、強制性外部相關者、非強制性外部相關者三類。並且，作為企業行為中的一項重要內容，企業社會責任演化是由於各利益相關者之間的相互作用造成的，即企業社會責任本身是處於動態發展的過程中的。這與演化經濟學考察經濟社會問題中各參與方之間的互動關係是吻合的。基於此，在探討企業社會責任演化機理時，可以運用演化經濟學的有關理論和方法，對企業社會責任演化各利益相關者之間的互動關係進行分析和探討。

（3）研究假設的匹配性。演化經濟學拋棄了傳統的主流經濟學的理性經濟人和均衡的基本假設，從經濟行為人的非理性、非均衡的複雜系統、隨機因素等方面給

出了自身研究的基本假設。根據上文分析，企業社會責任演化本身是混沌的，並且企業社會責任初始履行情況對企業社會責任演化結果有較大影響。企業社會責任演化系統的非線性表徵、企業社會責任演化系統中的「奇怪吸引子」狀態等，都與演化經濟學的研究假設相吻合。

從前文基於系統論的企業社會責任概念界定可以發現，現實世界中企業在生產和交易的過程中不僅與其他社會成員相互聯繫、相互作用，和社會整體之間也存在眾多的交集。一方面，作為整個社會系統的組成部分，企業受惠於來自外部環境的資源，進而獲得發展機遇；另一方面，企業在發展過程中，對外部環境產生影響，尤其是產生的負面影響最終由外部環境承擔，進而導致企業與外部環境權利與義務的不均衡。正是這種不均衡，使得企業發展面臨著外部壓力，加之企業內部不同子系統之間對於這種不均衡性有分歧，並通過子系統之間的制衡，最終以制度形式明確企業應當履行的對社會的義務。正是在企業內部制度和外部環境壓力的共同作用下，企業最終以一定的方式（如捐款、慈善、環境保護等）向社會履行義務，實現企業與外部環境、企業內部之間的相對穩定。這在一定程度上表明，企業社會責任推進機制的演化動力主要來源於企業與外部環境之間的不均衡性，以及企業內部各子系統之間的不協調性。為更好適應外部環境的發展變化，企業做出主動和非主動的調整行為，以使自身及其各子系統能夠更好地適應外部環境，進而實現企業與外部環境的和諧狀態。企業與外部環境之間的關係調整必然遵循一定的規律，這種規律是由企業與外部環境動態變化及其不斷匹配所決定的。鑒於外部環境及企業與各子系統自身都處於動態變化中，企業社會責任的推進機制的演化過程也是動態的概念。

根據上述分析，由於企業社會責任推進機制的動力演進過程符合演化經濟學的研究對象及研究思路，因此可以運用演化經濟學的基本思想，分析企業社會責任推進機制的問題。

3.4.2 企業社會責任推進動力機制分析框架：基於規則視角

演化經濟學和奧地利學派的著名代表人物、英國經濟學家 Hayek，提出了著名的「社會秩序二元觀」。他認為，「社會秩序」本身是一種預期，通過對所瞭解的相關要素之間的相互關係的分析來實現對其他未知部分的預期。在《法律、立法與自

由》一書中，Hayek 將「社會秩序」分為兩類，即「自發秩序」和「人造秩序」。其中，「自發秩序」由系統自我生成或者是系統內自發形成的秩序，是系統要素在即時性的條件下按照一定規則和規律形成的。其作為一套抽象的規則影響著人類社會的各種實踐活動。所以，社會中的各種實踐活動和規則制度的形成並不是因為事先能夠看到其帶來的好處才主動、有目的地建立起來的，而是所有人按照自己的想法和利益在追求目標時，共同創造的結果。這一結果是所有人的共同行為導致的，不是人們事先設計好的。而「人造秩序」則是源於外部的秩序或者安排，也稱為「建構秩序」，這是與「自發秩序」相對應的一種社會秩序，是人類為了實現某種目標而按照領導者的意志制定的，本質上屬於有意識的制度安排，這種安排建立在命令與服從的基礎之上。「自發秩序」與「建構秩序」的對立和發展，共同構成了 Hayek 的「社會秩序二元觀」。

在 Hayek 的「社會秩序二元觀」中，自發秩序是建構秩序的基礎，且自發秩序的發展為建構秩序的發展提供了有效指引[197]。當然，由於在不同時期，社會所處的發展環境不同，「建構秩序」的實施者出於自身的考慮或者是社會穩定的需要，其措施可能會導致「建構秩序」與「自發秩序」之間產生衝突，而兩種秩序的力量對比將會決定顯性化秩序的類型，同時也會影響建構秩序實施者有關政策的制定及執行。

社會秩序作為社會成員相互作用的一種狀態，最終將以某種規則的形式來固化和延續。根據 Hayek 的觀點，「規則」作為一種共同認同的知識，社會成員通過遵守它來彌補理性的不足以減少決策的失誤[198]。因此，本書借鑑 Hayek 的「社會秩序二元觀」的指導思想，構建針對中國當前轉型經濟體制下的企業社會責任推進動力機制的分析框架：Hayek 將社會秩序分為「自發秩序」與「建構秩序」，在此基礎上形成和延續秩序的「規則」也應當分為兩類，分別為「內部規則」和「外部規則」。其中，「外部規則」與「自發秩序」相對應，主要思想是企業應對外部制度環境時應當遵循的規則，屬於「微觀演化」的規則。「內部規則」與「建構秩序」相對應，主要是強制性外部相關者即政府，通過自身所具有的權力，在與眾多微觀主體博弈過程中，制定的具有強制性的規則，並通過政府的強制力予以推行[199]。

本書認為，企業根據外部制度環境有針對性地調整自身的社會責任行為就是這種微觀演化的外部規則。由於企業總是處於特定的制度環境中，並且其行為傾向於

趨利避害，因此需要適應所處的外部環境。North（1990）就明確指出，在一個不確定的世界裡，制度發揮著重要的作用並決定企業的經營行為。由於企業的生產經營活動及其他交易活動必須適應所處環境及其變化，企業需要根據外部環境的狀況及其變化趨勢對當前面臨的重大問題和未來的發展進行決策，因此企業的各種活動是內生於制度環境的，即在一定的環境條件下不斷主動適應的理性選擇[39]。根據North（1990）[39]的分類，陸銘等（2008）認為，制度由正式制度和非正式制度組成。正式制度包括成文的、匿名的、大規模應用的制度，如成文的法律制度、法律執行效率、第三方仲裁等；非正式制度包括不成文的、非匿名的、僅在一定範圍內應用的，如風俗習慣、道德約束、信任等[271]。由於上述這些制度（包括正式制度和非正式制度）能夠改變企業特定行為的效益和成本，因此會導致企業行為的不同選擇，企業所處的制度環境是引導企業行為的主導因素。當前中國正處在經濟轉型時期，要素市場不發達、法律制度不健全等問題較為突出，企業行為受到制度約束和影響的現象更為明顯①，因此在經濟轉型時期，對企業社會責任推進機制的研究，就需要建立在對這些制度環境的分析的基礎上。

一直以來，關於企業履行社會責任的原因分析，主要分為「工具性觀點」和「規範性觀點」兩類。前者主要強調企業需要通過積極履行社會責任來滿足利益相關者特別是擁有關鍵資源的核心利益相關者的利益訴求，後者主要是強調企業要在經濟利益與道德之間找到平衡，妥善處理企業與利益相關者的關係。無論哪種觀點，要想推進企業更好地履行社會責任，必須以完善的外部制度環境為前提條件，因為中國現行的法律制度規定，股東按投入公司的資本額享有資產收益、重大決策等權利，公司的所有權屬於股東，股東特別是大股東可以利用投票權對企業的決策行為產生重大的影響。由於履行社會責任是有代價的，而最大化自身利益的需求，會驅使企業更少地履行社會責任；而企業的利益相關者諸如社會公眾、消費者、非政府組織等非強制性外部相關者，對於企業社會責任具有強烈的偏好，因此股東與其他相關利益者之間總是存在利益衝突的。如果外部的制度（如消費者權益保護法、民事訴訟法、產品質量法等制度）不健全，股東特別是大股東會運用其對企業高管的控制力來阻止企業對其他的利益相關者履行社會責任，比如通過「隧道」行為掠奪企業利益而侵害其他相關利益者

---

① 林毅夫（1990）指出，無摩擦交易、完備的信息和明確界定產權等假設條件，使在處理不發達地區（要素和產品市場不完全）的許多經濟問題和理解歷史演變過程時顯得尤其不適當。

的利益。隨著外部制度環境的改善，企業一方面可以通過履行社會責任向利益相關者傳達積極有利的信息，有助於保持持續的競爭優勢；另一方面，企業通過「隧道」行為侵害其他相關利益者的利益的成本顯著上升，雖然股東特別是大股東最初可能沒有履行企業社會責任的意識，但是由於受到非強制性外部相關者的影響及互動，股東特別是大股東最終會在一定程度上促進企業履行社會責任。這樣的企業社會責任演化機制是在特定的外部制度環境下，由企業主要利益相關者內部自發形成的，即「外部規則」。

按照 Hayec 的理論，內部規則是社會成員在交往過程中自發形成的一種規則。由於這種規則可以傳遞關於其他人行動的知識，因此交易主體無須具備完全的理性或知識，僅僅通過遵守這些規則就可以形成正確的決策。因為在一種社會秩序中，每個交易主體都是在遵循一定的規則的前提下對其所處的環境進行回應的，個體所應對的特定情勢是那些為他所知道的情勢，並且只有當每個個體所遵循的是那些會產生一種整體秩序的規則的時候，個人對特定情勢所作的應對才會產生一種整體秩序。如果他們所遵循的規則都是這樣一些會產生秩序的規則，那麼即使他們各自的行為之間只具有極為有限的相似性，也足以產生一種整體秩序。因此特定的交易主體在面對特定的環境進行決策時，並不會因為知識的有限性或知識的匱乏而失去決策能力或犯決策錯誤。只要他們遵循一定的規則，就可以通過這些規則瞭解其他人的知識，從而能夠有效地協調自己與其他人的行動。「內部規則」主要是指強制性外部相關者如政府及其監管部門通過自身所具有的權力而制定的具有強制性的規則，其通過政府及其監管部門的強制力予以推行。本書認為，政府及其監管部門加強企業內部控制制度建設和完善公司治理機制對應的就是內部規則。因為從契約自我實施的角度看，內部控制「天生」能夠在事前有效地對企業外部環境的不確定性和內部不穩定因素進行識別和防禦，採取各種措施降低風險的發生概率。內部控制一旦建立起來並有效實施後，一方面，能夠自動對威脅、危害和風險進行抵禦進而降低利益相關者的風險，另一方面，作為企業不可收回的沉沒成本，其構成一種潛在的抵押品，進而形成與利益相關者進行交易的可信承諾，這樣各個獨立的企業就形成以內部控制為核心的自我實施的單邊協議，形成不斷地進行這種交易的自我約束激勵。另外企業內部控制和公司治理機制作為一種持續均衡利益關係的契約裝置，通過規定企業利益相關者在交易關係中的權利與義務，界定交易主體在交易關係中的

行為邊界，以及明確懲罰或補償標準，進而在短期和長期內通過實現剩餘索取權和控制權持續均衡對應，在關鍵利益相關者與非關鍵利益相關者之間形成一種動態制約機制，有效地起到監督和自穩作用，解決衝突和矛盾，從而提高分工效率和協調利益分配，保持企業活力。這表明企業內部控制和公司治理機制能起到使交易主體正確預期到其他交易主體的作用，在這些內部規則的指導和協調下，企業內外部的利益相關者無需擔心自身知識的局限性，只需要通過遵循相應的規定就能瞭解其他交易夥伴的知識，從而能夠有效地協調交易活動和行動，大大減少了交往中的不確定性，進而導致合作秩序的發展。隨著人們對內部控制之於投資者利益保護重要性的認識不斷提高，近年來世界各國政府都在通過立法的形式要求企業加強內部控制制度建設。如近年來中國相關部門制定了《企業內部控制基本規範》和《企業內部控制配套指引》，試圖通過加強內部控制制度建設來提高企業經營管理水準，後來又專門出抬了《企業內部控制應用指引第4號——社會責任》，希望企業通過加強內部控制制度建設來改善社會責任的履行情況[1]。這些都充分說明了政府及其監管機構認為加強企業內部控制制度建設，對推進企業履行社會責任具有重要的作用。而在過去很長的一段時間內，中國通過頒布的《中華人民共和國公司法》《中華人民共和國證券法》《上市公司治理準則》等法律法規要求企業進一步完善公司治理機制，為社會責任的履行創造良好的環境。企業的生存和發展必須要具備「合規性」，也就是企業生產營運必須合規，要遵守利益相關者制定的規則。公司治理是保障企業有效運行與科學決策的治理機制，而治理機制的正常運行必須依賴於一系列的法規制度，如《中華人民共和國公司法》《中華人民共和國證券法》《上市公司治理準則》及公司成立之初設定的公司章程等。

因此，基於演化經濟學理論，推進企業社會責任履行主要是由兩個方面的力量來完成：一方面，在正式制度和非正式制度的共同影響下，非強制性外部相關者與股東利益一致相關者通過互動交流，以「外部規則」形式推進企業履行社會責任；另一方面，為了彌補「外部規則」的不確定性，以及提高企業的合規性，政府及其

---

[1] 具體而言，《企業內部控制基本規範》明確提出，內部控制環境包括企業應當加強文化建設，培育積極向上的價值觀和社會責任感，倡導誠實守信及風險評估，提出企業應關注營運安全、員工健康、環境保護等安全環保因素。《企業內部控制應用指引第4號——社會責任》更是明確地提出了企業應加強安全生產、食品安全、環境保護及員工權益保護等方面的內部控制制度建設。這充分說明政府及其監管機構認為加強企業內部控制制度建設，對推進企業履行社會責任具有重要作用。

監管部門通過強制性政策的制定和落實，以「內部規則」形式推進企業履行社會責任。

中國企業社會責任推進的動力機制分析框架如圖3-7所示。

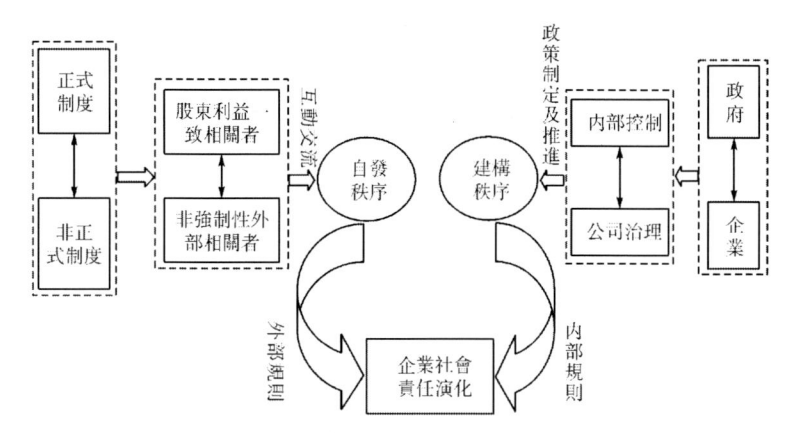

圖 3-7　中國企業社會責任推進動力機制分析框架示意圖

3.5　本章小結

企業社會責任的履行是一項複雜的系統工程。中國企業在履行社會責任方面尚處於初級階段，存在很多問題需要解決，需要多方面的動力推進。目前，政府、社會、企業等在推進中國企業社會責任履行方面已做出了有益的努力和採取了有力的舉措，但也存在內外部兩方面的不足。外部不足表現在：政府部門社會責任意識不強、相關法律法規尚不健全、社會力量參與程度較低、企業社會責任評價和監督體系缺乏。內部存在的問題有：一是中國企業還在資本不斷累積的發展時期，社會權勢不強；二是企業履行社會責任的內部動力不強，認識水準較低。本章分析了中國企業社會責任推進機制的現狀、問題，並深入闡述了其問題的成因，借助演化經濟學理論，構建了中國企業社會責任推進動力機制的分析框架。

第四章　企業社會責任推進動力機制的博弈分析

　　無論是從上文闡述的基於系統論的企業社會責任定義來看，還是從企業社會責任推進機制的動力演化過程來看，企業社會責任的推進機制在一定程度上都是由不同的利益相關者共同參與和推動形成的。不同的利益相關者之間的矛盾與衝突總是客觀存在的，因而分析企業社會責任推進機制的動力機理就需要解決如何識別不同的利益相關者和如何使不同利益相關者之間的利益衝突達到均衡的問題，而這無疑需要通過演化博弈模型來分析。因此這一章主要討論的是，企業的利益相關者在推進企業社會責任履行的過程中，如何進行不斷地博弈而最終達到利益均衡，從而推進企業社會責任更好履行。

4.1　企業利益相關者利益訴求與識別

4.1.1　企業利益相關者的要求

　　企業利益相關者主要是指，在企業發展的整個過程中享有既得利益的組織或個人。成為企業利益相關者應該具備以下幾方面的條件。

　　（1）對企業進行了專用性投資。企業利益相關者在企業發展的過程中或者某個時期對企業進行了專用性投資。這種投資可以是多種形式的，比如資金資本形式、人力資本形式。這些投入是專用的形式，是排他的，僅為本企業發展所用。如果個人或組織對某一企業有投資，而這種投資並不是專用的和排他的，就不能將其作為利益相關者。

　　（2）在企業發展中承擔相應的經營風險。企業作為市場主體，本身具有「經濟人」的特點。企業成立的目的是要在履行社會責任的同時，實現自身的盈利目標。因此，企業的生產經營活動必然會產生各種經營風險，並且各利益相關者須按照對

企業的專用性投資情況去承擔相應的經營風險。

（3）與企業的生產經營活動具有各種直接或間接的聯繫。企業的利益相關者與企業的生產經營活動有直接或間接的關聯，企業的各項決策及具體的生產經營成果會對各個利益相關者的利益產生影響。

在明確了企業各個利益相關者應當具備的基本要求的基礎上，為確保對企業利益相關者分析的有效性，還需要對其進行分類管理。國際上對利益相關者比較常用的分類方法包括多維細分法和米切爾評分法，其中，多維細分法應用較為廣泛。不同研究者也給出了自己的利益相關者劃分方式。例如，Frederick et al.（1988）根據對企業影響的方式不同將利益相關者劃分成直接和間接兩種[273]；Charkham（1992）根據相關方與企業是否存在契約關係，將其劃分成契約型和公眾型。Charkham 認為：①契約型利益相關者是指，與企業生產經營等活動有顯性或隱性的合同關係，並通過合同約定雙方的權利和義務的利益相關者。由於契約型利益相關者與企業之間有契約的約束，因此，雙方必須按照顯性或隱性合同的規定，履行相應的職責，並享受顯性或隱性合同規定的權利。契約型利益相關者主要包括股東、保險公司、供應商、經銷商、企業諮詢機構、消費者、金融機構等。②公眾型利益相關者是指，雖然與企業生產經營活動沒有直接的合同關係，但是會對企業生產經營產生一定影響的利益相關者。公眾型利益相關者與企業之間沒有直接的利益關係，但是這些利益相關者的利益如果不能夠得到充分關注和維護，或者其利益受損，會對企業的生產經營活動產生直接或間接影響，這種影響甚至會超過契約型利益相關者的影響程度，因此企業一定要重視維護與公眾型利益相關者的關係。公眾型利益相關者一般包括社會公眾、政府、非政府組織、外國政府及國際組織等[274]。Wheeler（1998）根據相關方是否具有社會性和相關方與企業存在的主次關係兩個因素將利益相關方分為四種類型：主要社會性利益相關方、次要社會性利益相關方、主要非社會性利益相關方、次要非社會性利益相關方[275]。

4.1.2 企業利益相關者識別：基於所有權視角

所有權是所有人依法對自己的財產進行佔有、使用、收益和處理的權利，是對生產勞動的目的、對象、手段、方法和結果進行支配的權利。現行中國法律制度規定，股東按投入公司的資本額享有資產受益、重大決策等權利。公司的所有權屬於

股東，因此對於企業而言，股東作為企業的所有人，在所佔有企業所有權份額限度內，擁有企業決策權、處置權等權利。這就決定了按照所有權的視角來識別企業的利益相關者具有更大的現實意義。一般而言，從所有權視角下探討企業利益相關者，可以將其分為兩大類：一類為股東利益相關者，另一類為非股東利益相關者[266]。

其中，股東利益相關者是指擁有企業所有權的個人或組織，擁有知情質詢權、決策表決權、選舉權、收益權、優先權、直接索賠權等權利，當然，股東也應當履行相應的義務，包括遵守有關法律法規及公司章程、按時足額繳納出資、不能濫用債權人權利等。非股東利益相關者是除了股東以外，符合企業利益相關者三個要求，即對企業進行了專用性投資、在企業發展中承擔相應的經營風險、與企業的生產經營活動具有直接或間接的關聯的有關參與方。

根據上述分析，股東利益相關者包括股東，可以進一步分為大股東和中小股東；非股東利益相關者則包括保險公司、供應商、經銷商、企業諮詢機構、消費者、金融機構、社會公眾、政府、非政府組織、外國政府及國際組織等。

所有權視角下的企業利益相關者識別結果如圖4-1所示。

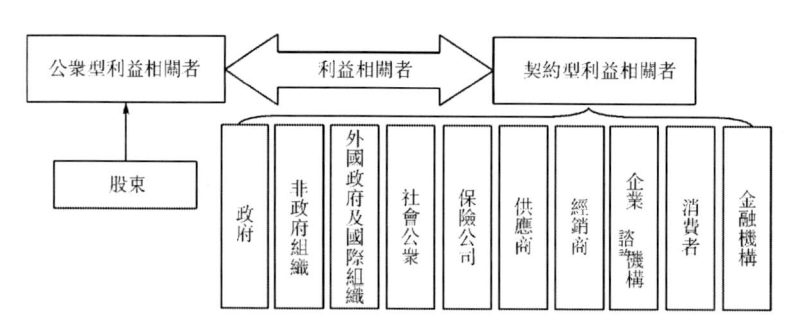

圖4-1　所有權視角下企業利益相關者識別結果示意圖

4.1.3　所有權視角下企業利益相關者利益訴求分析

基於前文分析，從企業所有權視角出發，企業利益相關者可劃分成股東利益相關者及非股東利益相關者，在企業生產經營中，由於各利益相關者的立場不同，其對於利益的訴求也有所不同。在這樣的背景下，有必要對企業利益相關者的利益訴求進行分析，並根據各自的訴求情況，對企業利益相關者進行聚類分析，進而為企業社會責任演化機理的分析提供支撐。

具體而言，企業各利益相關者的利益訴求如下：

（1）股東作為企業的所有者，擁有企業的所有權、經營決策權、選舉權、收益權等法律賦予的天然權利。對是否履行包括企業社會責任在內的義務，股東擁有最終決策權。因此，企業股東的利益訴求主要體現為實現自身的利益最大化。

（2）政府在社會中發揮著重要作用：第一，政府作為社會的管理和服務方，有責任、有義務為社會大眾提供質量有保障且價格公道的公共產品和服務；第二，政府作為公共事務的管理者，有責任對企業經營行為進行全過程管理，主要從企業有關事項的審批核准、常態檢查等方面對企業經營管理活動進行監督；第三，政府作為宏觀政策、行業發展規劃的制定者，為企業發展明確方向，為包括企業社會責任履行在內的各項企業行為指明方向。因此，政府的利益訴求主要體現為公共產品和服務供給的有效性、企業管理的規範性、企業行為的合規性。

（3）供應商、經銷商、消費者作為企業生產經營整個價值鏈環節中的重要組成部分，分別通過原料供應、產品銷售、產品購買等行為來實現企業的價值。在整個價值鏈環節中，供應商和經銷商都希望能夠獲得最高的利益，而消費者也希望可以獲得物美價廉的商品，本質上都是為了實現自身價值的最大化。因此，供應商、經營商、消費者的利益訴求主要體現為自身價值的最大化。

（4）企業諮詢機構作為企業聘請的服務組織，為解決企業生產經營中面臨的問題提供智力支撐。一般而言，企業諮詢機構可以為企業提供戰略規劃、項目可行性研究、人力資源管理諮詢、行業發展分析、行銷策劃等方面的服務，也包括企業社會責任有關方面的諮詢。企業諮詢機構作為企業發展中不可或缺的參與方，接受企業的委託，提供相應的智力支持，並獲得約定的報酬。因此，企業諮詢機構的利益訴求主要體現為企業諮詢報酬的及時支付。

（5）從目前中國企業發展的現狀來看，絕大部分企業的發展都需要獲得金融機構的支持。當前企業可以合作的金融機構包括商業銀行、政策性銀行及各類非銀行金融機構等。這些金融機構與企業開展全方位的合作，為企業正常的生產經營活動提供有效的資金支持。因此，金融機構的利益訴求主要體現為企業真實信息的獲得、企業正常經營、合理的回報等。

（6）鑒於企業所面臨的經營環境較為複雜，並且風險較大，企業有必要通過向保險公司投保的方式，有效分散和轉移企業生產經營過程中的風險。因此，保險公

司的利益訴求主要體現為對企業生產經營過程中風險控制情況及運作情況的知情權。

（7）由於企業生產經營活動需要涉及原材料供應、「三污」排放、企業員工招聘、產品銷售等，因此，企業生產經營活動必然涉及生態、環境、國家安全、國際貿易與合作等方面的問題。各國政府和人民及國際組織必然會對企業的生產經營問題予以關注，尤其是對於企業社會責任履行情況較為重視，並且也通過相應的方式對企業發展給予支持。因此，社會公眾、非政府組織、外國政府及國際組織的利益訴求主要體現為對企業生產經營行為的知情權。

4.1.4 所有權視角下企業利益相關者聚類分析

從企業所有權視角出發，企業利益相關者由股東利益相關者及非股東利益相關者組成。同時，由於不同的利益相關者在企業生產經營過程中所處的位置和發揮的作用不同，各利益相關者的基本要求也有所不同。

企業的生產經營過程會涉及方方面面的利益相關者，我們大致可以將其分為三類：第一類是股東利益相關者，即企業的所有者，股東；第二類是企業營運利益相關者，主要是與企業的生產經營活動密切相關的利益相關者，包括供應商、經銷商、企業諮詢機構、消費者、保險公司、金融機構等，這些利益相關者通過與企業直接簽訂合同或者隱性合同，為企業正常經營活動的開展提供有效支撐；第三類是外部個人與組織，主要包括社會公眾、非政府機構、各國政府及國際組織等，這些組織儘管與企業沒有直接的合同關係，但是對於企業正常的生產經營會產生間接的影響。

根據上述分析，筆者對企業的利益相關者進行聚類，即分為股東利益相關者、企業營運利益相關者、外部組織。企業利益相關者聚類分析結果如圖 4-2 所示。從企業利益相關者聚類分析的結果可以看到，股東利益相關者與企業營運利益相關者直接參與企業生產經營，為企業的生產經營提供各方面的支持。而外部組織則是對企業的生產經營活動產生了間接的影響。從影響的方式來看，外部組織中的政府是通過政策的制定和選擇，對企業產生影響；而社會公眾、非政府組織、外國政府及國際組織等則是通過非政策性的措施（例如呼籲、抗議等方式），體現自身對企業的要求。

結合上述內容和圖 4-2 企業利益相關者聚類分析結果，可以對其做出如下的改進：由於企業營運利益相關者中，除消費者外的其他利益相關者與股東利益之間存

在著一致性，主要體現在這些利益相關者與股東之間存在著合同即契約。契約將他們的利益與股東利益綁在一起。另外，從管理的角度而言，政府作為國家權力機構，對企業管理具有強制性，而社會公眾、非政府組織、外國政府及國際組織、消費者儘管對企業有一定的影響，但是他們的影響並不具有強制性。

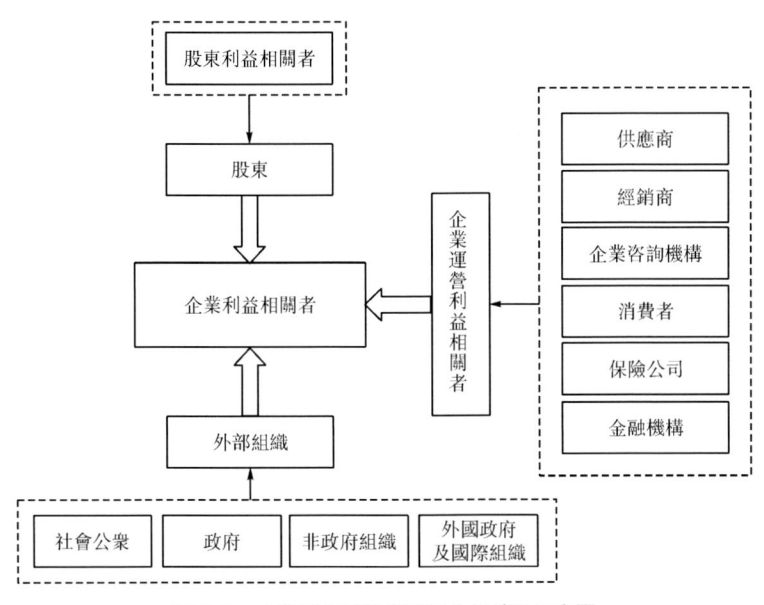

圖 4-2　企業利益相關者聚類分析結果示意圖

基於以上分析，可以對企業利益相關者重新進行聚類分析，筆者將企業利益相關者分為三類：股東利益一致相關者、強制性外部相關者、非強制性外部相關者。其中，股東利益一致相關者包括股東、供應商、經銷商、企業諮詢機構、保險公司、金融機構等，他們之間存在著一定程度的相同利益取向；強制性外部相關者主要是指政府，對於企業的管理具有強制性；非強制性外部相關者包括社會公眾、非政府組織、外國政府及國際組織、消費者，他們對於企業具有一定的影響力，但是並不具有強制性。

根據上述分析，企業利益相關者聚類分析修正結果如圖 4-3 所示，分析結果表明，企業利益相關者可以分為三類，分別為股東利益一致相關者、強制性外部相關者、非強制性外部相關者。其中作為強制性外部相關者的政府，主要是通過政策制定和執行的方式，即「內部規則」方式去影響企業行為；非強制性外部相關者，則是通過與企業的溝通交流，即「重複博弈」，最終形成階段性的穩定結果。因此，

企業有關策略的制定，是由兩個方面的推力所引起的：一方面，政府通過強制性措施，從政策及行政管理方面約束企業的行為；另一方面，非強制性外部相關者通過與企業的不斷溝通交流，甚至通過交涉等方式，以非強制性的手段達到影響企業行為的目的。

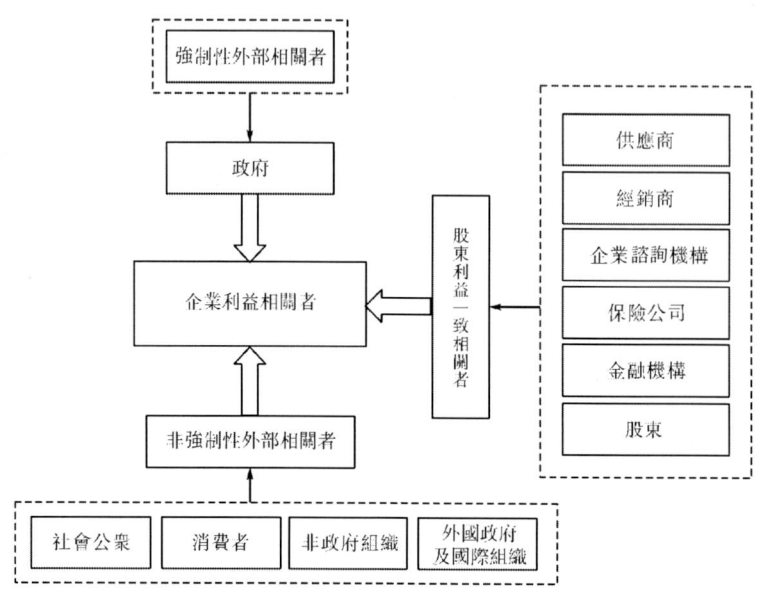

圖4-3　企業利益相關者聚類分析修正結果示意圖

作為企業行為中的一項重要內容，企業社會責任演化也是由兩個方面的推力所導致的：一方面，政府通過制定和落實與企業社會責任有關的政策和制度，以強制性的方式推進企業社會責任工作的開展；另一方面，社會公眾、消費者、非政府組織等非強制性外部相關者，以多種方式與企業溝通交流，促使企業履行有關社會責任。

4.2　企業社會責任推進機制中的外部規則

4.2.1　非強制性外部相關者與股東利益一致相關者的利益衝突

根據上文分析，企業社會責任推進機制中的外部規則，實質上是在企業外部正

式制度和非正式制度一定的條件下，非強制性外部相關者與股東利益一致相關者通過反覆博弈，並通過多次「偏好變化」而最終形成的。從微觀的視角來看，偏好演化可以簡單地認為是在外部制度環境一定的情況下，微觀主體放棄某一種偏好而轉向了另外一種偏好，並且偏好的變化不是一種完全理性的選擇，而是經過有限理性的學習及不斷適應調整的過程後所形成的。因此可以認為，偏好演化是微觀主體對外部環境的適應過程。

在企業社會責任推進的過程中，非強制性外部相關者與股東利益一致相關者總是存在著一定的利益衝突。股東利益一致相關者希望能夠實現自身的利益最大化，對於履行企業社會責任的主動性方面會存在一定的不足。而非強制性外部相關者則希望能夠通過自身的作用，推動企業履行社會責任。由於受到非強制性外部相關者與股東利益一致相關者的有限理性及知識分散的限制，兩者在推進企業履行社會責任的問題上不可能通過一次博弈就實現最優均衡，而是需要通過多次博弈逐步趨向最優均衡點[276]。

並且，在非強制性外部相關者與股東利益一致相關者雙方多次博弈的過程中，各博弈方最佳的策略是通過不斷模仿和改進經過實踐檢驗的有利策略，進而最終實現雙方均穩定的策略。儘管形成的穩定策略有可能會受到某些因素的影響而暫時變得非均衡，但是由於雙方多次博弈後策略已經基本穩定，因此，在經歷暫時的非均衡後仍將恢復到均衡狀態。經過非強制性外部相關者與股東利益一致相關者的長時間博弈，最終這一穩定策略將被作為固化的慣例，並且非強制性外部相關者與股東利益一致相關者都將遵循這樣的慣例，即規則[277]。

非強制性外部相關者與股東利益一致相關者之間通過多次博弈以確定企業履行社會責任的穩定策略，屬於演化博弈的範疇。基於此，本研究將基於演化經濟學，構建企業社會責任演化的非對稱演化博弈模型，用以分析企業社會責任演化的外部規則。

4.2.2　非強制性外部相關者與股東利益一致相關者演化博弈分析

在外部的正式制度和非正式制度一定的情況下，非強制性外部相關者與股東利益一致相關者之間的演化博弈模型構建思路如下。

4.2.2.1　演化博弈的基本假設

為研究方便，記非強制性外部相關者為 H，股東利益一致相關者為 G。

根據演化博弈理論的要求及企業社會責任演化的特徵做出如下假設。

假設1：在社會系統中，企業社會責任演化涉及股東、供應商、經銷商、企業諮詢機構、保險公司、金融機構、社會公眾、非政府組織、外國政府及國際組織、消費者等組織。其中股東、供應商、經銷商、企業諮詢機構、保險公司、金融機構作為與股東有密切關聯且利益一致的一方，統稱為股東利益一致相關者 G；社會公眾、非政府組織、外國政府及國際組織、消費者作為與股東利益有一定衝突的參與方，統稱為非強制性外部相關者 H。

假設2：股東利益一致相關者 G 從事相關生產經營活動，會對非強制性外部相關者 H 產生負面影響。非強制性外部相關者 H 通過一定的措施，要求股東利益一致相關者 G 履行社會責任。根據股東利益一致相關者 G 是否履行企業社會責任，非強制性外部相關者 H 可以據此做出相應的反應。如果股東利益一致相關者 G 選擇「履行社會責任」，則非強制性外部相關者 H 可以選擇通過一定方式給予補償，也可以不補償；如果股東利益一致相關者 G 選擇「不履行社會責任」，則非強制性外部相關者 H 可以通過一定的維權方式，要求企業履行社會責任。如果維權成功，非強制性外部相關者 H 可以獲得股東利益一致相關者 G 法律及道義上的補償，如果維權失敗，則其需要承擔維權成本。當然非強制外部相關者 H 可以選擇不維權而接受股東利益一致相關者 G「不履行社會責任」的現實。

假設3：在企業社會責任問題中，非強制性外部相關者 H 的策略可以是「推進」或者「不推進」；股東利益一致相關者 G 的策略可以是「履行」或者「不履行」。

假設4：該博弈是無限次非對稱複製動態博弈。

假設5：股東利益一致相關者 G 與非強制性外部相關者 H 均為有限理性。

假設6：股東利益一致相關者 G 與非強制性外部相關者 H 中的個體分佈為離散型。

假設7：在社會系統中，股東利益一致相關者 G 選擇「履行社會責任」策略時，股東利益一致相關者 G 與非強制性外部相關者 H 原有的貨幣化收益為 B_G^1 和 B_H^1，非強制性外部相關者 H 對於股東利益一致相關者 G「履行社會責任」給予補償的貨幣化計量為 D；股東利益一致相關者 G 選擇「不履行社會責任」策略時，股東利益一致相關者 G 與非強制性外部相關者 H 的原有的貨幣化收益為 B_G^2 和 B_H^2；非強制性外部相關者 H 在股東利益一致相關者 G 選擇「不履行社會責任」策略時，其維權的期

望收益為 E，維權成本為 K。

4.2.2.2 演化博弈的支付矩陣

根據上述假設，可以得出如下結論：

(1) 對於非強制性外部相關者 H 而言，當股東利益一致相關者 G 選擇「履行社會責任」策略時，非強制性外部相關者 H 選擇「推進」策略的收益為 $B_H^1 - D$，選擇「不推進」策略的收益為 B_H^1。

(2) 對於非強制性外部相關者 H 而言，當股東利益一致相關者 G 選擇「不履行社會責任」策略時，非強制性外部相關者 H 選擇「推進」策略的收益為 $B_H^2 - K + E$，選擇「不推進」策略的收益為 B_H^2。

(3) 對於股東利益一致相關者 G 而言，當非強制性外部相關者 H 選擇「推進」策略時，股東利益一致相關者 G 選擇「履行社會責任」策略的收益為 $B_G^1 + D$，選擇「不履行社會責任」策略的收益為 $B_G^2 - E$。

(4) 對於股東利益一致相關者 G 而言，當非強制性外部相關者 H 選擇「不推進」策略時，股東利益一致相關者 G 選擇「履行社會責任」策略的收益為 B_G^1，選擇「不履行社會責任」策略的收益為 B_G^2。

根據上述分析，可以構建非強制性外部相關者 H 與股東利益一致相關者 G 演化博弈的支付矩陣，如表 4-1 所示。

表 4-1　　非強制性外部相關者與股東利益一致相關者演化博弈的支付矩陣

股東利益 一致相關者 G	非強制性外部相關者 H	
	推進	不推進
履行社會責任	$(B_G^1 + D, B_H^1 - D)$	(B_G^1, B_H^1)
不履行社會責任	$(B_G^2 - E, B_H^2 - K + E)$	(B_G^2, B_H^2)

無論是非強制性外部相關者 H 還是股東利益一致相關者 G，都由若干個個體構成，且個體在策略選擇方面有自身的差異。考慮離散型的個體分佈。分別記股東利益一致相關者 G 中，選擇「履行社會責任」策略個體比例為 a，選擇「不履行社會責任」策略個體比例為 $1 - a$；非強制性外部相關者 H 中，選擇「推進」策略個體比例為 b，選擇「不推進」策略個體比例為 $1 - b$。

據此，可以分別構建起非強制性外部相關者 H 和股東利益一致相關者 G 的期望

收益。

股東利益一致相關者 G 選擇「履行社會責任」策略和「不履行社會責任」策略時，內部博弈主體的期望收益 U_{G1} 和 U_{G2}，以及股東利益一致相關者 G 的期望收益 U_G 分別為：

$$U_{G1} = b(B_G^1 + D) + (1-b)B_G^1 \tag{4-1}$$

$$U_{G2} = b(B_G^2 - E) + (1-b)B_G^2 \tag{4-2}$$

$$U_G = aU_{G1} + (1-a)U_{G2} \tag{4-3}$$

非強制性外部相關者 H 選擇「推進」策略和「不推進」策略時，內部博弈主體的期望收益 U_{H1} 和 U_{H2}，以及非強制性外部相關者 H 的期望收益 U_H 分別為：

$$U_{H1} = a(B_H^1 - D) + (1-a)(B_H^2 - K + E) \tag{4-4}$$

$$U_{H2} = aB_H^1 + (1-a)B_H^2 \tag{4-5}$$

$$U_H = bU_{H1} + (1-b)U_{H2} \tag{4-6}$$

4.2.2.3 演化機制分析

根據上述分析結果，分別進行股東利益一致相關者 G 與非強制性外部相關者 H 的演化穩定分析[202-204]。

（1）股東利益一致相關者 G 策略的演化穩定分析。

根據公式（4-1）和（4-3），構建起股東利益一致相關者 G 採用「履行社會責任」策略的複製動態模型：

$$F(a) = \frac{da}{dt} = a(U_{G1} - U_G) = a(1-a)(B_G^1 - B_G^2 + bD + bE) \tag{4-7}$$

令 $F(a) = 0$，求得該複製動態方程的穩定狀態點分別是 $a^* = 0$ 和 $a^* = 1$。

同時求解該方程關於 a 的一階導數，可以得到

$$F'(a) = (1-2a)(B_G^1 - B_G^2 + bD + bE) \tag{4-8}$$

由於演化穩定策略要求具有抗擾動的功能，因此要求當 a 向著小於 a^* 方向偏移時，$F(a) > 0$；當 a 向著大於 a^* 方向偏移時，$F(a) < 0$。根據一階導數的含義，即系統要具有抗擾動功能，必須有 $F'(a) < 0$。

基於此，當 $b > \dfrac{B_G^2 - B_G^1}{D + E}$ 時，$F'(a=0) > 0$，$F'(a=1) < 0$，因此，此時是 $a^* = 1$ 演化穩定策略；當 $b < \dfrac{B_G^2 - B_G^1}{D + E}$ 時，$F'(a=0) < 0$，$F'(a=1) > 0$，因此，此

時是 $a^* = 0$ 演化穩定策略；當 $b = \dfrac{B_C^2 - B_C^1}{D + E}$ 時無意義。

（2）非強制性外部相關者 H 策略的演化穩定分析。

根據公式（4-4）和（4-6），構建起非強制性外部相關者 H 採用「推進」策略的複製動態模型：

$$F(b) = \frac{db}{dt} = b(U_{H1} - U_H) = b(1-b)(aK - aE - aD + E - K) \quad (4\text{-}9)$$

令 $F(b) = 0$，求得該複製動態方程的穩定狀態點分別是 $b^* = 0$ 和 $b^* = 1$。

同時求解該方程關於 b 的一階導數，可以得到

$$F'(b) = (1 - 2b)(aK - aE - aD + E - K) \quad (4\text{-}10)$$

由於演化穩定策略要求具有抗擾動的功能，因此要求當 b 向著小於 b^* 方向偏移時，$F(b) > 0$；當 b 向著大於 b^* 方向偏移時，$F(b) < 0$。根據一階導數的含義，即系統要具有抗擾動功能，必須有 $F'(b) < 0$。

基於此，當 $a > \dfrac{E - K}{D + E - K}$ 時，$F'(b = 0) < 0$，$F'(b = 1) > 0$，因此，此時是 $b^* = 0$ 演化穩定策略；當 $a < \dfrac{E - K}{D + E - K}$ 時，$F'(b = 0) < 0$，$F'(b = 1) > 0$，因此，此時是 $b^* = 1$ 演化穩定策略；當 $a = \dfrac{E - K}{D + E - K}$ 時無意義。

4.2.3 非強制性外部相關者與股東利益一致相關者的穩定策略分析

根據上述分析，與外部制度環境的狀態不同的是，為有效識別出企業社會責任演化的外部規則，建立起有效的坐標平面，a、b 的取值範圍均為 [0, 1]，基於此，設點（1, 1）表示「履行社會責任—推進」策略，點（0, 0）表示「不履行社會責任—不推進」策略，則針對企業社會責任演化內部規則分析的結論如圖4-4所示，我們可以直觀地看出，企業社會責任演化的內部規則與初始狀態相關。

（1）當企業外部制度環境由差逐漸變好時，非強制性外部相關者與股東利益一致相關者的初始狀態落入 A 區域，如果有比例大於 a^* 的股東利益相關者選擇「履行企業社會責任」策略，且有比例大於 b^* 的非強制性外部相關者選擇「推進」時，則該博弈收斂於演化穩定策略 $a = 1$ 和 $b = 1$。

（2）當企業外部制度環境由好逐漸變差時，非強制性外部相關者與股東利益一

圖中標註：

$b^* = \dfrac{B_G^2 - B_G^1}{D+E}$

$a^* = \dfrac{E-K}{D+E-K}$

企業外部制度由差變好

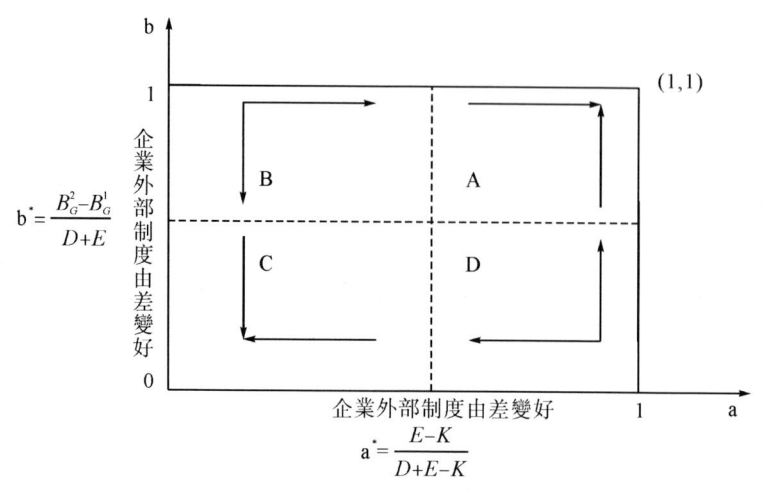

圖 4-4　非強制性外部相關者與股東利益一致相關者策略演化穩定策略分析圖

致相關者的初始狀態落入 C 區域，如果有比例小於 a^* 的股東利益相關者選擇「履行企業社會責任」，且有比例小於 b^* 的非強制性外部相關者選擇「推進」時，則該博弈收斂於演化穩定策略 $a=0$ 和 $b=0$。

（3）當企業非強制性外部相關者與股東利益一致相關者所處的外部制度環境不同時，非強制性外部相關者與股東利益一致相關者的初始狀態落入 B 和 D 區域，最終的演化穩定策略將取決於各博弈方的學習演化速度。

根據上面的分析，當企業所處的外部制度環境不同時，企業社會責任的推進演化動機機制中的外部規則可能會存在多種不同的狀態，不僅取決於初始狀態，也會取決於非強制性外部相關者與股東利益一致相關者內部策略個體比例的演化情況。這在一定程度上反應了企業社會責任外部規則的路徑依賴特性，具體的演化穩定策略是演化過程中的自發行為，即系統自組織。

4.3　企業社會責任推進機制中的內部規則

根據上文分析，企業社會責任推進機制中的內部規則，實質是強制性外部相關者（政府）與股東利益一致相關者（主要是企業）之間，由於利益取向的不同（政府以社會會眾利益作為行為取向，而企業以自身利益最大化作為行為取向），進而

使得作為社會公眾利益維護者的政府，通過一定的方式（主要是政策制定及強制推行方式）強制推進企業承擔社會責任。由於政府與企業利益之間存在衝突，因此雙方必然會存在著一定的博弈。

4.3.1　政府與企業利益衝突分析

根據上文的分析，在企業社會責任推進機制中，政府與企業是關鍵的兩個相關者。政府與企業在生產經營過程中的利益要求存在差異，政府主要是站在監管方的立場，從社會公眾利益出發，希望企業積極主動地履行自身社會責任，在股東獲得利益的同時，能夠更好地維護社會公眾利益、履行環境保護、慈善等義務；而企業作為市場主體，作為嵌入社會的行為人，本身將追求利益看作很重要的方面，而企業社會責任的履行會導致企業自身利益的損失，例如環境保護、慈善事業、考慮公眾健康等都會使得企業喪失部分利潤。在這樣的背景下，政府與企業之間必然會存在著一定的衝突。與此同時，政府與企業之間存在著信息不對稱現象，尤其是在新的經濟條件下，政府一系列的政策制度是清晰可見的，其監管行為也是可以預見的，但是政府並不知道企業下一步的具體行動。這就使得在企業社會責任演化過程中，企業在信息對稱上占據優勢，具有明顯的機會主義行為傾向，政府則面臨著道德風險。

基於以上分析，在企業社會責任推進機制中，政府與企業之間的矛盾分析如圖4-5所示。

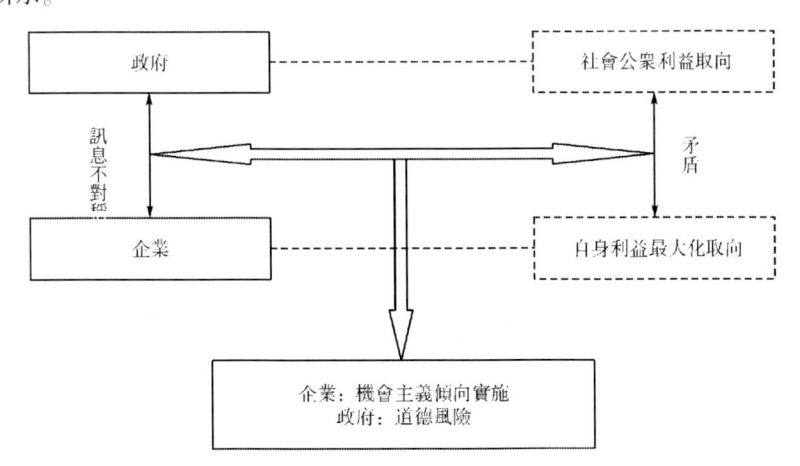

圖 4-5　企業社會責任演化中政府與企業之間的矛盾分析示意圖

4.3.2 政府與企業動態博弈分析

根據上文分析可以看到，在企業社會責任推進機制中，作為最重要的兩個利益相關者，政府與企業由於雙方各自的利益取向不同，使得政府與企業在關於企業是否履行社會責任等問題上必然會進行博弈。儘管在企業社會責任演化過程中，政府、社會公眾、非政府組織、外國政府及國際組織、消費者等會對企業社會責任的履行情況進行監督，但是企業自身追求利益的需要，使得企業會與有關利益相關者合謀，或者通過違法方式，不去履行或者盡可能少地履行企業社會責任。政府在推進企業社會責任履行方面，主要是從宏觀方面進行控制，並且政府在對企業社會責任履行問題進行進一步微觀管理時，肯定需要承擔額外的成本[278]。因此，政府加強對企業社會責任履行情況的監管與否，取決於監管成本與不監管造成的損失之間的大小對比[279]。

基於此，對於企業社會責任演化問題，主要的利益相關者政府及企業之間存在著一定的博弈，並且是在不完全信息條件下的動態博弈。所以，本研究將建立不完全信息下政府與企業的動態博弈模型，用以分析政府在企業社會責任監管行為的效益及經濟理性問題，以及為企業社會責任演化外部規則的分析提供有效支撐[280-281]。

4.3.2.1 博弈次序設定

為研究方便，分別記政府為 S，企業為 R。

根據分析，政府 S 與企業 R 之間是多重信號博弈，R 與 S 之間存在「信息不對稱」，S 掌握著企業社會責任方面的監管水準 θ_j，但 R 卻無法有效獲知這些信息。

雙方博弈一般遵循如下順序：

（1）由「自然」（N）採取行動，選擇政府 S 的類型 $\theta \in \Theta$，$\Theta = \{\theta_1, \theta_2, \ldots \theta_n\}$，$S$ 知道 θ，但 R 不知道，只知道 S 在企業社會責任方面的監管水準 θ_j 的先驗信念 $p(\theta_j)$，且 $\sum_{j=1}^{n} p(\theta_j) = 1$。

（2）政府 S 根據 θ_j 先採取行動，向企業 R 傳遞出「政府的監管力度 d_j」，企業 R 通過「政府的監管力度 d_j」可以得到政府的監管水準 θ_j，d_j 與 θ_j 成正比關係，這是因為政府 S 的監管水準越高，付出的成本也就越高，政府 S 的監管力度也會越大。假設政府 S 在企業社會責任方面的監管水準為 θ_j 時，表現為監管力度 d_j 的概率分佈

為 $\sigma_j = \{p(d_1|\theta_j), p(d_2|\theta_j),..., p(d_j|\theta_j)\}$，並且符合 $\sum_{j=1}^{n} p(d_j|\theta_j) = 1$。

(3) 企業 R 在得知政府 S 的監督力度 d_j 後，使用貝葉斯法則從先驗概率 $p = p(\theta)$ 得到後驗概率 $\tilde{p} = p(\theta_j|d_j)$，然後會採取相應的行動 $k \in K$，這裡 K 是 R 的行動空間，且 K = {違規，不違規}。當 d_j 處在較高水準時，企業 R 違規很可能會受到政府罰款甚至停業等處罰；當 d_j 處在較低水準時，企業 R 的行動不僅不會受到處罰，甚至還可能獲得收益。

4.3.2.2 博弈基本假設設定

根據雙方博弈的一般順序，建立一個政府 S 與企業 R 的信號博弈模型，並做出以下前提假設：

(1) 該博弈是無限次重複博弈。

(2) 政府 S 與企業 R 都是充分理性。

(3) 初始階段企業 R 並不清楚政府 S 的類型，僅具有 S 類型的先驗信念 $p(\theta_i)$，同時 S 也不清楚 R 違規的概率 $v_j = p(k|d_j)$。

(4) 第一階段後，企業 R 可以根據政府 S 上一階段的監管力度得出政府 S 類型的後驗概率 $\tilde{p} = p(\theta_j|d_j)$，S 也能瞭解企業 R 上一階段的違規概率 v_j。

(5) 企業 R 和政府 S 在下一階段都可以根據上一階段所得到的信息來決定下一階段的行動。

(6) 企業 R 和政府 S 的均衡函數取決於政府 S 對企業 R 的監管概率 σ_j 和 R 違規的概率 v_j，並且政府 S 對企業 R 的監管概率 σ_j 和 R 違規的概率 v_j 向均衡狀態收斂。

為了下文的研究，給出如下定義。

定義 1：企業社會責任方面政府 S 對企業 R 的監督與約束模型的精煉貝葉斯均衡是戰略組合 $(d^*(\theta), k^*(\theta))$ 和後驗概率 $\tilde{p} = p(\theta|d)$ 的結合，它滿足：

(1) $k^*(d) \in \underset{d}{\mathrm{argmax}} \sum_{\theta} \tilde{p}(\theta/d) v_2(d, k, \theta)$；

(2) $d^*(\theta) \in \underset{d}{\mathrm{argmax}} v_1(d, k^*(d), \theta)$；

(3) $\tilde{p}(\theta/d)$ 是 R 使用貝葉斯法則從先驗概率 $p(\theta)$，觀測信號 d 和 S 的最優戰略 $d^*(\theta)$ 得到的（在可能的情況下）。

4.3.2.3 收益分析

(1) 企業 R 的收益分析。設企業 R 的收益為 $v_1(d, k, \theta)$，則：

$$v_1(d, k, \theta) = P \times p(k/d_j) \times p(d_j) - E(c/k) \times p(k/d_j) \times p(d_j) - F \times p(\theta_j) \times p(d_j) \quad (4-11)$$

其中：

P ——企業 R 在履行社會責任後根據企業收入水準所應當具備的收益。

$E(c/k)$ ——企業 R 履行社會責任的期望成本。

$p(k/d_j)$ ——在政府 S 的監管力度為 d_j 時企業 R 違規的概率。

$p(d_j)$ ——政府 S 的監督力度為 d_j 的概率。

F ——企業 R 由於企業社會責任違規而將受到的政府的懲罰數額。

(2) 政府 S 的收益分析。設政府 S 的收益為 $v_2(d, k, \theta)$，則：

$$v_2(d, k, \theta) = F \times p(\theta_j) \times p(d_j) + T + M(\theta, k, d) - H(\theta_j) - P \times p(k/d_j) \times p(d_j) \quad (4-12)$$

其中：

T ——政府 S 由於企業社會責任監管而帶來的經濟收益。

$H(\theta_j)$ ——政府 S 在企業社會責任監管水準為 θ_j 時的監管成本。

$M(\theta, k, d)$ ——政府 S 對於企業社會責任監管的其他好處，像社會效益、生態效益等。

4.3.2.4 動態博弈模型建立和分析

由定義 1，企業 R 的最優選擇是：

$$k^*(d) \in \underset{d}{\mathrm{argmax}} \sum_{\theta} p(\theta/d) v_2(d, k, \theta) \quad (4-13)$$

因此可以得到：

$$\underset{d}{\mathrm{argmax}} \sum_{\theta} p(\theta/d) v_2(d, k, \theta) =$$

$$\arg\max_{d} \sum_{i=1}^{n} \left[\left(\frac{p(d_i/\theta_j)}{p(d_i)} \right) P \times p(k/d_j) \times p(d_j) - E(c/k) \times p(k/d_j) \times p(d_j) \right.$$

$$\left. - F \times p(\theta_j) \times p(d_j) \right]$$

$$= \arg\max_{d} \sum_{i=1}^{n} p(d_i/\theta_j) [P \times p(k/d_j) - E(c/k) \times p(k/d_j) - F \times p(\theta_j)] \quad (4-14)$$

又由定義 1 可以知道，政府 S 的最優選是：

$$d^*(\theta) \in \underset{d}{\mathrm{argmax}} v_1(d, k^*(d), \theta) \quad (4-15)$$

因此可以得到：

$$\underset{d}{\operatorname{argmax}} v_1(d, k^*(d), \theta) = \underset{d}{\operatorname{argmax}} [F \times p(\theta_j) \times p(d_j) + T + M(\theta, k, d) - H(\theta_j)$$
$$- P \times p(k/d_j) \times p(d_j)] \tag{4-16}$$

對式（4-15）求 $p(k/d_j)$ 的一階偏導數，並令偏導數等於 0 可以得到：

$$p^*(k/d_j) = \frac{P_\theta}{E(c/k)} \tag{4-17}$$

其中：

P_θ——企業 R 在政府 S 監管水準為 θ 時所得到的獎勵收益。

對式（4-16）的 θ_j 求一階偏導數可以得到：

$$\frac{\partial H(\theta_j)}{\partial p(\theta_j)} - \frac{\partial M(\theta_j, k, d)}{\partial p(\theta_j)} = P \times p(d_j/\theta_j) - F \times p(d_j) \tag{4-18}$$

因此可以得出該模型的精煉貝葉斯均衡為：

$$(\theta^*, p^*(k/d), \tilde{p}^*(\theta/d)) = (\theta^*, \frac{P_\theta}{E(c/k)}, \frac{p(\theta, d)}{p(d)})$$

4.3.3 政府與企業的穩定策略分析

（1）當政府 S 的企業社會責任監管水準 θ 處於較低水準時，

$$\frac{\partial M(\theta_j, k, d)}{\partial p(\theta_j)} - \frac{\partial H(\theta_j)}{\partial p(\theta_j)} < P \times p(d_j/\theta_j) - F \times p(d_j) \tag{4-19}$$

政府 S 的企業社會責任監管的邊際收益小於企業 R 獲得的收益，說明在監管處於較低水準下，政府 S 的最優策略是不進行監管。

（2）當政府 S 的監管水準 θ 處於較高水準時，

$$\frac{\partial M(\theta_j, k, d)}{\partial p(\theta_j)} - \frac{\partial H(\theta_j)}{\partial p(\theta_j)} > P \times p(d_j/\theta_j) - F \times p(d_j) \tag{4-20}$$

政府 S 監管的邊際收益小於企業 R 獲得的收益，在這種情況下，企業 R 會因企業社會責任的違規行為受到處罰，這必然會降低企業的自身收益。企業 R 針對企業社會責任問題的最優選擇是不違規。

根據企業社會責任演化中政府與企業博弈分析的結果，我們可以看到，從政府的視角而言，為了能夠有效推進企業社會責任的履行，政府應當不斷提升自身企業社會責任監管水準，通過監管人才隊伍建設、企業社會責任有關政策制定等，從制度上推進企業社會責任履行，進而保證企業社會責任工作開展的成效。

4.4　本章小結

　　根據上文分析，企業社會責任推進動力機制主要是在企業外部制度環境一定的前提下，通過外部利益相關者的推進及企業的自身決策共同形成的。總體而言，可以對企業社會責任推進動力機制的中間機理過程做出如下的總結：企業社會責任在企業成立之初，有一個初始狀態，即企業社會責任初始狀態。企業社會責任初始狀態由企業成立之初時企業社會責任的社會平均水準決定的。企業社會責任演化的利益相關者涉及非強制性外部相關者、股東利益一致相關者、強制性外部相關者（政府）三類，並且企業社會責任的具體演化路徑也是由這三類利益相關者之間的力量對比決定的。其中，在企業所處外部制度環境一定的前提下，非強制性外部相關者與股東利益一致相關者經過不斷的演化博弈，最終會實現某一階段的動態均衡，進而形成「外部規則」，以「自組織」方式推進企業履行社會責任；政府作為強制性外部利益相關者，從維護社會公眾利益的角度出發，對企業社會責任演化行為進行規制，經過多次動態博弈，實現某一階段的動態均衡，進而形成「內部規則」，以「強制性」方式影響企業社會責任的演化路徑。企業社會責任初始狀態受到「外部規則」及「內部規則」強制性的衝擊，在其他外部推動因素及企業自身內在動因的共同作用下，達到企業社會責任的動態均衡階段。因此，企業社會責任的推進機制本身也是一個動態發展的過程。

第五章　基於外部規則視角的企業社會責任推進機制研究

我們從上文分析中可以看到，企業履行社會責任是由內部規則和外部規則共同推進的結果，基於此，有必要分別從外部規則和內部規則的視角對企業社會責任推進機制進行理論分析和實證檢驗。這一章主要是從外部規則的視角對企業社會責任推進機制進行分析和檢驗，為後文從內部規則的視角來總結推進企業社會責任的具體作用路徑提供經驗證據。

5.1　外部規則的分類和界定

隨著改革開放的進一步深入，中國的經濟發展突飛猛進，人民的生活水準也日益提高。不可否認的是，隨著經濟發展的加快和市場競爭的進一步加劇，長期以來粗放式的經濟增長方式，以及企業片面追求利潤最大化的單一經濟目標，引發了一系列的社會責任問題。諸如「蘇丹紅事件」「三鹿奶粉事件」「哈藥污染門事件」「萬科捐款門事件」「紫金礦業環境污染事件」「富士康員工跳樓事件」等食品安全、環境污染、安全生產、員工權益保護等一系列具有深遠社會影響的問題層出不窮。這表明，中國當前企業社會責任的履行狀況已經成為媒體和社會公眾關注的焦點。根據《中國企業社會責任研究報告》，雖然目前國內很多企業的社會責任履行情況已經取得了較大的進步，但整體而言，企業社會責任的發展水準仍不高，一半以上的企業內部沒有推動社會責任管理工作。從主板上市公司披露的社會責任報告來看，大多都達不到及格線，僅僅只有極少數的企業明確披露的社會責任報告是採用了通用的編製標準。總體而言，大多數企業社會責任信息披露內容隨意性較大，報告編製水準和質量參差不齊，企業社會責任缺失已屢見不鮮。並且，很多跨國公

司在中國拒絕承擔應盡的社會責任，但在其他國家履行社會責任表現搶眼的問題也是不爭的事實[161]。因此，探尋在轉型經濟環境下，影響中國企業社會責任履行的外部規則因素，就成為迫切而重要的現實課題。

在企業社會責任推進機制的實證研究中，存在著「前因後果」兩個不同的研究方向，「後果」關注社會績效—財務績效間的關係，「前因」則是探討企業社會責任推進機制的影響因素。相較之下，早期的社會責任研究往往更多的是從企業規模、盈利能力、行業特徵等企業微觀層面的影響來考慮的，而忽視了企業外部宏觀制度環境因素的影響。隨著研究的進一步深入，近年來，一些研究開始關注傳統文化和宗教信仰等文化因素、政治經濟法律等宏觀制度因素對企業社會責任的影響，但這些研究剛剛起步。關於某國或某地區內部特別是轉型經濟和新興市場中的制度環境因素如何影響和推進企業社會責任履行的研究還是很缺乏[228]。

和西方成熟的市場經濟國家不同的是，在轉型經濟國家中，制度環境是影響企業社會責任行為的一個無法忽視的重要因素[282]。North（1990）指出[39]，制度包括正式制度和非正式制度，前者主要是指正式的法律制度等，如 La Porta et al.（1997，1998，2002）[283,188,284]等系列研究，後者主要包括信任、道德、媒體監督等方面，如 Dyck et al.（2002，2004，2008）[285-287]等系列研究。因此本書接下來將制度環境作為分析的第一層面，分析制度環境對企業社會責任履行的影響。具體而言，在正式制度方面，主要考察上市公司所處區域的法律制度環境對其履責的影響，在非正式制度方面，主要考察上市公司所處區域的信任程度和媒體監督對其履責的影響。

5.2 理論分析與研究假設的提出

5.2.1 法制環境對企業社會責任履行的影響

市場和法治是現代文明的兩大基石。其中，法治作為規範市場秩序的重要手段，無疑有助於維護市場經濟秩序，減少市場交易中的不確定性，從而降低交易成本。交易合同和契約關係只有在正式法律方面得到認可，交易主體的利益才能受到法律制度的保護，並且高效的法律制度能減少政府對市場的不正當干預，保障市場經濟活動的正常運行。因此，法律制度作為維護國家和社會穩定的行為規則，是市場經

濟不斷發展的內在要求，市場經濟的不斷發展，需要法律制度隨之不斷完善。

一般而言，法律制度作為維護市場經濟秩序的基礎，其作用體現在以下兩個方面：第一，遏制市場交易主體的違規行為。法律制度作為具有普遍、明確、穩定和強制特徵的行為規範，通過有效遏制市場交易主體的違規行為來穩定交易預期，達到可置信承諾，進而促使交易契約得到有效的實施，同時使得市場交易得以有效拓展；另外法律制度能約束政府對市場和企業的過度管制和不當干預，讓市場和企業能預期到政府行為的穩定，進而成為一種可置信的承諾。第二，包括立法及法律的執行。已有的研究指出，在新興經濟體中，由於缺乏完善的法律保護機制，企業面臨的不確定性很高[288]，儘管一些國家試圖直接借鑑歐美等發達國家和地區的法律制度條款，但由於無法保證其能有效地實施，因此無法對市場交易行為形成充分的保護[289]。Allen et al.（2005）[290]直接考察了中國的法律體系對經濟增長的作用，發現中國的法律體系仍需進一步的提高，非正式的「關係」在一定程度上替代了正式法律的保護機制，進而促進了中國經濟的增長。張維迎等（2002）指出，在法律制度環境較差的地區，一旦企業在市場交易中出現爭端即使在法院勝訴，實際上執行起來也存在很大的困難[291]。

處於轉型經濟環境中的中國，法律制度的不完善及其執行效果區域的不平衡是其重要特徵之一。世界銀行（2006）對中國120個城市的投資環境的調查結果表明，各個城市法律制度對產權保護程度的差別相當大[292]，這可能暗示著，在法律制度環境不同的地區，企業社會責任履行情況可能存在較大的差別。在法律制度環境欠發達的地區，首先表現為法律制度條款的不健全，可能導致企業積極履行社會責任動機降低。以《中華人民共和國消費者權益保護法》為例，2010年豐田汽車涉嫌向中國銷售1,700餘種不合格汽車零配件，對於中國消費者的賠償要求，豐田公司卻一直不予理睬，但同樣的事情在美國也發生過，不過豐田對美國的消費者卻給予了上門維修和交通費、誤工費等方面的補償。實際上，豐田汽車之所以在中國能「有恃無恐」，並不是因為中國的消費者軟弱無能和好欺負，而是要歸咎於中國缺乏具體的法律來保護消費者的合法權益。我們可以發現，實際上汽車召回在歐美等國早就是習以為常的事情，一旦汽車出現質量問題，消費者就可以依法獲得經濟補償，這完全是照章辦事。儘管中國在2004年之後建立了汽車召回制度，但由於這個制度條款不夠完善，執行力度不夠強硬，使得消費者的權益無法得到有效保障。西方發

達國家早已通過法律制度來強制要求企業必須承擔社會責任,如美國已經有30個州相繼修改了公司法,增加了社會責任的相關內容,要求企業除了對股東負責之外,還要對利益相關者負責[161]。法律制度執行效率低下也會導致企業積極履行社會責任動機降低。比如中國當前的《中華人民共和國消費者權益保護法》《中華人民共和國民事訴訟法》《中華人民共和國產品質量法》等相關法律條款不夠詳細,缺乏量刑標準,最重要的是對企業違規行為的懲罰措施過於寬鬆,在處理實際問題中的可操作性不強,導致很多企業侵害消費者權益的行為無法得到遏制,消費者的權益保護很難得到法律的支持。這在一定程度上給企業的社會責任履行帶來了負面效應。中國,涉及環保的相關法律達31個,法規40個,部門規章76個。這表明當前中國的環境保護法律制度體系還是相對較為健全的,但在執法力度不同的地區,產生的結果可能差別較大。在執法效率較低的地區,各類污染事件難以受到嚴厲的處罰,企業的違法成本過低導致社會責任缺失的行為屢禁不止[242]。周中勝等(2012)的研究也發現,在法制環境越好且執行效率越高的地區,企業越有可能履行社會責任[161]。

因此,本書提出以下研究假說:

H5-1:與在法制環境越差的地區相比,在法制環境越好的地區,企業履行社會責任的情況越好。

5.2.2 信任環境對企業社會責任履行的影響

信任是影響一個國家或地區經濟增長和社會進步的重要因素[291]。Knack and Keefer(1997)的研究結果表明,從宏觀層面來看,較高的信任在一定程度上有利於增強社會的穩定性,促進經濟增長和提高經濟效率[293];Barney and Hansen(1994)的研究也發現,從微觀層面來看,企業間和企業內部如果存在較高的信任程度,有助於提高經營績效和增強核心競爭力[294]。

與發達國家不同,在轉軌經濟國家中,非正式制度的影響可能更為重要,特別是以信任為重要內容的非正式制度,能夠有效彌補正式制度對市場交易保護的不足,進而促進經濟的增長[271]。Adam Smith 在其經典著作《道德情操論》中就強調了習慣、道德等非正式制度對市場交易活動的影響,特別指出一旦離開了習慣和道德的約束,交易的基礎就會動搖。正如張維迎等(2002)指出的那樣,信任可能是市場

經濟最重要的道德基礎[291]。已有的檢驗證據也表明，如果一個地區的社會信任程度越高，那麼企業間的交易成本就越低[295-296]。這表明，信任作為一種非正式制度對企業的行為可能產生重大影響。

　　La Portaet al.（1997）指出，隨著社會資本水準的提高，人們通過相互信任和合作能獲得更大的社會收益，相反，如果相互猜疑和相互算計會降低合作者的利益[283]，作為一種非正式的約束機制，社會信任在較長的一段時間內會持續引導和制約社會行為主體的道德品質和行為規則。因此，信任對促進企業履行社會責任表現出以下三個方面的作用：第一，在信任程度越高的地區，人們遵守社會道德規範的意識越強[297]，人與人之間相互信賴、友好相處，以及能真誠地合作，相互欺騙的情況較少發生，尤其對重視和諧、強調企業聲譽與責任的企業來說，會有更強烈的意願促進企業關注員工利益、消費者利益及環境保護等責任。第二，在信任程度較高的地區，企業通常會選擇誠信經營和積極履行社會責任，因為這不僅是適應本地區的生活價值觀，同時也能作為一種信號傳遞行為，更容易被當地的社會公眾和新聞媒體識別，從而提高企業的聲譽，以便獲取更多的社會資本。一旦企業不認真和積極履行社會責任，那麼在信任程度發達的社會網絡中，企業不當行為的曝光無疑會吸引更多新聞媒體與社會公眾的關注，企業的形象和聲譽會迅速受到影響，企業的供應商和客戶等重要利益相關者可能會轉向選擇其他的交易夥伴，並且企業可能會受到整個市場的集體抵制，進而可能影響其生產經營活動乃至生存。第三，當企業面臨的信任環境較差時，人與人之間的信任度較低，相互欺騙的行為更為常見，特別是陌生人之間，相互不信任產生的交易成本和代理問題更為嚴重，同時企業履行社會責任和披露社會責任信息作為信號傳遞機制的有效性將會減弱，可能導致企業試圖通過履行社會責任來獲取社會資本的行為存在著較大的風險和不確定性，進而使得企業履行社會責任和自願披露社會責任信息的積極性大大降低。黃荷暑等（2015）的研究發現，與較低的信任程度相比，較高的信任程度能顯著增強女性高管的人數與企業社會責任信息披露之間的正相關關係[298]。

　　因此，本書提出以下研究假說：

　　H5-2：相對於信任程度越低的地區而言，在信任程度越高的地區，企業履行社會責任的情況越好。

5.2.3 媒體報導對企業社會責任履行的影響

近幾十年以來，隨著互聯網的普及和信息化浪潮的推進，新聞媒體當前已經毫無疑問地成為信息的主要發掘與傳播仲介。實際上，在這個資訊爆炸的時代，新聞媒體的作用早已超越了傳統的信息傳播角色，它還通過對特定問題和信息的重新塑造進一步賦予其特定的內涵，進而引導著社會公眾的思想和行為[299]。也就是說，新聞媒體還扮演著「公眾議程設置」的角色，對公眾輿論和行為模式具有導向作用[300]。近年來食品安全及環境污染等社會問題頻發，新聞媒體對涉事企業的社會責任履行情況進行全方位、多視角的報導。在這個過程中，媒體的信息傳播、擴散職能和導向功能顯得非常突出，如曾經名不見經傳的王老吉憑藉汶川地震中一億元人民幣的國內單筆最高捐款，在新聞媒體的大力宣傳下迅速成為中國最知名的灌裝飲料，其後聲名大振；相反，房地產龍頭企業萬科則因「捐款門」事件而導致企業形象和經濟利益一度嚴重受損，雖然萬科事後也捐款一億元人民幣，但這無法挽回曾經的損失。

已有研究發現，作為一種重要的非正式的治理機制，新聞媒體監督能在一定程度上彌補正式法律制度的不足，對企業的不當行為形成有效的外部監督[287,301]。楊繼東（2007）[302]指出，媒體報導的公司治理作用主要具體表現為以下兩個方面：第一是新聞媒體對於信息披露、匯集和擴散發揮著關鍵的信息仲介作用，並極大地降低了信息搜集成本[303]，使人們能夠快速便捷地獲取多樣化的信息[304]。Fang and Peress（2009）通過實證檢驗發現，相對於那些受到媒體關注程度更高的股票，媒體關注程度更低的股票的未來收益更高，因為這些股票的信息透明度更低，投資者承擔的風險更高，進而需要更高的風險溢價作為補償，因此證實了媒體報導存在信息仲介的作用[303]。第二是媒體通過對公司醜聞的深入調查和細緻挖掘，進而揭露公司的黑暗面，從而發揮公共監督作用以約束公司管理層的機會主義行為[287]。Miller（2006）、Dyck *et al.*（2008）和 Joe *et al.*（2009）基於發達資本市場的經驗證據發現，媒體報導不僅能夠通過調查揭露上市公司的會計詐欺等舞弊行為，還有利於促使那些侵害投資者利益的公司改正相關決策和做法並提高董事會效率[305,287,306]。基於轉型經濟環境下的中國，已有的實證研究發現媒體報導對上市公司的違規行為、財務報告重述行為、盈餘管理和盈餘操縱行為、代理問題、關聯交易行為等都發揮

了積極的治理作用[301,307-309,251]。雖然媒體對公司治理的作用在一定程度上還存在著爭議①，但不可否認的是，媒體報導對公司治理作用的潛在影響仍是一個重要的實證研究問題，而且只有通過不斷累積的經驗證據才可能得出更為準確的判斷。

　　本書認為，媒體報導對中國上市公司社會責任的履行會產生如下幾個方面的影響：第一，媒體報導通過信息傳播和擴展，促進企業通過履行社會責任的方式來獲得合法性認同。一方面，隨著經濟的發展和社會公民權利意識的增強，不同的利益相關者都能通過各自的渠道來影響政府、媒體等，希望借助法律法規的制定、社會輿論的監督等多種不同的方式來促使企業履行社會責任，以得到合法性的認同[253]。另一方面，企業履行社會責任和披露社會責任信息有助於改變利益相關者和社會公眾對企業合法性的認知，在合法性驅動下，企業更傾向於通過主動披露社會責任的履行信息來改善企業形象[310]。新聞媒體的關注和報導，既是企業取得合法性認同的途徑，又是企業合法性危機的來源。因為一旦企業被媒體高度關注，其對企業行為的深度調查和追蹤報導不僅直接增加了社會公眾和利益相關者可獲得信息的數量，同時媒體還可以通過包裝和自己提供新信息來為企業設置特定的經營情境。媒體頻繁地進行正面報導有助於塑造企業形象，而頻繁地進行負面報導無疑會導致企業聲譽受損，產生合法性危機與不利影響，從而迫使企業更積極地履行社會責任和披露相關信息。已有的經驗證據表明，媒體對上市公司的關注度越高，企業社會責任履行情況越好[227][311]。第二，媒體報導的揭露功能及其造成的社會輿論壓力，會導致政府及行政主管部門的介入，進而促使企業履行社會責任。企業不履行社會責任可能招致兩方面的壓力：一是社會公眾施加的壓力，主要是通過社會輿論或市場行為來實現；二是政府施加的壓力，主要是通過頒發一系列法規制度來實現，但由於社會公眾的輿論除了直接影響法律制度和政府制定的政策外，還會逐漸形成約束企業

---

① 需要說明的是，媒體報導的相關作用還存在著一定的爭議，如部分媒體可能因利益關係而蓄意迎合上市公司的需求，對那些違背投資者利益的行為起到推波助瀾的作用，存在合謀的行為。如美國的獨立媒體監督組織的一篇報導特別強調媒體公司的利益衝突問題。該報告認為至少存在三方面的利益衝突影響媒體公正性：第一是商業原因，許多媒體公司董事會成員也在大型商業公司的董事會兼職（如大型銀行、投資公司、原油等部門），基於這種交叉關聯，媒體公司在面臨關聯公司信息的時候，很難堅持公正立場；第二是政治原因，主要媒體公司在信息披露中往往受到政治與社會因素的影響，大部分媒體很難報導與監管者態度不一致的信息；第三是媒體公司可能面臨信仰與理想的困擾，如背後的控股股東為宗教團體的媒體，報告涉及宗教問題時難以持有完全客觀中立的立場。這些原因，都可能影響媒體的社會職能發揮。Besley and Prat（2006）指出，新聞媒體時常因新聞報導自由度、媒體報導偏差、媒體國有化、媒體俘獲、媒體租金等問題的影響而很難做出客觀、中立和公正的報導[243]，因此媒體報導的公司治理作用也受到一定程度上的質疑而存在理論分歧。

行為的社會規範、道德準則和風俗習慣等。如果企業拒絕履行社會責任，不僅會損害利益相關者的利益，也會損害社會財富的累積，進而可能會成為社會輿論關注的焦點。由於追求發行量和點擊率的新聞媒體具有調查追蹤和報導上市公司不好的行為的自然偏好[287]，被媒體報導越多的違規行為的企業越容易被社會公眾識破，因此媒體報導有利於揭露公司的違規行為，一旦違規行為被媒體高度曝光後，將可能付出巨大的違法、違規成本和引起聲譽損害。另外，企業除了遭受聲譽損失外，媒體的持續報導還可能引起政府行政主管部門的關注與調查，進而可能增加企業受到嚴重行政處罰的概率。近年來中國媒體揭露的「毒奶粉」「瘦肉精」等食品安全事件及其相關責任人所付出的慘痛代價，已經表明媒體報導的揭露功能會導致行政主管部門的查處和嚴懲。因此，企業的最佳對策無疑是自覺履行社會責任，樹立正面的企業形象。

因此，本書提出以下研究假說：

H5-3：與受到媒體報導的次數較少的情況相比，受到媒體報導的次數越多，企業未來履行社會責任的情況越好。

5.3 研究設計

5.3.1 研究樣本

本書以 2009—2013 年的 A 股上市公司為初始樣本。選擇 2009 年作為時間起點是因為：第一，已有研究指出，2008 年中國存在汶川大地震這樣一個突發性災難，可能使得企業社會責任活動呈現出非常規的狀態分佈[298]；第二，因為 2008 年是中國的監管部門出抬強制披露社會責任報告政策的第一年，2009 年之後企業社會責任的披露才正式進入常規態勢。在此基礎上，本書進一步剔除了金融行業樣本，然後剔除了財務數據和公司治理數據缺失的樣本，最終得到 2,682 個有效觀測值。本書的社會責任數據來源於潤靈環球①，財務數據來源於 CSMAR 數據庫。

---

① 潤靈環球（RKS）是中國企業社會責任權威第三方評級機構，致力於責任投資（SRI）者、責任消費者及社會公眾提供客觀科學的社會責任評級信息。

5.3.2 模型建立與變量設置

為了考察公司所處的制度環境對企業履行社會責任的影響，本書參考了周中勝等（2012）[161]和徐珊等（2015）[227]的方法，構建模型5-1如下：

$$CSR = a_0 + a_1 Institution + a_2 State + a_3 Shr1 + a_4 Size + a_5 Lev + a_6 Growth$$
$$+ a_7 Roe + a_8 Cfo + a_9 Mshare + a_{10} LnComp + a_{11} Shr2-5 + a_{12} Dual$$
$$+ a_{13} Board + a_{14} Indep + a_{15} Age + \sum Year + \sum Ind_i + \mu$$

對模型5-1中的被解釋變量企業社會責任變量 *CSR*，本書採用獨立的第三方評估機構——潤靈環球（RKS）對上市公司社會責任報告的評分結果來衡量企業社會責任的履行情況。RKS社會責任報告評級包括MCT社會責任報告評價體系和評級轉換體系兩個部分，前者根據GRI3.0報告編製了國際指南和道瓊斯可持續發展指數（DJSI）評價體系等國際主流評價體系，並且在評價過程中充分考慮了中國的特殊國情，不但對上市公司企業社會責任履行的全面性進行了綜合性評價，還著重考察了企業社會責任報告中信息的質量和透明度，評分結果公信力較高。需要強調的是，目前該評價指數已經被企業社會責任基金（FCSR）及巨潮-南方報業-低碳50指數等相繼採信，說明該評級結果具有較好的兼容性和公信力[300]，並且不少學者紛紛運用該評級結果開展實證研究（朱松，2011；何賢杰等，2012；陶文杰等，2013；權小鋒等，2015）[132,125,300,162]。這些不僅初步驗證了該評級結果的可靠性，而且也在一定程度上表明潤靈環球（RKS）的評價指數能反應中國當前上市公司的企業社會責任信息披露的水準。

模型5-1中的解釋變量是上市公司所處地區的制度環境變量（*Institution*），主要包括衡量企業所處地區的正式制度和企業所處地區的非正式制度兩類。正式制度主要是指法律制度。本書採用了樊綱等（2011）[312]編製的《中國市場化指數報告》中的地區市場仲介組織和法律制度環境的發育程度指數來衡量地區法律制度環境的發育程度（*Legal*）。總體來看，該指數越大表明該地區的法律制度環境越好①。非正式制度主要包括信任程度、媒體監督等因素。其中對於信任程度，本書借鑑劉鳳委等（2009）[295]的做法，採用「中國企業家調查系統」2000年對全國各地區的企業

---

① 由於樊綱等（2011）編製的《中國市場化指數報告》中所公布的法律環境進程指數最新截至2009年，因此，本書樣本中的法律環境指數採用2009年的數據進行替代。

信任度調查①的相關數據來衡量地區信任程度（Trust）。總體來看，該指數越大表明該地區的信任程度越高②。而對於媒體監督，本書借鑑李培功等（2010）[287]和孔東民等（2013）[251]的做法，主要採用上市公司受到媒體報導的次數（Media）來衡量媒體的監督作用（Trust），具體採用以下三個變量來刻畫媒體報導：

Media1：表示總媒體關注度。參考李培功等（2010）[287]的做法，採用前 1 年內上市公司被重要新聞媒體報導的總次數來表示總媒體關注度。從「中國重要報紙全文數據庫」中選擇八份最具影響力的全國性財經日報作為媒體新聞報導的來源，包括《中國證券報》《證券時報》《證券日報》《上海證券報》《中國經營報》《經濟觀察報》《21 世紀經濟報導》及《第一財經日報》等報紙。採用「主題查詢」與「標題查詢」兩種方式分別在八份報紙中對樣本公司的全稱及簡稱進行搜索。將搜索到的報導總次數加上 1 取自然對數，作為總媒體關注度。

Media2：表示政策導向性媒體關注度。《中國證券報》《證券時報》《證券日報》《上海證券報》四份被中國證券監督管理委員會指定為上市公司進行信息披露的法定披露報紙。考慮到中國證券監督管理委員會所要求的法定披露報紙具有更高的權威性和更廣的受眾面，參考李培功等（2010）[287]和孔東民等（2013）[251]的做法，採用前 1 年內上市公司被四大證券報紙媒體的總報導次數加上 1 取自然對數，作為政策導向性媒體關注度。

Media3：表示市場導向性媒體關注度。《中國經營報》《經濟觀察報》《21 世紀經濟報導》《第一財經日報》四份是當前中國新聞媒介中比較具有權威的財經新聞報紙。考慮到中國目前的權威財經報紙具有一定的聲譽和影響，其報導的內容可信度相對會比較高，容易引起社會各界人士的注意。參考李培功等（2010）[287]和劉啟

---

① 該調查向 15,000 多家企業發出問卷，回收有效問卷 5,000 多份。調查涉及隱港、澳、臺以外的全國 31 個省、自治區和直轄市；調查對象主要是一些企業和企業領導人，其中至少 60%的調查對象是現任總經理，調查對象中，不擔任董事長、總經理、廠長和黨委書記等四種職務的人只占 5.11%；調查樣本涉及 13 個行業（行業目錄按《中國統計年鑒》的目錄分類）和各種所有制結構，其中國有企業占 38.12%，集體和私營企業、股份合作制等占 19.18%，股份制占 34.11%。有關信任的問題設計是：「根據您的經驗，您認為哪五個地區的企業比較守信用（按順序排列）?」（張維迎等，2002）

② 由於該調查只是公布了一年的數據，但是很多研究都指出，以非正式制度形式存在的信任的變化是非常緩慢的過程，將會在很長一段時間內具有一定的持續性和穩定性。因此如果某些地區給企業一種值得信任或不值得信任的印象，這種印象就不會在短期內改變（張維迎等，2002）。這將對該地區的個體組織交易行為產生較為重要的影響。本書借鑑劉鳳等（2009）的做法，假設其他年份的地方被信任的程度基本不變，使用該年度數據對其他年度進行替代。

亮等（2013）[313]的做法，採用前 1 年內上市公司被四大財經日報媒體的總的報導次數加上 1 取自然對數，作為市場導向性媒體關注度。

此外，本書的控制變量包括如下：*State* 是公司的最終控制人的所有權屬性虛擬變量，相對於非國有企業，國有企業由於承載著太多的政治任務，如保障就業、社會穩定等，這意味著國有企業履行社會責任的情況更好，預期該變量符號為正；*Size* 是公司規模，與小規模企業相比，大企業履行社會責任的情況可能更好，預期該變量符號為正；*Lev* 是財務槓桿，槓桿越高表明償債壓力越大，企業履行社會責任的動機越弱，本書預期該變量符號為負；*Growth* 是公司的成長能力，成長能力越好的公司，其發展潛力就越大，履行社會責任更有助於促進公司獲得更多的發展空間，本書預期該變量符號為正；*Roe* 是淨資產收益率，公司盈利能力越強履行社會責任的能力越強，本書預期該變量符號為正；*Cfo* 是公司經營活動產生的現金流量金額，公司通過經營活動產生的現金淨流入越充足，表明履行社會責任的能力越強，本書預期該變量符號為正；*Mshare* 和 *LnComp* 分別是公司高管的持股比例和高管貨幣薪酬金額，一方面，公司高管持有的股份比例越高，貨幣薪酬越高，意味著企業高管履行社會責任的動力越強，另一方面，公司高管持有的股份比例越高，貨幣薪酬越高，由於高管需要配置更多的現有資源來履行社會責任，而這會降低公司當期的盈利水準，進而可能降低高管履行社會責任的動力，本書無法準確預期該變量的符號；*Shr2-5* 是少數股東聯盟，它反應公司的股權制衡能力，公司少數股東的持股比例的增加可能會增加對控股股東的監督，意味著企業履行社會責任更有保障，本書預期該變量符號為正；*Dual* 是兩職合一，它反應公司董事長或 CEO 的權力，如果董事長或 CEO 的權力越大，就可能意味著其控制權無法受到有效約束，意味著企業履行社會責任更沒有保障，本書預期該變量符號為負；*Age* 是公司的上市年限，上市時間越長的公司，其績效可能更差，因此本書預期該變量符號為負。另外，本書進一步設置了年度虛擬變量 *Year* 和行業虛擬變量 *Ind*。相關變量的具體定義見表 5-1。

表 5-1　　　　　　　　　　　變量定義

變量類型	變量名稱	簡寫	預測符號	定義
被解釋變量	企業社會責任	CSR-Scor		企業社會責任履行的總體評價，潤靈環球（RKS）對上市公司社會責任報告的MCT評分加權所得
		CSR-M		潤靈環球（RKS）對企業社會責任履行評價的整體性指數
		CSR-C		潤靈環球（RKS）對企業社會責任履行評價的內容性指數
		CSR-T		潤靈環球（RKS）對企業社會責任履行評價的技術性指數
		CSR-I		潤靈環球（RKS）對企業社會責任履行評價的行業性指數
		CSR-Cred		潤靈環球（RKS）評級轉換體系按照MCT得分將上市公司社會責任情況分為不同等級，按照C為1分，CC為2分，依此類推，最高組AAA為19分
解釋變量	地區法制環境發育程度	Legal	+	來自樊綱等（2011）[312]公布的地區市場仲介組織和法律制度環境的發育程度指數，指數越大，表示地區的法制環境發育程度越好
	地區信任程度	Trust	+	來自張維迎等（2002）[291]的「中國企業家調查系統」數據，指數越大，表示地區被信任程度越高
	媒體關注度	Media1	+	根據八份具有較高影響力的全國性財經日報前一年中有關上市公司所有新聞報導的次數加上1取自然對數
	政策導向性媒體關注度	Media2	+	根據四份具有半官方色彩的傳達政策導向的上市公司法定信息披露日報中前1年中有關上市公司所有新聞報導的次數加上1取自然對數
	市場導向性媒體關注度	Media3	+	根據四份在市場影響力和受眾覆蓋方面位於財經類報紙前列的報紙中，前1年中有關上市公司所有新聞報導的次數加上1取自然對數
	消費者敏感性行業	HCustomer	+	虛擬變量，如果上市公司處於消費者敏感性較高的行業，就取值為1，否則為0
	環境敏感性行業	HEnviron	+	虛擬變量，如果上市公司處於環境敏感性較高的行業，就取值為1，否則為0
	政府管制性行業	Regula	−	虛擬變量，如果上市公司處於政府管制性行業，就取值為1，否則為0

表5-1(續)

變量類型	變量名稱	簡寫	預測符號	定義
控制變量	最終控制人產權性質	State	-	虛擬變量，當上市公司的最終控制人是國有股東，取值為1，否則為0
	第一大股東持股比例	Shr1	+	公司第一大股東持股比例
	企業資產規模	Size	+	公司當年總資產取自然對數
	企業資產負債率	Lev	+	公司當年的財務槓桿水準
	企業成長能力	Growth	+	採用當年的營業收入減去上年的營業收入再除以上年的營業收入
	企業盈利水準	Roe	+	公司當年的淨資產收益率
	經營活動產生淨現金流	Cfo	+	公司當年經營活動產生的淨現金流除以年末總資產
	管理層持股	Mshare	+	公司當年管理層持股比例除以年末總股數
	高管薪酬	LnComp	+	公司當年高管貨幣薪酬最高三位之和取自然對數
	股權制衡	Shr2-5	+	公司當年第二大股東到第五大股東持股比例之和
	兩職合一	Dual	-	公司當年總經理和董事長兩職合一，取值為1，否則為0
	董事會規模	Board	+	公司董事會人數
	獨董比例	Indep	+	公司獨立董事人數占董事會人數之比
	上市時間	Age	+	公司的上市時間加1取自然對數
	年度	Year		年度虛擬變量，用來控制宏觀經濟的影響
	行業	Ind		行業虛擬變量，用來控制行業因素的影響

5.4 檢驗結果與分析

5.4.1 描述性統計結果

樣本的描述性統計結果如表5-2所示。從企業社會責任總體評價 $CSR\text{-}Scor$ 來

看，社會責任評價得分的均值為36.10，最高的達到74.95，而得分最低的只有17.97，標準差達到了11.78。這在某種程度上表明中國上市公司企業社會責任履行的分佈狀況非常分散，不同企業社會責任履行狀況差距較大。另外，從企業社會責任的整體性指數評價CSR-M、內容性指數評價CSR-C、技術性指數評價CSR-T、行業性指數評價CSR-I和企業社會責任等級分數評價CSR-Cred幾個指標來看，最大值和最小值之間的差距也都較大，這也說明中國上市公司企業社會責任履行的各個方面的情況各不相同。這為本章的進一步研究提供了良好的基礎。

在制度環境方面，地區法制環境（Legal）和地區信任程度（Trust）的最大值和最小值之間的差異較大，表明不同地區之間的法制環境和信任程度差異較為明顯。在新聞媒體的報導次數方面，媒體報導次數總量 Media1 最大值與最小值差距非常大。這可能由於觀測期企業實際履行社會責任的行為及其社會影響力不同而引起的媒體關注和報導不同。Media2 的均值為 2.22，Media3 均值卻僅為 1。可能的原因是政策導向性媒體對上市公司報導內容的範圍比市場導向性媒體更廣，報導篇數更多。

表 5-2　　　　　　　　　　描述性統計表

變量	N	均值	標準差	最小值	25%分位數	中位數	75%分位數	最大值
CSR-Scor	2,682	36.10	11.78	17.97	28.13	33.25	40.50	74.95
CSR-M	2,682	11.59	4.47	2.28	8.20	10.78	13.83	27.56
CSR-C	2,681	16.86	5.66	3.00	13.13	15.83	19.50	39.59
CSR-T	2,679	6.34	1.94	0.56	5.18	5.74	6.82	22.36
CSR-I	2,140	1.66	1.46	0	0.63	1.25	2.29	8.53
CSR-Cred	2,656	5.50	3.04	0	4.00	4.00	7.00	17.00
Legal	2,682	11.77	5.51	0.18	7.15	8.46	16.27	19.89
Trust	2,682	81.51	69.43	2.70	15.60	77.70	118.7	218.9
Media1	2,682	2.36	1.35	0	1.39	2.30	3.30	6.94
Media2	2,682	2.22	1.29	0	1.39	2.20	3.14	5.19
Media3	2,682	1.02	1.13	0	0	0.69	1.79	4.30
State	2,682	0.67	0.47	0	0	1	1	1
Size	2,682	22.80	1.43	20.09	21.74	22.67	23.67	26.80
Lev	2,682	0.50	0.20	0.06	0.35	0.51	0.65	0.87
Shr1	2,682	0.39	0.16	0.08	0.25	0.40	0.52	0.80

表5-2(續)

變量	N	均值	標準差	最小值	25%分位數	中位數	75%分位數	最大值
Growth	2,682	0.18	0.33	-0.47	0	0.14	0.30	1.84
Roe	2,682	0.10	0.09	-0.25	0.05	0.09	0.14	0.35
Cfo	2,682	0.05	0.07	-0.15	0.01	0.05	0.09	0.24
Shr2-5	2,682	0.51	0.17	0.12	0.39	0.52	0.63	0.91
Dual	2,682	0.15	0.36	0	0	0	0	1
Board	2,682	9.46	2.00	5	9	9	11	18
Indep	2,682	0.37	0.06	0.3	0.33	0.33	0.4	0.57
MShare	2,682	0.03	0.09	0	0	0	0	0.5
LnComp	2,682	14.26	1.02	0	13.83	14.29	14.73	17.24
Age	2,682	2.20	0.73	0	1.79	2.40	2.71	3.18

國有企業 *State* 的均值為0.47，說明樣本中中國的上市公司有接近一半被政府控制。另外，企業的資產負債率 *Lev* 的均值和中位數比較接近，並且都不是很高，說明大部分上市公司的資產負債率正常。*Growth* 的均值為0.18，說明成長潛力較大；*Roe* 的均值為0.10，說明中國上市公司的盈利能力較好。股權結構的主要方面——股權集中度 *Shr1* 的均值為0.39，最大值為0.8，最小值為0.08，標準差為0.16，表明中國上市公司中第一大股東持股比例的均值接近40%，而且最大值和最小值的差距非常明顯。在董事會效率的主要方面——董事會規模 *Board* 的均值超過9，最大值為18，最小值為5，最小值和最大值之間的差距較大，同時獨立董事比例 *Indep* 的最小值和最大值之間的差距也較大，說明中國上市公司董事會人數和獨立董事人數占比的差異較大。

5.4.2 單變量統計結果

表5-3的分組參數檢驗和非參數檢驗結果初步支持了本章的三個假設。首先，從企業社會責任總體評價 *CSR-Scor*、企業社會責任的整體性指數評價 *CSR-M*、企業社會責任的內容性指數評價 *CSR-C*、企業社會責任的技術性指數評價 *CSR-T*、企業社會責任的行業性指數評價 *CSR-I* 和企業社會責任等級分數評價 *CSR-Cred* 多個指標來看，參數檢驗和非參數檢驗的結果均表明，相對於在法制環境更差地區的企業，

在法制環境更好地區的企業履行社會責任的情況更好。這說明較好的法制環境有利於促進企業履行更多的社會責任，反應了作為正式制度的法律制度是促使企業履行社會責任的重要外部規則之一。

其次，從企業社會責任總體評價 CSR-Scor、整體性指數評價 CSR-M、內容性指數評價 CSR-C、技術性指數評價 CSR-T、行業性指數評價 CSR-I 和企業社會責任等級分數評價 CSR-Cred 多個指標來看，參數檢驗和非參數檢驗的結果均表明，相對於在信任環境更差地區的企業，在信任環境更好地區的企業履行社會責任的情況更好。這說明較高的信任程度有利於促進企業履行更多的社會責任，反應了作為非正式制度的信任是促使企業履行社會責任的重要外部規則之一。

最後，從企業社會責任總體評價 CSR-Scor、整體性指數評價 CSR-M、內容性指數評價 CSR-C、技術性指數評價 CSR-T、行業性指數評價 CSR-I 和企業社會責任等級分數評價 CSR-Cred 多個指標來看，參數檢驗和非參數檢驗的結果均表明，相對於被媒體報導次數更低的企業，被媒體報導次數更高的企業履行社會責任的情況更好。這說明良好的媒體監督更有利於促進企業履行更多的社會責任，反應了作為非正式制度的媒體監督是促使企業履行社會責任的重要外部規則之一。另外，將媒體報導按照不同的來源分為政策性媒體報導和市場性媒體報導後，我們也能發現，參數檢驗和非參數檢驗的結果均表明，相對於被政策性媒體報導次數更低的企業，被政策性媒體報導次數更高的企業履行社會責任的情況更好。這說明良好的政策性媒體監督更有利於促進企業履行更多的社會責任。同時，參數檢驗和非參數檢驗的結果均表明，相對於被市場性媒體報導次數更低的企業，被市場性媒體報導次數更高的企業履行社會責任的情況更好。這說明良好的市場性媒體監督更有利於促進企業履行更多的社會責任，也進一步反應了作為非正式制度之一的媒體監督是促使企業履行社會責任的重要外部規則之一。

表 5-3　　　　　　　　　　企業社會責任情況的分組檢驗

	企業社會責任總體評價 CSR-Scor					
	樣本數	均值	T 檢驗	中位數	Z 檢驗
地區法制環境差組	1,304	34.120	8.581***	32.320	7.186***
地區法制環境好組	1,378	37.974		34.845	

表5-3(續)

	樣本數	均值	T檢驗	中位數	Z檢驗
地區信任環境低組	1,505	33.968	10.826***	32.190	8.799***
地區信任環境高組	1,177	38.827		35.300	
媒體報導次數低組	1,354	34.067	9.166***	32.315	7.195***
媒體報導次數高組	1,328	38.174		34.510	
政策性媒體報導次數低組	1,384	34.240	8.556***	32.375	6.736***
政策性媒體報導次數高組	1,298	38.084		34.435	
市場性媒體報導次數低組	1,464	34.205	9.277***	32.440	7.001***
市場性媒體報導次數高組	1,218	37.378		34.510	
企業社會責任整體性指數評價 CSR-M					
	樣本數	均值	T檢驗	中位數	Z檢驗
地區法制環境差組	1,304	10.940	7.509***	10.310	6.229***
地區法制環境好組	1,378	12.223		11.250	
地區信任環境低組	1,505	10.928	8.921***	10.310	7.284***
地區信任環境高組	1,177	12.458		11.480	
媒體報導次數低組	1,354	11.101	5.863***	10.550	3.701***
媒體報導次數高組	1,328	12.107		11.020	
政策性媒體報導次數低組	1,384	11.177	5.079***	10.550	3.068***
政策性媒體報導次數高組	1,298	12.050		11.020	
市場性媒體報導次數低組	1,464	11.104	6.343***	10.550	3.991***
市場性媒體報導次數高組	1,218	12.195		11.020	
企業社會責任內容性指數評價 CSR-C					
	樣本數	均值	T檢驗	中位數	Z檢驗
地區法制環境差組	1,303	15.955	8.167***	15.290	7.111***
地區法制環境好組	1,378	17.721		16.500	
地區信任環境低組	1,504	15.878	10.371***	15.380	8.490***
地區信任環境高組	1,177	18.120		16.880	
媒體報導次數低組	1,354	15.744	10.545***	15.140	9.255***
媒體報導次數高組	1,327	18.004		16.880	
政策性媒體報導次數低組	1,384	15.810	10.126***	15.190	8.957***
政策性媒體報導次數高組	1,297	17.985		16.880	

表5-3(續)

	樣本數	均值	T檢驗	中位數	Z檢驗
市場性媒體報導次數低組	1,464	15.805	10.837***	15.190	9.250***
市場性媒體報導次數高組	1,217	18.135		16.880	

企業社會責任技術性指數評價 CSR-T

	樣本數	均值	T檢驗	中位數	Z檢驗
地區法制環境差組	1,302	6.001	8.881***	5.630	7.581***
地區法制環境好組	1,377	6.658		5.910	
地區信任環境低組	1,505	6.007	10.204***	5.630	8.485***
地區信任環境高組	1,176	6.763		5.960	
媒體報導次數低組	1,354	5.997	9.352***	5.590	8.322***
媒體報導次數高組	1,325	6.687		5.920	
政策性媒體報導次數低組	1,384	6.020	8.924***	5.590	7.939***
政策性媒體報導次數高組	1,295	6.679		5.920	
市場性媒體報導次數低組	1,464	6.061	8.246***	5.630	6.901***
市場性媒體報導次數高組	1,215	6.674		5.920	

企業社會責任行業性指數評價 CSR-I

	樣本數	均值	T檢驗	中位數	Z檢驗
地區法制環境差組	1,063	1.494	5.265***	1.250	4.390***
地區法制環境好組	1,077	1.825		1.440	
地區信任環境低組	1,212	1.432	8.388***	1.120	7.819***
地區信任環境高組	928	1.959		1.540	
媒體報導次數低組	1,135	1.441	7.443***	1.250	5.674***
媒體報導次數高組	1,005	1.908		1.460	
政策性媒體報導次數低組	1,163	1.455	7.155***	1.250	5.443***
政策性媒體報導次數高組	977	1.905		1.460	
市場性媒體報導次數低組	1,223	1.454	7.639***	1.250	5.823***
市場性媒體報導次數高組	917	1.936		1.500	

企業社會責任等級分數評價 CSR-Cred

	樣本數	均值	T檢驗	中位數	Z檢驗
地區法制環境差組	1,295	4.966	8.955***	4	7.484***
地區法制環境好組	1,361	6.008		5	

表5-3(續)

地區信任環境低組	1,491	4.954	10.678***	4	8.601***
地區信任環境高組	1,165	6.198		6	
媒體報導次數低組	1,342	5.001	8.666***	4	5.674***
媒體報導次數高組	1,314	6.010		5	
政策性媒體報導次數低組	1,372	5.050	7.981***	4	6.414***
政策性媒體報導次數高組	1,284	5.981		5	
市場性媒體報導次數低組	1,450	5.030	8.864***	4	6.909***
市場性媒體報導次數高組	1,206	6.066		5	

註：***、**、* 分別表示在1%、5%、10%水準下顯著。

5.4.3 相關性統計結果

在進行迴歸分析之前，本章先進行了各變量之間的相關性分析。從表5-4可以看出，企業社會責任總體評價 *CSR-Scor*、整體性指數評價 *CSR-M*、內容性指數評價 *CSR-C*、技術性指數評價 *CSR-T*、行業性指數評價 *CSR-I* 和社會責任等級分數評價 *CSR-Cred* 等之間的相關係數較高。這可能表明採用這些指標可以較好地衡量企業社會責任履行的各個方面。

另外，我們發現，企業社會責任總體評價 *CSR-Scor*、整體性指數評價 *CSR-M*、內容性指數評價 *CSR-C*、技術性指數評價 *CSR-T*、行業性指數評價 *CSR-I* 和社會責任等級分數評價 *CSR-Cred* 等與地區法制環境發育程度 *Legal*、地區信任程度 *Trust* 顯著正相關。這進一步表明作為正式制度之一的法律制度和非正式制度之一的信任都是促使企業履行社會責任的重要外部規則。

同時，我們也發現企業社會責任總體評價 *CSR-Scor*、整體性指數評價 *CSR-M*、內容性指數評價 *CSR-C*、技術性指數評價 *CSR-T*、行業性指數評價 *CSR-I* 和社會責任等級分數評價 *CSR-Cred* 等與媒體報導次數 *Media*1、政策性媒體報導次數 *Media*2和市場性媒體報導次數 *Media*3 都顯著正相關。這進一步表明作為非正式制度之一的媒體監督是促使企業履行社會責任的重要外部規則之一。

最後，我們發現企業社會責任總體評價 *CSR-Scor*、整體性指數評價 *CSR-M*、內容性指數評價 *CSR-C*、技術性指數評價 *CSR-T*、行業性指數評價 *CSR-I* 和社會責任等級分數評價 *CSR-Cred* 等與上市公司規模 *Size* 顯著正相關。這說明相對於規模小的

表 5-4　Pearson 相關係數表

	[1]	[2]	[3]	[4]	[5]	[6]	[7]	[8]	[9]	[10]	[11]	[12]	[13]
CSR-Scor [1]	1.000												
CSR-M [2]	0.923 (0.000)	1.000											
CSR-C [3]	0.940 (0.000)	0.769 (0.000)	1.000										
CSR-T [4]	0.811 (0.000)	0.681 (0.000)	0.745 (0.000)	1.000									
CSR-I [5]	0.704 (0.000)	0.580 (0.000)	0.640 (0.000)	0.544 (0.000)	1.000								
CSR-Cred [6]	0.979 (0.000)	0.903 (0.000)	0.924 (0.000)	0.791 (0.000)	0.692 (0.000)	1.000							
Legal [7]	0.122 (0.000)	0.104 (0.000)	0.121 (0.000)	0.139 (0.000)	0.072 (0.000)	0.128 (0.000)	1.000						

第五章 基於外部規則視角的企業社會責任推進機制研究 | 127

表5-4（續）

	[1]	[2]	[3]	[4]	[5]	[6]	[7]	[8]	[9]	[10]	[11]	[12]	[13]
Trust [8]	0.194 (0.000)	0.162 (0.000)	0.183 (0.000)	0.204 (0.000)	0.169 (0.000)	0.195 (0.000)	0.841 (0.017)	1.000					
Media1 [9]	0.230 (0.000)	0.150 (0.000)	0.266 (0.000)	0.231 (0.000)	0.207 (0.000)	0.218 (0.000)	0.022 (0.000)	0.099 (0.050)	1.000				
Media2 [10]	0.220 (0.032)	0.138 (0.005)	0.257 (0.194)	0.227 (0.186)	0.204 (0.018)	0.208 (0.067)	0.018 (0.353)	0.093 (0.000)	0.993 (0.000)	1.000			
Media3 [11]	0.256 (0.000)	0.185 (0.000)	0.283 (0.000)	0.247 (0.000)	0.215 (0.000)	0.247 (0.000)	0.030 (0.000)	0.108 (0.000)	0.862 (0.000)	0.813 (0.000)	1.000		
Size [12]	0.443 (0.000)	0.389 (0.000)	0.418 (0.000)	0.360 (0.000)	0.392 (0.000)	0.435 (0.000)	0.080 (0.000)	0.186 (0.023)	0.508 (0.006)	0.497 (0.005)	0.497 (0.000)	1.000	
Lev [13]	0.092 (0.000)	0.074 (0.486)	0.086 (0.000)	0.077 (0.000)	0.119 (0.133)	0.079 (0.000)	-0.033 (0.087)	-0.008 (0.694)	0.201 (0.000)	0.202 (0.000)	0.170 (0.000)	0.515 (0.000)	1.000

註：括號裡是 p 值。

企業而言，規模大的企業履行社會責任的情況更好。

5.4.4 外部規則對企業社會責任影響的迴歸結果分析

5.4.4.1 法制環境影響企業社會責任履行的迴歸結果分析

由於本書選擇刻畫企業社會責任變量的數值都是非負的，而選擇 OLS 迴歸模型可能造成系數估計值出現偏誤，因此以企業社會責任 CSR-Scor、CSR-M、CSR-C、CSR-T 和 CSR-I 等變量為被解釋變量時，採用 Tobit 模型進行迴歸分析，而以 CSR-Cred 為被解釋變量時，採用 Ologit 模型進行迴歸分析。

表 5-5 是法制環境對企業社會責任履行影響的迴歸結果，可以發現以上市公司社會責任得分總分 CSR-Scor 為被解釋變量時，法制環境變量 Legal 的系數在 1%的水準上顯著為正，說明在法制環境越好的地區，企業履行社會責任的情況越好；另外以企業社會責任的整體性評價 CSR-M、內容性評價 CSR-C、技術性評價 CSR-T 和行業性評價 CSR-I 等分指標為被解釋變量時，發現法制環境變量 Legal 的系數都在 1%的水準上顯著為正，也說明在法制環境越好的地區，企業履行社會責任的情況越好；最後以企業履行社會責任的信息披露等級 CSR-Cred 為被解釋變量時，同樣發現法制環境變量 Legal 的系數在 1%的水準上顯著為正，也表明在法制環境越好的地區，企業履行社會責任的情況越好。上述結論都說明假設 H5-1 成立。

表 5-5　　　　　　　　法制環境與企業社會責任

變量	CSR-Scor	CSR-M	CSR-C	CSR-T	CSR-I	CSR-Cred
	Tobit 模型	Tobit 模型	Tobit 模型	Tobit 模型	Tobit 模型	Ologit 模型
Legal	0.217,6*** (5.67)	0.064,5*** (4.69)	0.107,9*** (5.82)	0.039,9*** (6.14)	0.017,8*** (3.48)	0.033,8*** (4.63)
State	-0.271,0 (-0.59)	-0.188,8 (-1.14)	-0.034,7 (-0.15)	-0.178,9** (-2.29)	0.080,7 (1.20)	0.052,0 (0.58)
Size	3.775,1*** (16.43)	1.220,2*** (15.43)	1.771,1*** (15.66)	0.546,5*** (13.82)	0.395,7*** (11.75)	0.620,1*** (14.97)
Lev	-4.390,4*** (-3.44)	-1.621,6*** (-3.52)	-1.938,9*** (-3.10)	-0.835,8*** (-3.75)	-0.208,1 (-1.25)	-0.932,2*** (-3.73)
Shr1	-0.068,5*** (-3.03)	-0.023,2*** (-2.82)	-0.028,0*** (-2.64)	-0.011,0*** (-2.77)	-0.005,7* (-1.95)	-0.010,2** (-2.37)
Growth	-0.639,4 (-1.16)	-0.144,4 (-0.74)	-0.493,7* (-1.77)	-0.015,2 (-0.15)	0.022,1 (0.28)	-0.009,5 (-0.08)

表5-5(續)

變量	CSR-Scor	CSR-M	CSR-C	CSR-T	CSR-I	CSR-Cred
Roe	1.422,2 (0.54)	-0.888,0 (-0.94)	2.806,9** (2.13)	-0.398,4 (-0.92)	-0.463,6 (-1.30)	0.605,9 (1.16)
Cfo	5.234,5* (1.80)	1.032,5 (0.96)	2.266,9 (1.58)	0.914,7* (1.75)	1.194,6*** (2.97)	0.480,8 (0.83)
Mshare	1.143,8 (0.50)	0.671,0 (0.82)	0.062,2 (0.05)	0.301,5 (0.80)	0.070,1 (0.22)	0.477,8 (1.06)
LnComp	0.210,6 (0.51)	0.097,6 (0.77)	0.091,9 (0.43)	0.061,0 (1.11)	-0.036,2 (-0.57)	0.114,1 (1.40)
Shr2-5	0.093,5*** (3.92)	0.031,3*** (3.56)	0.041,5*** (3.69)	0.012,3*** (2.94)	0.006,8** (2.39)	0.014,7*** (3.09)
Dual	-0.488,0 (-0.85)	-0.157,3 (-0.79)	-0.068,7 (-0.26)	-0.219,7*** (-2.50)	-0.066,4 (-0.92)	-0.006,2 (-0.06)
Board	0.453,9*** (3.67)	0.134,2*** (3.06)	0.217,6*** (3.61)	0.061,0*** (2.70)	0.034,8** (1.96)	0.086,2*** (4.02)
Indep	1.259,5 (0.37)	0.646,9 (0.53)	0.105,0 (0.06)	0.434,1 (0.70)	0.344,5 (0.72)	0.086,3 (0.13)
Age	-1.048,9*** (-2.85)	-0.362,0*** (-2.67)	-0.531,0*** (-3.00)	-0.155,0** (-2.27)	-0.035,5 (-0.78)	-0.195,8*** (-2.71)
Year/Ind	控制	控制	控制	控制	控制	控制
截距	-60.145*** (-9.82)	-18.212*** (-8.90)	-29.491*** (-9.54)	-7.629*** (-7.81)	-8.582*** (-9.93)	
N	2,682	2,682	2,681	2,679	2,140	2,656
Pseu-Rsq	0.048,7	0.084,6	0.052,6	0.061,0	0.116,7	0.092,5
F/Wald值	33.25***	52.54***	28.08***	12.72***	25.64***	896.53***

註：括號內給出的t/z值都經過White異方差調整，***、**、*分別表示在1%、5%、10%水準下顯著。

在控制變量中，企業規模Size顯著為正，說明相對於規模小的企業，規模大的企業本身具有的資源更多，並且被社會公眾關注的程度更高，因此履行社會責任的情況更好；企業的資產負債率Lev顯著為負，說明資產負債率大的企業財務風險更高，企業更多地關注降低財務和破產風險，對社會責任的關注程度較低，因此履行社會責任的情況更差；第一大股東持股比例Shr1顯著為負，說明相對於第一大股東持股比例較大的企業，第一大股東持股比例較小的企業履行社會責任的情況更好；第二到第五大股東持股比例之和Shr2-5顯著為正，說明相對於第二到第五大股東持股比例較小的企業，第二到第五大股東持股比例較大的企業履行社會責任的情況更

好；企業的董事會規模 Board 顯著為正，說明企業的董事會規模更大，董事的來源更為豐富，對企業利益相關者的利益訴求更為關注，因此履行社會責任的情況更好；上市時間 Age 顯著為負，說明企業的上市時間更長，企業的績效可能更差，因此履行社會責任的情況更差。企業的產權性質 State、成長能力 Growth、盈利能力 Roe、經營活動產生的現金淨流入 Cfo、高管持股比例 Mshare、高管貨幣薪酬水準 LnComp 和獨立董事比例 Indep 的符號與本書預期基本一致，但是顯著性水準不是很穩定。

進一步，本書也將法律制度環境指數 Legal 採取虛擬變量的刻畫方法，如果該年度該指數高於樣本的中位數，則定義該變量為 1，否則為 0。結果發現迴歸結果沒有異常變化，進一步支持了假設成立（限於篇幅限制沒有報告）。

5.4.4.2 信任程度影響企業社會責任履行的迴歸結果分析

表 5-6 是信任程度對企業社會責任履行影響的迴歸結果，可以發現以企業社會責任得分總分 CSR-Scor 為被解釋變量時，信任程度變量 Trust 的系數在 1% 的水準上顯著為正，說明在信任程度越高的地區，企業履行社會責任的情況越好；另外，以企業社會責任整體性評價 CSR-M、內容性評價 CSR-C、技術性評價 CSR-T 和行業性評價 CSR-I 等分指標為被解釋變量時，也發現信任程度變量 Trust 的系數都在 1% 的水準上顯著為正，進一步說明在信任程度越高的地區，企業履行社會責任的情況越好；最後以企業履行社會責任的信息披露等級 CSR-Cred 為被解釋變量時，同樣發現信任程度變量 Trust 的系數在 1% 的水準上顯著為正，也表明在信任程度越高的地區，企業履行社會企業責任的情況越好。上述結論都說明假設 H5-2 成立。

表 5-6　　　　　　　　　信任程度與企業社會責任

變量	CSR-Scor	CSR-M	CSR-C	CSR-T	CSR-I	CSR-Cred
	Tobit 模型	Tobit 模型	Tobit 模型	Tobit 模型	Tobit 模型	Ologit 模型
Trust	0.022,6*** (6.92)	0.007,0*** (6.00)	0.010,2*** (6.40)	0.004,0*** (7.30)	0.002,5*** (5.93)	0.003,3*** (5.41)
State	−0.460,0 (−1.01)	−0.244,6 (−1.49)	−0.129,5 (−0.56)	−0.213,8*** (−2.75)	0.060,7 (0.92)	0.019,2 (0.21)
Size	3.626,4*** (16.03)	1.173,3*** (15.00)	1.707,6*** (15.22)	0.520,4*** (13.42)	0.376,4*** (11.41)	0.601,6*** (14.65)
Lev	−3.741,9*** (−2.94)	−1.411,9*** (−3.06)	−1.682,6*** (−2.69)	−0.725,2*** (−3.27)	−0.115,1 (−0.70)	−0.843,0*** (−3.36)

表5-6(續)

變量	CSR-Scor	CSR-M	CSR-C	CSR-T	CSR-I	CSR-Cred
Shr1	-0.073,1*** (-3.25)	-0.024,7*** (-3.02)	-0.029,7*** (-2.80)	-0.011,8*** (-2.98)	-0.006,4** (-2.19)	-0.010,8** (-2.52)
Growth	-0.654,9 (-1.19)	-0.148,1 (-0.76)	-0.504,3* (-1.82)	-0.018,7 (-0.18)	0.022,2 (0.28)	-0.018,0 (-0.16)
Roe	1.525,4 (0.58)	-0.851,6 (-0.91)	2.835,3** (2.16)	-0.383,0 (-0.90)	-0.449,1 (-1.26)	0.627,1 (1.21)
Cfo	5.139,1* (1.78)	0.993,6 (0.93)	2.260,5 (1.58)	0.902,7* (1.73)	1.155,0*** (2.88)	0.483,8 (0.83)
Mshare	0.202,7 (0.09)	0.376,6 (0.46)	-0.348,6 (-0.30)	0.134,3 (0.36)	-0.048,0 (-0.15)	0.359,8 (0.78)
LnComp	0.185,5 (0.46)	0.087,7 (0.72)	0.088,9 (0.43)	0.057,5 (1.09)	-0.043,8 (-0.70)	0.110,5 (1.38)
Shr2-5	0.095,3*** (4.01)	0.031,9*** (3.63)	0.042,4*** (3.77)	0.012,6*** (3.03)	0.006,8** (2.39)	0.015,1*** (3.19)
Dual	-0.399,5 (-0.76)	-0.144,7 (-0.73)	-0.037,9 (-0.14)	-0.210,2** (-2.41)	-0.070,3 (-0.98)	0.002,3 (0.02)
Board	0.450,3*** (3.67)	0.133,7*** (3.07)	0.213,7*** (3.57)	0.060,1*** (2.67)	0.035,4** (2.00)	0.084,7*** (3.96)
Indep	0.782,8 (0.23)	0.513,2 (0.42)	0.161,6 (-0.10)	0.342,3 (0.56)	0.335,7 (0.71)	-0.003,9 (-0.01)
Age	-1.160,4*** (-3.18)	-0.396,8*** (-2.95)	-0.580,1*** (-3.31)	-0.175,0*** (-2.59)	-0.047,4 (-1.05)	-0.208,5*** (-2.89)
Year/Ind	控制	控制	控制	控制	控制	控制
截距	-55.715*** (-9.16)	-16.839*** (-8.28)	-27.511*** (-8.88)	-6.840*** (-7.16)	-7.990*** (-9.15)	
N	2,682	2,682	2,681	2,679	2,140	2,656
Pseu-Rsq	0.049,8	0.085,8	0.053,5	0.063,1	0.120,2	0.093,5
F/Wald值	33.50***	52.89***	28.05***	12.73***	26.06***	904.87***

註：括號內給出的t/z值都經過White異方差調整，***、**、*分別表示在1%、5%、10%水準下顯著。

在控制變量中，企業規模 Size 顯著為正，說明相對於規模小的企業而言，規模大的企業本身具有的資源更多，並且被社會公眾關注的程度更高，因此履行社會責任的情況更好；企業的資產負債率 Lev 顯著為負，說明資產負債率大的企業財務風險更高，企業更多地關注降低財務和破產風險，對社會責任的關注程度較低，因此履行社會責任的情況更差；第一大股東持股比例 Shr1 顯著為負，說明相對於第一大

股東持股比例較大的企業而言，第一大股東持股比例比例較小的企業履行社會責任的情況更好；第二到第五大股東持股比例之和 Shr2-5 顯著為正，說明相對於第二到第五大股東持股比例較小的企業而言第二到第五大股東持股比例較大的企業履行社會責任的情況更好；企業的董事會規模 Board 顯著為正，說明企業的董事會規模更大，董事的來源更為豐富，對企業利益相關者的利益訴求更為關注，因此履行社會責任的情況更好；上市時間 Age 顯著為負，說明企業的上市時間更長，企業的績效可能更差，因此履行社會責任的情況更差。企業的產權性質 State、成長能力 Growth、盈利能力 Roe、經營活動產生的現金淨流入 Cfo、高管持股比例 Mshare、高管貨幣薪酬水準 LnComp 和獨立董事比例 Indep 的符號與本書預期基本一致，但是顯著性水準不是很穩定。

進一步，本書將信任程度指數 Trust 採取虛擬變量的刻畫方法，如果該年度該指數高於樣本的中位數，則定義該變量為 1，否則為 0。結果發現迴歸結果沒有異常變化，進一步支持了假設成立（限於篇幅限制沒有報告）。

5.4.4.3 媒體報導影響企業社會責任履行的迴歸結果分析

表 5-7 是媒體報導對企業履行社會責任影響的迴歸結果，可以發現以企業社會責任得分總分 CSR-Scor 為被解釋變量時，媒體報導變量 Media1 的系數在 1% 的水準上顯著為正，說明媒體對上市公司的報導數量越多，企業社會責任履行情況越好；另外，以企業社會責任的整體性評價 CSR-M、內容性評價 CSR-C 和技術性評價 CSR-T 等分指標為被解釋變量時，發現媒體報導變量 Media1 的系數都至少在 5% 的水準上顯著為正，儘管行業性評價 CSR-I 的系數沒有通過顯著性水準測試，但符號仍為正，在一定程度上說明在信任程度越高的地區，企業履行社會責任的情況越好；以企業履行社會責任的信息披露等級 CSR-Cred 為被解釋變量時，同樣發現媒體報導變量 Media1 的系數在 1% 的水準上顯著為正，表明媒體對上市公司的報導數量越多，企業社會責任履行情況越好。上述結論都表明假設 H5-3 成立。

在控制變量中，企業規模 Size 顯著為負，說明相對於規模小的企業而言，規模大的企業本身具有的資源更多，並且被社會公眾關注的程度更高，因此履行社會責任的情況更好；企業的資產負債率 Lev 顯著為負，說明資產負債率大的企業財務風險更高，企業更多地關注降低財務和破產風險，對社會責任的關注程度較低，因此履行社會責任的情況更差；第一大股東持股比例 Shr1 顯著為負，說明相對於第一大

表 5-7　　　　　　　　　媒體報導與企業社會責任

變量	CSR-Scor	CSR-M	CSR-C	CSR-T	CSR-I	CSR-Cred
	Tobit 模型	Tobit 模型	Tobit 模型	Tobit 模型	Tobit 模型	Ologit 模型
$Media1$	0.570,5*** (3.09)	0.212,9*** (3.24)	0.276,3*** (3.04)	0.066,4** (2.09)	0.034,0 (1.39)	0.098,6*** (2.84)
$State$	-0.494,5 (-1.06)	-0.255,8 (-1.53)	-0.145,4 (-0.62)	-0.219,2*** (-2.74)	0.066,8 (0.99)	0.023,2 (0.26)
$Size$	3.537,1*** (14.56)	1.124,9*** (13.25)	1.656,9*** (14.04)	0.524,6*** (12.18)	0.384,4*** (10.63)	0.572,9*** (13.01)
Lev	-4.861,3*** (-3.76)	-1.734,5*** (-3.72)	-2.176,3*** (-3.45)	-0.945,2*** (-4.13)	-0.254,4 (-1.51)	-0.981,0*** (-3.89)
$Shr1$	-0.056,2*** (-2.52)	-0.019,3** (-2.37)	-0.022,0** (-2.09)	-0.008,9** (-2.28)	-0.004,7* (-1.65)	-0.008,1* (-1.91)
$Growth$	-0.698,4 (-1.28)	-0.159,4 (-0.82)	-0.523,5* (-1.89)	-0.028,2 (-0.27)	0.016,8 (0.21)	-0.017,6 (-0.15)
Roe	0.819,9 (0.31)	-1.083,4 (-1.14)	2.511,4* (1.87)	-0.494,1 (-1.12)	-0.493,9 (-1.37)	0.536,7 (1.02)
Cfo	5.787,2** (2.00)	1.177,8 (1.10)	2.543,0* (1.77)	1.031,6** (1.97)	1.231,9*** (3.09)	0.600,1 (1.04)
$Mshare$	1.337,5 (0.58)	0.716,5 (0.89)	0.160,7 (0.14)	0.347,8 (0.92)	0.079,3 (0.25)	0.519,1 (1.14)
$LnComp$	0.318,2 (0.75)	0.123,5 (0.95)	0.146,1 (0.67)	0.085,9 (1.52)	-0.026,0 (-0.41)	0.142,9* (1.67)
$Shr2-5$	0.097,8*** (4.17)	0.032,8*** (3.78)	0.043,6*** (3.94)	0.012,9*** (3.12)	0.007,1** (2.52)	0.015,1*** (3.21)
$Dual$	-0.319,6 (-0.60)	-0.124,7 (-0.63)	-0.004,2 (-0.02)	-0.191,4*** (-2.17)	-0.050,4 (-0.69)	0.008,3 (0.08)
$Board$	0.396,2*** (3.19)	0.116,5** (2.64)	0.189,1*** (3.13)	0.051,0** (2.25)	0.030,5* (1.72)	0.078,9*** (3.64)
$Indep$	-0.152,6 (-0.04)	0.206,3 (0.17)	-0.591,2 (-0.36)	0.194,4 (0.31)	0.225,7 (0.47)	-0.111,6 (-0.17)
Age	-1.102,7*** (-2.97)	-0.384,5*** (-2.83)	-0.556,6*** (-3.12)	-0.159,2** (-2.31)	-0.040,6 (-0.88)	-0.217,2*** (-3.01)
Year/Ind	控制	控制	控制	控制	控制	控制
截距	-53.244*** (-7.84)	-15.595*** (-6.84)	-26.156*** (-7.65)	-6.862*** (-6.40)	-8.260*** (-8.73)	
N	2,682	2,682	2,681	2,679	2,140	2,656
$Pseu-Rsq$	0.045,7	0.083,7	0.051,1	0.058,0	0.115,4	0.091,1
F/Wald 值	47.88***	52.95***	26.68***	12.78***	25.70***	852.46***

註：括號內給出的 t/z 值都經過 White 異方差調整，***、**、* 分別表示在 1%、5%、10% 水準下顯著。

股東持股較大的企業，第一大股東持股比例較小的企業履行社會責任的情況更好；第二到第五大股東持股比例之和 *Shr2-5* 顯著為正，說明相對於第二到第五大股東持股比例較小的企業，第二到第五大股東持股比例較大的企業履行社會責任的情況更好；企業的董事會規模 *Board* 顯著為正，說明企業的董事會規模更大，董事的來源更為豐富，對企業利益相關者的利益訴求更為關注，因此履行社會責任的情況更好；上市時間 *Age* 顯著為負，說明企業的上市時間更長，企業的績效可能更差，因此履行社會責任的情況更差。企業的產權性質 *State*、成長能力 *Growth*、盈利能力 *Roe*、經營活動產生的現金淨流入 *Cfo*、高管持股比例 *Mshare*、高管貨幣薪酬水準 *LnComp* 和獨立董事比例 *Indep* 的符號與本書預期基本一致，但是顯著性水準不是很穩定。

本書進一步將媒體報導 *Media*1 採取虛擬變量的刻畫方法，如果該年度該指數高於樣本的中位數，則定義該變量為 1，否則為 0。結果發現迴歸結果沒有異常變化，進一步支持了假設成立（限於篇幅限制沒有報告）。

另外，已有的一些研究表明不同來源的媒體報導具有不同的公司治理作用，進而可能會影響到企業社會責任的履行，因此本書進一步檢驗了不同來源的媒體報導是否對企業履行社會責任的情況存在不同的影響，迴歸結果如表 5-8 所示。在第一列中可以發現，以上市公司社會責任得分總分 *CSR-Scor* 為被解釋變量時，政策導向性媒體報導變量 *Media*2 的系數為 0.553,4，另外，以企業社會責任的整體性評價 *CSR-M*、內容性評價 *CSR-C* 和技術性評價 *CSR-T* 等分指標為被解釋變量時，也發現政策導向性媒體報導變量 *Media*2 的系數都至少在 5% 的水準上顯著為正，儘管行業性評價 *CSR-I* 的系數沒有通過顯著性水準測試，但符號仍為正，在一定程度上說明政策導向性媒體對上市公司的報導數量越多，企業社會責任履行情況越好；以對企業履行社會責任的信息披露等級 *CSR-Cred* 為被解釋變量時，同樣發現政策導向性媒體報導變量 *Media*2 的系數在 1% 的水準上顯著為正，表明政策導向性媒體對上市公司的報導數量越多，企業社會責任履行情況越好。

在表 5-8 的第二列中可以發現，以上市公司社會責任得分總分 *CSR-Scor* 為被解釋變量時，市場導向性媒體報導變量 *Media*3 的系數為 0.899,5，另外，以對企業社會責任的整體性評價 *CSR-M*、內容性評價 *CSR-C*、技術性評價 *CSR-T* 和行業性評價 *CSR-I* 等分指標為被解釋變量時，也發現政策導向性媒體報導變量 *Media*3 的系數都至少在 5% 的水準上顯著為正；以企業社會責任的信息披露等級 *CSR-Cred* 為被解

表 5-8 不同來源的媒體報導與企業社會責任

變量	CSR-Scor (Tobit 模型)	CSR-M (Tobit 模型)	CSR-C (Tobit 模型)	CSR-T (Tobit 模型)	CSR-I (Tobit 模型)	CSR-Cred (Ologit 模型)	CSR-Cred (Ologit 模型)
Media2	0.553,4*** (2.88)	0.207,4*** (3.03)	0.265,8*** (2.80)	0.066,8** (2.00)	0.036,1 (1.43)	0.096,1*** (2.66)	
Media3	0.899,5*** (3.83)	0.330,3*** (4.05)	0.415,9*** (3.59)	0.124,9*** (3.08)	0.069,4** (2.20)		0.136,0*** (3.20)
State	−0.522,2 (−1.12)	−0.266,0 (−1.59)	−0.145,6 (−0.62)	−0.219,3*** (−2.75)	0.066,6* (0.98)	0.023,3 (0.26)	0.021,2 (0.23)
Size	3.438,2*** (14.24)	1.090,4*** (12.87)	1.672,9*** (14.18)	0.526,9*** (12.27)	0.384,6*** (10.69)	0.577,5*** (13.16)	0.565,8*** (12.82)
Lev	−4.646,7*** (−3.60)	−1.657,7*** (−3.56)	−2.202,4*** (−3.49)	−0.949,9*** (−4.16)	−0.255,8 (−1.52)	−0.991,4*** (−3.94)	−0.950,0*** (−3.75)
Shr1	−0.054,1** (−2.44)	−0.018,5** (−2.29)	−0.022,0** (−2.09)	−0.008,9** (−2.28)	−0.004,7 (−1.64)	−0.008,1* (−1.90)	−0.008,1* (−1.91)
Growth	−0.694,0 (−1.27)	−0.159,4 (−0.82)	−0.523,7* (−1.89)	−0.028,1 (−0.27)	0.016,2 (0.21)	−0.016,1 (−0.14)	−0.018,5 (−0.16)
Roe	0.903,8 (0.34)	−1.082,2 (−1.13)	2.514,2* (1.87)	−0.494,6 (−1.12)	−0.495,1 (−1.38)	0.528,4 (1.00)	0.575,6 (1.09)
Cfo	5.632,9** (1.95)	1.193,5 (1.11)	2.564,7 (1.79)	1.035,8** (1.98)	1.233,0*** (3.09)	0.604,6 (1.05)	0.592,3 (1.02)
Mshare	1.484,8 (0.65)	1.716,6 (0.89)	0.161,8 (0.14)	0.347,2 (0.92)	0.078,4 (0.25)	0.522,4 (1.15)	0.553,2 (1.22)

表5-8(續)

LnComp	0.325,4 (0.77)	0.308,5 (0.73)	0.126,2 (0.97)	0.120,5 (0.94)	0.150,0 (0.68)	0.143,4 (0.66)	0.086,4 (1.53)	0.082,8 (1.48)	-0.025,9 (-0.41)	-0.028,4 (-0.45)	0.145,0* (1.69)	0.142,2* (1.67)
Shr2-5	0.097,8*** (4.16)	0.095,1*** (4.08)	0.032,8*** (3.78)	0.031,8*** (3.69)	0.043,6*** (3.94)	0.042,3*** (3.85)	0.012,8*** (3.12)	0.012,5*** (3.06)	0.007,1** (2.52)	0.006,9** (2.50)	0.015,0*** (3.21)	0.014,7*** (3.16)
Dual	-0.314,9 (-0.59)	-0.337,2 (-0.64)	-0.123,0 (-0.62)	-0.130,7 (-0.66)	-0.001,7 (-0.01)	-0.010,9 (-0.04)	-0.191,2** (-2.17)	-0.195,6** (-2.23)	-0.050,5 (-0.69)	-0.052,5 (-0.72)	0.008,5 (0.08)	0.006,8 (0.06)
Board	0.397,8*** (3.20)	0.391,4*** (3.14)	0.117,1*** (2.66)	0.114,7*** (2.59)	0.189,9*** (3.15)	0.187,1*** (3.09)	0.051,2** (2.26)	0.050,2** (2.21)	0.030,6* (1.72)	0.029,9* (1.68)	0.079,2*** (3.65)	0.078,8*** (3.63)
Indep	-0.071,2 (-0.02)	-0.430,0 (-0.13)	0.236,2 (0.19)	0.106,1 (0.19)	-0.551,0 (-0.33)	-0.713,0 (-0.43)	0.203,1 (0.33)	0.149,3 (0.24)	0.229,2 (0.48)	0.201,0 (0.42)	-0.103,2 (-0.16)	-0.148,8 (-0.23)
Age	-1.099,2*** (-2.97)	-1.033,9*** (-2.81)	-0.383,3*** (-2.83)	-0.358,7*** (-2.66)	-0.554,5*** (-3.10)	-0.522,9*** (-2.95)	-0.159,1** (-2.31)	-0.151,6** (-2.23)	-0.040,8 (-0.88)	-0.037,8 (-0.83)	-0.215,9*** (-2.99)	-0.205,4*** (-2.86)
Year/Ind	控制	控制	控制	控制	控制	控制	控制	控制	控制	控制	控制	控制
截距	-53.954*** (-7.97)	-50.559*** (-7.56)	-15.849*** (-6.98)	-14.668*** (-6.49)	-26.527*** (-7.78)	-25.096*** (-7.45)	-6.916*** (-6.47)	-6.327*** (-5.96)	-8.266*** (-8.77)	-7.947*** (-8.42)		
N	2,682	2,682	2,682	2,682	2,681	2,681	2,679	2,679	2,140	2,140	2,656	2,656
Pseu-Rsq	0.047,4	0.047,9	0.083,6	0.084,3	0.051,0	0.051,5	0.053,6	0.058,6	0.115,4	0.115,8	0.091,0	0.091,3
F/Wald值	34.02***	34.19***	52.97***	53.61***	26.65***	27.06***	18.34***	13.07***	25.70***	25.81***	853.14***	856.77***

註：括號內給出的t/z值都經過White異方差調整，***、**、*分別表示在1%、5%、10%水準下顯著。

釋變量時，同樣發現市場導向性媒體報導變量 Media3 的系數在 1%的水準上顯著為正，表明市場導向性媒體對上市公司的報導數量越多，企業社會責任履行情況越好。

需要說明的是，在表 5-8 的第一列和第二列的迴歸中，我們能發現市場導向性媒體報導變量 Media3 的迴歸系數比政策導向性媒體報導變量 Media2 的迴歸系數更大，這可能說明相對於政策導向性媒體報導，權威的市場導向性媒體報導一般是將上市公司履行社會責任的相關情況的細節交代得更為清楚，並且有深度分析，被披露的潛在問題一般是由具有專業能力的財經記者通過深度調查後挖掘出來的，其權威性和專業能力較強，容易引起社會公眾的關注。因此，我們總體上可以看出，不同來源的媒體報導對企業履行社會責任的情況發揮了不同程度的治理作用，權威、具有專業能力和大膽的市場導向性媒體報導所引起的社會關注度越高，對企業履行社會責任情況的促進作用更強。

在上文分別考察了地區法制環境、地區信任環境和媒體報導對企業社會責任的履行情況的影響後，本書接下來需要進一步考察在法制環境和信任環境不同的地區，媒體報導對企業社會責任的履行情況是否存在顯著差異。

5.4.4.4　法制環境與媒體報導聯合對企業社會責任履行影響的迴歸結果分析

首先考察了在法制環境不同的地區，媒體報導對企業社會責任的履行情況是否存在顯著差異，表 5-9 是對應的迴歸結果。我們可以從表 5-9 中發現：以上市公司社會責任得分總分 $CSR\text{-}Scor$ 為被解釋變量時，地區法制環境與媒體報導變量的交互項 $Legal * Media1$ 的系數在 5%的水準上顯著為正；以企業社會責任的整體性評價 $CSR\text{-}M$、內容性評價 $CSR\text{-}C$、技術性評價 $CSR\text{-}T$ 和行業性評價 $CSR\text{-}I$ 等分指標為被解釋變量時，也發現地區法制環境與媒體報導變量的交互項 $Legal * Media1$ 的系數都至少在 5%的水準上顯著為正；以企業履行社會責任的信息披露等級 $CSR\text{-}Cred$ 為被解釋變量時，同樣發現地區法制環境與媒體報導變量的交互項 $Legal * Media1$ 的系數在 5%的水準上顯著為正。這說明相對於法制環境越差的地區，在法制環境越好的地區，媒體報導對企業履行社會責任的促進作用越強。

表 5-9　　　　　　　　　地區法制環境、媒體報導與企業社會責任

變量	$CSR\text{-}Scor$	$CSR\text{-}M$	$CSR\text{-}C$	$CSR\text{-}T$	$CSR\text{-}I$	$CSR\text{-}Cred$
	Tobit 模型	Tobit 模型	Tobit 模型	Tobit 模型	Tobit 模型	Ologit 模型
$Media1$	-0.233,0 (-0.68)	-0.078,3 (-0.63)	-0.061,3 (-0.36)	-0.052,8 (-0.79)	-0.082,1* (-1.73)	-0.018,9 (-0.27)
$Legal$	0.056,1 (0.79)	0.006,6 (0.26)	0.039,7 (1.15)	0.015,4 (1.23)	0.004,8 (0.54)	0.010,1 (0.72)
$Media1*Legal$	0.073,0** (2.55)	0.026,2*** (2.58)	0.031,0** (2.20)	0.011,0** (1.97)	0.010,4*** (2.79)	0.010,9** (1.99)
$State$	-0.318,9 (-0.70)	-0.206,1 (-1.25)	-0.055,3 (-0.24)	-0.186,1** (-2.38)	0.074,9 (1.12)	0.040,6 (0.45)
$Size$	3.379,7*** (14.44)	1.075,2*** (13.08)	1.581,8*** (13.85)	0.497,1*** (11.98)	0.368,0*** (10.51)	0.559,5*** (13.06)
Lev	-4.054,9*** (-3.19)	-1.497,8*** (-3.26)	-1.772,7*** (-2.85)	-0.797,6*** (-3.56)	-0.185,4 (-1.11)	-0.868,8*** (-3.47)
$Shr1$	-0.064,1*** (-2.88)	-0.021,6*** (-2.65)	-0.026,0** (-2.48)	-0.010,4*** (-2.66)	-0.005,5* (-1.89)	-0.009,8** (-2.29)
$Growth$	-0.591,5 (-1.07)	-0.126,9 (-0.65)	-0.470,7* (-1.68)	-0.009,4 (-0.09)	0.026,9 (0.34)	-0.001,7 (-0.01)
Roe	1.539,1 (0.59)	-0.848,0 (-0.91)	2.841,5** (2.18)	-0.375,1 (-0.87)	-0.435,8 (-1.22)	0.644,3 (1.25)
Cfo	4.882,5* (1.69)	0.903,7 (0.84)	2.101,7 (1.47)	0.870,6* (1.67)	1.166,6*** (2.92)	0.426,7 (0.73)
$Mshare$	1.120,6 (0.49)	0.661,2 (0.83)	0.040,6 (0.04)	0.302,0 (0.80)	0.082,2 (0.26)	0.462,9 (1.02)
$LnComp$	0.124,2 (0.31)	0.065,9 (0.54)	0.049,9 (0.24)	0.050,6 (0.94)	-0.041,2 (-0.65)	0.095,4 (1.17)
$Shr2\text{-}5$	0.094,4*** (4.03)	0.031,7*** (3.65)	0.042,1*** (3.81)	0.012,3*** (3.00)	0.006,8** (2.43)	0.015,0*** (3.19)
$Dual$	-0.512,7 (-0.98)	-0.181,3 (-0.92)	-0.101,0 (-0.39)	-0.227,3*** (-2.58)	-0.096,4 (-0.96)	-0.014,3 (-0.14)
$Board$	0.465,9*** (3.78)	0.138,5*** (3.16)	0.222,2*** (3.69)	0.063,1*** (2.81)	0.036,8** (2.08)	0.087,7*** (4.08)
$Indep$	1.014,0 (0.30)	0.556,2 (0.46)	-0.017,5 (-0.01)	0.404,2 (0.66)	0.327,6 (0.68)	0.085,3 (0.13)
Age	-1.083,2*** (-2.93)	-0.375,1*** (-2.77)	-0.551,4*** (-3.10)	-0.157,7** (-2.28)	-0.034,9 (-0.75)	-0.207,6*** (-2.85)
$Year/Ind$	控制	控制	控制	控制	控制	控制

表5-9(續)

變量	CSR-Scor	CSR-M	CSR-C	CSR-T	CSR-I	CSR-Cred
截距	-49.599*** (-7.63)	-14.357*** (-6.53)	-24.523*** (-7.48)	-6.272*** (-6.10)	-7.769*** (-8.32)	
N	2,682	2,682	2,681	2,679	2,140	2,656
Pseu-Rsq	0.049,6	0.085,8	0.053,7	0.062,0	0.118,1	0.093,8
F/Wald值	32.20***	50.39***	26.87***	12.61***	24.93***	899.00***

註：括號內給出的t/z值都經過White異方差調整，***、**、*分別表示在1%、5%、10%水準下顯著。

另外，本書進一步將媒體報導按照其來源渠道分為政策導向性媒體報導和市場導向性媒體報導，進一步檢驗了在法制環境不同的地區，不同來源的媒體報導是否對企業社會責任的履行情況存在不同的影響，迴歸結果如表5-10所示。在表5-10中，我們在第四列可以發現，無論是以上市公司社會責任得分總分CSR-Scor為被解釋變量時，還是以企業社會責任的整體性評價CSR-M、內容性評價CSR-C、技術性評價CSR-T和行業性評價CSR-I等分指標為被解釋變量時，最後以企業履行社會責任的信息披露等級CSR-Cred為被解釋變量時，地區法制環境與政策導向性媒體報導變量的交互項Legal*Media2的迴歸系數至少都在5%的水準上顯著為正，說明相對於法制環境越差的地區，在法制環境越好的地區，政策導向性媒體監督對企業履行社會企業責任的促進作用越強。在第五列中我們可以發現，無論是以上市公司社會責任得分總分CSR-Scor為被解釋變量時，還是以企業社會責任的整體性評價CSR-M、內容性評價CSR-C、技術性評價CSR-T和行業性評價CSR-I等分指標為被解釋變量時，或者以企業履行社會責任的信息披露等級CSR-Cred為被解釋變量時，地區法制環境與市場導向性媒體報導變量的交互項Legal*Media3的迴歸系數也至少都在5%的水準上顯著為正。這都說明相對於法制環境越差的地區，在法制環境越好的地區，政策導向性媒體報導和市場導向性媒體報導次數越多，引發的社會關注程度越高，對企業履行社會責任的促進作用越強。

另外，我們發現，地區法制環境與市場導向性媒體報導變量的交互項Legal*Media3的迴歸系數比地區法制環境與政策導向性媒體報導變量的交互項Legal*Media2的迴歸系數更大，可能說明相對於法制環境越差的地區，在法制環境越好的地區，市場導向性媒體報導比政策導向性媒體報導所引起的社會關注度越高，對企業履行社會企業責任情況的促進作用越強。

表 5-10　　地區法制環境、不同來源的媒體報導與企業社會責任

變量	*CSR-Scor*		*CSR-M*		*CSR-C*		*CSR-T*		*CSR-I*		*CSR-Cred*	
	Tobit 模型		Tobit 模型		Tobit 模型		Tobit 模型		Tobit 模型		Ologit 模型	
Media2	-0. 282, 5 (-0. 78)		-0. 100, 4 (-0. 76)		-0. 085, 5 (-0. 48)		-0. 059, 1 (-0. 84)		-0. 080, 8 (-1. 62)		-0. 025, 3 (-0. 35)	
Media3		-0. 470, 7 (-1. 05)		-0. 115, 1 (-0. 71)		-0. 201, 5 (-0. 91)		-0. 069, 9 (-0. 75)		-0. 125, 5** (-2. 07)		-0. 055, 6 (-0. 64)
Legal	0. 059, 7 (0. 85)	0. 112, 7** (2. 36)	0. 007, 0 (0. 27)	0. 030, 9* (1. 79)	0. 041, 2 (1. 20)	0. 060, 6*** (2. 61)	0. 015, 6 (1. 26)	0. 024, 7*** (2. 98)	0. 003, 6 (0. 41)	0. 003, 4 (0. 54)	0. 010, 8 (0. 78)	0. 019, 4** (2. 09)
Media2 * *Legal*	0. 075, 7** (2. 52)		0. 027, 6*** (2. 59)		0. 032, 1** (2. 17)		0. 011, 6** (1. 97)		0. 010, 5*** (2. 68)		0. 011, 2* (1. 95)	
Media3 * *Legal*		0. 118, 7*** (3. 22)		0. 038, 5*** (2. 97)		0. 053, 7*** (2. 99)		0. 017, 1** (2. 28)		0. 016, 8*** (3. 43)		0. 017, 2** (2. 51)
State	-0. 308, 8 (-0. 67)	-0. 378, 4 (-0. 82)	-0. 202, 6 (-1. 23)	-0. 224, 9 (-1. 37)	-0. 051, 0 (-0. 22)	-0. 083, 6 (-0. 36)	-0. 184, 7** (-2. 37)	-0. 194, 5** (-2. 48)	0. 076, 3 (1. 14)	0. 069, 8 (1. 05)	0. 042, 1 (0. 47)	0. 035, 5 (0. 39)
Size	3. 414, 4*** (14. 61)	3. 272, 5*** (14. 06)	1. 087, 3*** (13. 27)	1. 039, 7*** (12. 66)	1. 599, 7*** (14. 02)	1. 538, 2*** (13. 53)	0. 500, 0*** (12. 09)	0. 475, 1*** (11. 61)	0. 369, 0*** (10. 60)	0. 354, 7*** (10. 21)	0. 564, 9*** (13. 23)	0. 549, 3*** (12. 76)
Lev	-4. 100, 3*** (-3. 23)	-3. 952, 2*** (-3. 12)	-1. 514, 3*** (-3. 30)	-1. 455, 1*** (-3. 18)	-1. 796, 6*** (-2. 89)	-1. 733, 4*** (-2. 79)	-0. 801, 4*** (-3. 58)	-0. 775, 2*** (-3. 47)	-0. 186, 4 (-1. 12)	-0. 178, 4 (-1. 08)	-0. 878, 7*** (-3. 51)	-0. 855, 4*** (-3. 40)
Shr1	-0. 064, 0*** (-2. 87)	-0. 061, 6*** (-2. 79)	-0. 021, 5*** (-2. 64)	-0. 020, 8*** (-2. 56)	-0. 025, 9** (-2. 47)	-0. 024, 9** (-2. 39)	-0. 010, 4*** (-2. 65)	-0. 010, 0*** (-2. 57)	-0. 005, 4* (-1. 87)	-0. 005, 3* (-1. 88)	-0. 009, 7** (-2. 27)	-0. 009, 9** (-2. 33)
Growth	-0. 593, 5 (-1. 08)	-0. 560, 4 (-1. 02)	-0. 127, 5 (-0. 65)	-0. 117, 1 (-0. 60)	-0. 471, 8* (-1. 69)	-0. 457, 1 (-1. 64)	-0. 009, 5 (-0. 09)	-0. 004, 5 (-0. 04)	0. 025, 7 (0. 33)	0. 036, 2 (0. 46)	-0. 000, 5 (-0. 01)	-0. 000, 3 (-0. 01)
Roe	1. 538, 3 (0. 59)	1. 918, 7 (0. 73)	-0. 846, 6 (-0. 91)	-0. 732, 4 (-0. 78)	2. 842, 2** (2. 18)	3. 028, 6** (2. 31)	-0. 375, 5 (-0. 87)	-0. 327, 6 (-0. 76)	-0. 438, 6 (-1. 23)	-0. 388, 7 (-1. 09)	0. 634, 1 (1. 22)	0. 731, 3 (1. 41)

第五章 基於外部規則視角的企業社會責任推進機制研究

表5-10(續)

Cfo	4,922.8* (1.70)	4,653.8 (1.61)	0,917.9 (0.85)	0,826.7 (0.77)	2,122.5 (1.48)	2,000.0 (1.40)	874.2* (1.67)	833.1 (1.59)	1,166.3*** (2.92)	1,139.0*** (2.86)	431.4 (0.74)	385.6 (0.66)
Mshare	1,120.5 (0.49)	1,301.4 (0.57)	661.8 (0.82)	721.3 (0.90)	41.3 (0.04)	132.3 (0.12)	301.6 (0.80)	322.7 (0.86)	80.3 (0.26)	91.8 (0.30)	465.3 (1.03)	508.6 (1.12)
LnComp	0.128.3 (0.32)	0.132.5 (0.33)	0.067.3 (0.54)	0.068.4 (0.56)	0.052.4 (0.25)	0.055.4 (0.27)	0.050.7 (0.94)	0.050.0 (0.94)	-0.041.7 (-0.66)	-0.040.6 (-0.64)	0.097.2 (1.18)	0.098.8 (1.22)
Shr2-5	0.094.3*** (4.01)	0.091.4*** (3.93)	0.031.6*** (3.64)	0.030.7*** (3.55)	0.042.1*** (3.80)	0.040.6*** (3.70)	0.012.3*** (2.99)	0.012.0*** (2.93)	0.006.9** (2.42)	0.006.8** (2.46)	0.014.9*** (3.18)	0.014.7*** (3.18)
Dual	-0.504.0 (-0.96)	-0.502.9 (-0.96)	-0.178.1 (-0.91)	-0.179.1 (-0.91)	-0.096.7 (-0.37)	-0.094.7 (-0.36)	-0.226.4** (-2.57)	-0.227.7** (-2.60)	-0.069.4 (-0.96)	-0.065.2 (-0.91)	-0.013.6 (-0.13)	-0.013.3 (-0.13)
Board	0.466.7*** (3.79)	0.467.0*** (3.77)	0.138.9*** (3.17)	0.138.0*** (3.13)	0.222.7*** (3.70)	0.223.4*** (3.70)	0.063.2*** (2.82)	0.063.0*** (2.80)	0.036.7** (2.07)	0.037.2** (2.09)	0.087.7*** (4.08)	0.088.8*** (4.12)
Indep	1,171.2 (0.35)	1,301.4 (0.09)	0.613.8 (0.51)	0.314.6 (0.26)	0.555.1 (0.03)	-0.336.4 (-0.21)	0.424.9 (0.69)	0.296.1 (0.48)	0.341.1 (0.71)	0.248.0 (0.52)	0.102.6 (0.16)	0.001.3 (0.01)
Age	-1,085.0*** (-2.94)	-0.975.5*** (-2.65)	-0.375.5*** (-2.78)	-0.338.9** (-2.50)	-0.551.6*** (-3.11)	-0.498.1*** (-2.82)	-0.158.4** (-2.29)	-0.144.7** (-2.10)	-0.036.0 (-0.78)	-0.027.3 (-0.60)	-0.207.3*** (-2.85)	-0.187.4*** (-2.58)
Year/Ind	控制	控制	控制	控制	控制	控制	控制	控制	控制	控制	控制	控制
截距	-50.412*** (-7.77)	-47.567*** (-7.42)	-14.632*** (-6.69)	-13.716*** (-6.30)	-26.527*** (-7.78)	-23.669*** (-7.33)	-6.337*** (-6.18)	-5.837*** (-5.74)	-7.796*** (-8.39)	-7.558*** (-8.14)		
N	2,682	2,682	2,682	2,682	2,681	2,681	2,679	2,679	2,140	2,140	2,656	2,656
Pseu-Rsq	0.049.5	0.050.3	0.085.8	0.086.6	0.053.5	0.054.4	0.062.0	0.063.0	0.118.0	0.119.2	0.093.7	0.094.4
F/Wald值	32.13***	32.87***	50.39***	51.12***	26.83***	27.50***	12.63***	12.66***	24.88***	25.43***	900.07***	907.44***

註：括號內給出的t/z值都經過White異方差調整，***、**、*分別表示在1%、5%、10%水準下顯著。

5.4.4.5 信任環境與媒體報導聯合對企業社會責任履行影響的迴歸結果分析

上一節考察了在信任環境不同的地區，媒體報導對企業社會責任的履行情況的影響。這一節考察的是在信任環境不同的地區，媒體報導對企業社會責任的履行情況是否存在顯著差異，表5-11是對應的迴歸結果。

從表5-11的第三列我們可以看出，以上市公司社會責任得分總分 $CSR\text{-}Scor$ 為被解釋變量時，地區信任環境與媒體報導變量的交互項 $Trust*Media1$ 的係數在5%的水準上顯著為正；以整體性評價 $CSR\text{-}M$、內容性評價 $CSR\text{-}C$、技術性評價 $CSR\text{-}T$ 和行業性評價 $CSR\text{-}I$ 等分指標為被解釋變量時，也發現地區信任環境與媒體報導變量的交互項 $Trust*Media1$ 的係數都至少在5%的水準上顯著為正；以企業履行社會責任的信息披露等級 $CSR\text{-}Cred$ 為被解釋變量時，同樣發現地區信任環境與媒體報導變量的交互項 $Trust*Media1$ 的係數在5%的水準上顯著為正。這說明相對於法制環境越差的地區，在法制環境越好的地區，媒體報導對企業履行社會責任的促進作用越強。

表5-11　　　　　　　　地區信任環境、媒體報導與企業社會責任

變量	$CSR\text{-}Scor$	$CSR\text{-}M$	$CSR\text{-}C$	$CSR\text{-}T$	$CSR\text{-}I$	$CSR\text{-}Cred$
	Tobit 模型	Tobit 模型	Tobit 模型	Tobit 模型	Tobit 模型	Ologit 模型
$Media1$	0.075,3 (0.33)	0.035,2 (0.43)	0.063,4 (0.57)	-0.031,9 (-0.77)	-0.019,7 (-0.61)	0.026,6 (0.59)
$Trust$	0.007,3 (1.16)	0.001,5 (0.67)	0.003,6 (1.19)	0.001,0 (0.92)	0.000,9 (1.12)	0.000,9 (0.83)
$Media1*$ $Trust$	0.006,5*** (2.71)	0.002,3*** (2.72)	0.002,8** (2.39)	0.001,3*** (2.86)	0.000,7** (2.29)	0.001,0** (2.27)
$State$	-0.521,4 (-1.15)	-0.266,6 (-1.64)	-0.165,6 (-0.68)	-0.225,5*** (-2.91)	0.054,9 (0.83)	0.009,3 (0.10)
$Size$	3.218,8*** (13.87)	1.023,4*** (12.51)	1.514,0*** (13.30)	0.466,1*** (11.41)	0.348,5*** (10.12)	0.537,9*** (12.61)
Lev	-3.429,6*** (-2.71)	-1.295,4*** (-2.83)	-1.528,5** (-2.46)	-0.693,8*** (-3.13)	-0.094,7 (-0.57)	-0.783,6*** (-3.13)
$Shr1$	-0.067,1*** (-3.04)	-0.022,6*** (-2.79)	-0.027,0** (-2.58)	-0.010,9*** (-2.81)	-0.006,0** (-2.06)	-0.010,3** (-2.44)
$Growth$	-0.603,9 (-1.10)	-0.129,4 (-0.67)	-0.480,2* (-1.73)	-0.011,8 (-0.11)	0.025,1 (0.32)	-0.008,5 (-0.07)

第五章　基於外部規則視角的企業社會責任推進機制研究　143

表5-11(續)

變量	CSR-Scor	CSR-M	CSR-C	CSR-T	CSR-I	CSR-Cred
Roe	1.640,7 (0.64)	-0.813,8 (-0.88)	2.872,3** (2.21)	-0.342,3 (-0.81)	-0.431,5 (-1.21)	0.670,4 (1.30)
Cfo	4.568,0 (1.59)	0.786,6 (0.74)	2.001,7 (1.40)	0.810,9 (1.56)	1.100,8*** (2.76)	0.400,3 (0.69)
Mshare	0.266,3 (0.12)	0.396,9 (0.49)	-0.331,3 (-0.29)	0.159,1 (0.43)	-0.036,2 (-0.12)	0.370,6 (0.80)
LnComp	0.105,4 (0.27)	0.058,0 (0.49)	0.050,1 (0.25)	0.048,2 (0.92)	-0.048,9 (-0.79)	0.094,3 (1.17)
Shr2-5	0.094,8*** (4.08)	0.031,7*** (3.69)	0.042,4*** (3.85)	0.012,3*** (3.03)	0.006,7** (2.39)	0.015,3*** (3.30)
Dual	-0.419,6 (-0.81)	-0.152,2 (-0.78)	-0.050,4 (-0.19)	-0.208,6** (-2.40)	-0.068,9 (-0.97)	-0.001,2 (-0.01)
Board	0.463,5*** (3.79)	0.138,3*** (3.18)	0.219,0*** (3.66)	0.063,4*** (2.84)	0.037,0** (2.10)	0.086,6*** (4.04)
Indep	0.451,6 (0.14)	0.391,2 (0.33)	-0.320,9 (-0.20)	0.298,3 (0.49)	0.314,3 (0.66)	-0.011,4 (-0.02)
Age	-1.150,8*** (-3.14)	-0.394,6*** (-2.93)	-0.580,8*** (-3.29)	-0.166,3** (-2.43)	-0.043,6 (-0.94)	-0.213,6*** (-2.94)
Year/Ind	控制	控制	控制	控制	控制	控制
截距	-45.702*** (-7.11)	-13.164*** (-6.05)	-22.783*** (-6.97)	-5.464*** (-5.43)	-7.305*** (-7.95)	
N	2,682	2,682	2,681	2,679	2,140	2,656
Pseu-Rsq	0.050,8	0.087,2	0.054,6	0.064,7	0.121,3	0.095,0
F/Wald值	32.43***	50.79***	26.92***	12.81***	25.16***	906.17***

註：括號內給出的t/z值都經過White異方差調整，***、**、* 分別表示在1%、5%、10%水準下顯著。

　　另外，本書也進一步將媒體報導按照其來源渠道分為政策導向性媒體報導和市場導向性媒體報導，進一步檢驗了在信任環境不同的地區，不同來源的媒體報導是否對企業履行社會責任的情況產生不同的影響，迴歸結果如表5-12所示。在表5-12中，在第四列我們可以發現，無論是以上市公司社會責任得分總分CSR-Scor為被解釋變量時，還是以企業社會責任的整體性評價CSR-M、內容性評價CSR-C、技術性評價CSR-T和行業性評價CSR-I等分指標為被解釋變量時，或者以企業履行社會責任的信息披露等級CSR-Cred為被解釋變量時，地區信任環境與政策導向性媒體報導變量的交互項Trust*Media2的迴歸系數至少都在5%的水準上顯

表 5-12 地區信任環境、不同來源的媒體報導與企業社會責任

變量	CSR-Scor Tobit 模型	CSR-M Tobit 模型	CSR-C Tobit 模型	CSR-T Tobit 模型	CSR-I Tobit 模型	CSR-Cred Ologit 模型
Media2	0.046,0 (0.19)	0.021,4 (0.25)	0.050,6 (0.43)	-0.035,9 (-0.82)	-0.017,5 (-0.52)	0.021,5 (0.45)
Media3	0.044,3 (0.15)	0.059,7 (0.57)	0.016,5 (0.11)	-0.029,8 (-0.53)	-0.035,5 (-0.88)	0.022,6 (0.40)
Trust	0.007,9 (1.27)	0.001,6 (0.72)	0.003,9 (1.30)	0.001,0 (0.98)	0.000,9 (1.28)	0.001,0 (0.89)
Media2 * Trust	0.012,7*** (3.03)	0.003,8*** (2.57)	0.005,6*** (2.74)	0.002,2*** (3.22)	0.001,3** (2.50)	0.001,9** (2.46)
Media3 * Trust	0.006,7*** (2.65)	0.002,4*** (2.72)	0.002,9** (2.31)	0.001,4*** (2.83)	0.000,7** (2.20)	0.001,0** (2.23)
	0.009,8*** (3.41)	0.003,1*** (3.09)	0.004,6*** (3.28)	0.001,8*** (3.22)	0.001,2*** (3.11)	0.001,4*** (2.76)
State	-0.508,9 (-1.12)	-0.262,4 (-1.61)	-0.281,8* (-1.73)	-0.181,6 (-0.79)	0.050,28 (0.76)	0.010,9 (0.12)
Size	-0.571,9 (-1.26)		-0.150,8 (-0.66)	-0.223,1*** (-2.89)	0.056,3 (0.85)	0.006,3 (0.07)
	3.250,5*** (14.04)	1.034,3*** (12.70)	0.994,7*** (12.14)	1.530,8*** (13.47)	1.477,8*** (13.01)	0.336,3*** (9.80)
	3.129,9*** (13.52)			0.448,0*** (11.09)	0.349,1*** (10.21)	0.543,0*** (12.79)
				0.468,5*** (11.50)		0.529,4*** (12.30)
Lev	-3.461,4*** (-2.74)	-1.307,4*** (-2.85)	-1.264,4*** (-2.76)	-1.545,9** (-2.49)	-1.511,0** (-2.43)	-0.091,0 (-0.55)
	-3.367,8*** (-2.67)			-0.694,7*** (-3.14)	-0.682,6*** (-3.09)	-0.791,8*** (-3.17)
						-0.775,8*** (-3.08)
Shr1	-0.067,3*** (-3.04)	-0.022,6*** (-2.79)	-0.021,4*** (-2.67)	-0.027,1** (-2.59)	-0.025,3** (-2.44)	-0.006,0** (-2.06)
	-0.063,6*** (-2.90)			-0.010,9*** (-2.80)	-0.006,0** (-1.98)	-0.010,3** (-2.43)
						-0.010,3** (-2.45)
Growth	-0.604,2 (-1.10)	-0.129,3 (-0.67)	-0.125,8 (-0.65)	-0.480,5* (-1.73)	-0.474,1* (-1.71)	0.030,6 (0.39)
	-0.590,7 (-1.08)			-0.011,6 (-0.11)	-0.005,6* (-1.98)	-0.007,3 (-0.06)
				-0.009,3 (-0.09)	0.024,3 (0.31)	-0.008,4 (-0.07)
Roe	1.633,7 (0.63)	-0.814,1 (-0.88)	-0.693,2 (-0.75)	2.868,6** (2.20)	3.078,5** (2.36)	-0.386,0 (-1.09)
	2.047,5 (0.79)			-0.344,6 (-0.81)	-0.283,5 (-0.67)	0.659,0 (1.28)
				-0.434,5 (-1.22)		0.754,9 (1.46)

表5-12（續）

Cfo	4,630.3 (1.61)	4,245.8 (1.48)	0.807.1 (0.76)	0.690.6 (0.65)	2,033.2 (1.42)	1,846.7 (1.29)	0.817.8 (1.58)	0.758.7 (1.46)	1,104.0*** (2.77)	1,061.1*** (2.66)	0.407.6 (0.70)	0.351.3 (0.60)
Mshare	0.254.7 (0.11)	0.452.1 (0.20)	0.394.1 (0.49)	0.454.6 (0.57)	-0.336.8 (-0.30)	-0.233.3 (-0.21)	0.157.0 (0.42)	0.178.3 (0.48)	-0.038.0 (-0.12)	-0.028.6 (-0.09)	0.371.5 (0.80)	0.409.8 (0.89)
LnComp	0.106.7 (0.27)	0.126.9 (0.32)	0.058.5 (0.49)	0.064.6 (0.54)	0.051.2 (0.25)	0.062.0 (0.30)	0.047.5 (0.91)	0.050.6 (0.98)	-0.049.6 (-0.80)	-0.046.5 (-0.75)	0.095.6 (1.18)	0.100.5 (1.26)
Shr2-5	0.095.0*** (4.08)	0.090.7*** (3.93)	0.031.8*** (3.69)	0.030.4*** (3.55)	0.042.5*** (3.85)	0.040.3*** (3.69)	0.012.3*** (3.04)	0.011.8*** (2.93)	0.006.7** (2.39)	0.006.4** (2.33)	0.015.3*** (3.29)	0.015.0*** (3.26)
Dual	-0.411.7 (-0.79)	-0.403.5 (-0.78)	-0.149.7 (-0.77)	-0.150.6 (-0.77)	-0.046.8 (-0.18)	-0.039.2 (-0.15)	-0.207.4** (-2.38)	-0.207.6** (-2.40)	-0.069.2 (-0.97)	-0.063.8 (-0.90)	-0.000.7 (-0.01)	0.001.1 (0.01)
Board	0.463.8*** (3.79)	0.466.1*** (3.79)	0.138.6*** (3.19)	0.138.1*** (3.16)	0.219.2*** (3.69)	0.221.2*** (3.69)	0.063.4*** (2.84)	0.063.6*** (2.84)	0.036.9** (2.09)	0.038.0** (2.16)	0.086.5*** (4.04)	0.087.8*** (4.09)
Indep	0.626.6 (0.19)	-0.291.0 (-0.09)	0.454.8 (0.38)	0.145.3 (0.12)	-0.240.5 (-0.15)	-0.661.6 (-0.41)	0.325.8 (0.54)	0.169.4 (0.28)	0.328.0 (0.69)	0.235.5 (0.50)	0.009.2 (0.01)	-0.106.7 (-0.17)
Age	-1,151.8*** (-3.15)	-1,057.1*** (-2.89)	-0.394.3*** (-2.93)	-0.365.0*** (-2.71)	-0.581.2*** (-3.30)	-0.532.0*** (-3.03)	-0.166.8** (-2.44)	-0.155.9** (-2.29)	-0.044.4 (-0.96)	-0.037.0 (-0.82)	-0.212.8*** (-2.94)	-0.196.1*** (-2.71)
Year/Ind	控制	控制	控制	控制	控制	控制	控制	控制	控制	控制	控制	控制
截距	-46.441*** (-7.23)	-43.898*** (-6.89)	-13.413*** (-6.18)	-12.588*** (-5.81)	-23.177*** (-7.11)	-22.039*** (-6.82)	-5.517*** (-5.49)	-5.116*** (-5.13)	-7.316*** (-8.00)	-7.085*** (-7.70)		
N	2,682	2,682	2,682	2,682	2,681	2,681	2,679	2,679	2,140	2,140	2,656	2,656
Pseu-R	0.050.8	0.051.5	0.087.1	0.087.9	0.054.5	0.055.3	0.064.6	0.065.7	0.121.2	0.122.5	0.094.8	0.095.5
F/Wald值	32.35***	33.25***	50.78***	51.44***	26.89***	27.49***	12.84***	12.83***	25.12***	25.67***	907.28***	911.59***

附註：括號內給出的t/z值都經過White異方差調整。***、**、*分別表示在1%、5%、10%水準下顯著。

著為正，說明相對於信任環境越差的地區，在信任環境越好的地區，政策導向性媒體監督對企業履行社會企業責任的促進作用越強。

同樣在第五列中我們可以發現，無論是以上市公司社會責任得分總分 CSR-Scor 為被解釋變量時，還是以企業社會責任的整體性評價 CSR-M、內容性評價 CSR-C、技術性評價 CSR-T 和行業性評價 CSR-I 等分指標為被解釋變量時，或者以企業履行社會責任的信息披露等級 CSR-Cred 為被解釋變量時，地區信任環境與市場導向性媒體報導變量的交互項 Trust * Media3 的迴歸系數也至少都在5%的水準上顯著為正，說明相對於信任環境越差的地區，在信任環境越好的地區，政策導向性媒體監督對企業履行社會企業責任的促進作用越強。這都說明相對於信任環境越差的地區，在信任環境越好的地區，政策導向性媒體報導和市場導向性媒體報導次數越高，引發的社會關注程度越高，對企業履行社會責任情況的促進作用越強。

另外，我們也能發現，地區信任環境與市場導向性媒體報導變量的交互項 Trust * Media3 的迴歸系數比地區信任環境與政策導向性媒體報導變量的交互項 Trust * Media2 的迴歸系數更大，這可能說明相對於信任環境越差的地區，在信任環境越好的地區，市場導向性媒體報導比政策導向性媒體報導所起的社會關注度越高，對企業履行社會企業責任情況的促進作用更強。

5.4.5 外部規則對企業社會責任的影響：基於行業特徵的進一步分析

自20世紀60年來以來，隨著經濟的發展和企業經營規模和範圍的擴展，企業在社會發展中的重要性不斷增強，但很多企業在促進經濟發展和社會進步的同時，也帶來了資源浪費、過度消耗、環境污染等負面效益。因此各國政府都試圖通過頒布相關的法律來增強企業履行更多的社會責任，同時，社會公民環保意識的增強，加快了企業外部社會責任運動的興起，消費者、供應商、環境報告組織、公益組織，以及媒體紛紛要求企業履行和披露有關社會責任信息。於是，在美國，很多企業開始披露其履行社會責任的情況，在歐洲，英、法等國也開始通過立法的形式，推動企業承擔相應的社會責任並披露其履行社會責任的信息。和國外的情況類似，近年來中國社會的資源浪費、能源消耗、環境污染等社會問題也比較突出，因此中國政府及其監管機構也出抬了一系列措施來推動企業履行社會責任。而需要說明的是，雖然所有的企業都需要履行更多的社會責任，但是就目前中國企業履行社會責任的

情況而言，不同行業的企業履行社會責任的內容和側重點還存在較大的差異，使得不同行業的企業履行社會責任的情況也存在較大的差異。

與終端消費者密切接觸程度較低行業的企業不同，與終端消費者密切接觸程度較高行業的企業受客戶主導的影響程度更大，能更快感受到終端消費者傳導過來的壓力，對消費者需求的變化更為敏感，進而可能對企業社會責任更為敏感和主動。這可能是因為：一方面，隨著終端消費者維權意識的進一步增強，其更有需求和動機瞭解企業履行社會責任的情況和內容，反過來會促使與終端消費者密切接觸程度較高行業的企業更主動地履行社會責任；另一方面，為了更好地吸引潛在消費者和維護已有的消費者，與終端消費者密切接觸程度較高行業的企業可能會通過履行更多的社會責任來傳遞一個積極的信號，以緩解信息的不對稱程度，進而在建立和維護消費者關係方面起到良好的溝通作用①。相對於消費者敏感性低的行業，對於消費者敏感性高的行業，當企業的產品與消費者之間的接觸更為頻繁時，企業品牌的社會可視度就會增加，從而導致外部壓力也會增加[144]，進而會積極承擔社會責任，因此提升企業和品牌形象。而對於社會責任感更強的終端消費者，他們可能寧願多付一些錢來選擇承擔社會責任的企業的產品，以此獲得心理上的滿足或其他效用。Sen and Bhattcharya（2001）指出，消費者對企業承擔的社會責任的認可，會通過對品牌和產品的選擇表現出來[314]。Mohr and Webb（2005）也發現，相對於產品價格，消費者的購買行為受到企業所承擔的社會責任的影響程度更大[315]。周延風等（2007）的研究結果也表明，如果企業在慈善事業、環境保護和員工善待等方面的社會責任行為表現得更為出色，其對消費者的購買意向和對產品質量的感知有更明顯的正面影響[316]；謝佩洪等（2009）也同樣發現企業履行更多的社會責任行為對消費者的購買意願會產生直接的正面影響，良好的企業聲譽和消費者對公司的認同感也會對消費者的購買意願產生間接的正面影響[317]。這表明，相對於消費者敏感性較低行業的企業，信任程度和媒體報導對消費者敏感性較高行業的企業的影響可能更大。由於中國與社會責任相關的法律法規還不完善，使得消費者的合法權益難

---

① 一般而言，企業披露的財務信息需要有一定專業知識的分析師進行解讀，而且投資者的理解和解讀成本也容易受到財務信息披露內容的影響，並且財務信息影響範圍還受限於特定的使用人群，而企業履行的社會責任及披露的相關信息比較關注於產品質真價實、職工福利、環境保護、慈善事業、社會發展等方面，更易於為廣大終端消費者關注和理解。隨著社會的進步和公眾日漸提高的精神文化水準，加之新媒體時代下快速廣泛的傳播途徑，公眾的社會責任意識逐漸增加。終端消費者購買產品時不再僅僅是對質量和價格進行權衡，也是對企業產品、信譽和形象的綜合考量。

以受到法律的保護[164]，導致在某種程度上與消費者敏感性較低行業的企業相比，消費者敏感性較高行業的企業在履行社會責任方面的動機不足。這可能表明，相對於消費者敏感性較高行業的企業，法律制度環境對消費者敏感性較低行業的企業的影響可能更大。因此本書可以預期，信任程度和媒體報導對消費者敏感性較高行業的企業的影響可能更大，法制環境對於消費者敏感性較低行業的企業的影響可能更大。

鑒於環境保護問題一直是企業履行社會責任的重要內容之一，其關係到社會的可持續發展，無疑具有重大的社會意義。企業作為社會公民，有責任加大對環保資金的投入，嚴格控制污染，減少廢物、廢水和廢氣的排放，同時應該努力推進環保技術的革新及提高生產效能，保護員工、社區和其他公民的利益，肩負起對社會環境保護的責任。特別是其經營活動對自然環境具有潛在損害而在企業社會責任披露事務上承受更大風險的行業中的企業，如採掘業、紡織、造紙印刷和石化工業等，由於此類企業污染物的排放量較大，並且污染的處理往往不達標，可能還會導致環保投資不足、員工職業病高發、安全事故甚至環境事故等社會責任問題。正因為如此，這些行業中的企業應該受到法律法規的嚴格監督。2011 年 9 月 4 日環境保護部頒布的《上市公司環境信息披露指南》要求，16 類重污染行業上市公司需要定期披露其在環境保護方面的信息，特別是環境評估和「三同時」制度執行、污染物達標排放、一般工業固體廢物和危險廢棄物處置處理、污染物總量減排任務完成、清潔生產實施、環境風險管理體系建立和運行情況等信息。從合規性的角度來看，企業履行社會責任和披露社會責任信息的動因是為了滿足法律或者相關規定，因此與環境敏感性較低行業的企業不同，環境敏感性較高行業的企業由於更容易在環保問題的上引起社會的關注和監督，受到法律制度壓力的影響程度更大，一旦企業出現環保違規問題，更容易受到相關部門的調查和嚴懲。因此在法制環境更好的地區，出於環境和產品安全的考慮，處於環境敏感性較高行業的企業比其他行業的企業在環境責任方面承受的社會壓力更大。而從信任的角度來看，企業所處地區的社會信任的差異會對該地區企業和個人的行為產生重要影響，使得企業履行社會責任的行為可能會受到信任文化的影響和衝擊。特別是在社會信任程度更高的地區，與環境敏感性較低行業的企業不同，環境敏感性較高行業的企業由於不履行環保責任可能更容易遭受信任危機，企業更可能採取自願披露社會責任信息的方式來傳遞信號，進

而提高企業聲譽，尤其是對重視和諧、強調自然環境和企業協同發展關係的信息披露，會讓資本市場和社會公眾覺得企業更願意履行消費者利益保護和環境保護等社會責任，進而累積更多的社會資本。因此在信任程度更高的地區，出於企業聲譽累積的考慮，處於環境敏感性較高行業的企業比其他行業的企業在環境責任方面承受的社會壓力更大。另外，雖然新聞媒體的報導能曝光企業對環保問題的不作為行為，使得企業形象受損，進而對生產經營活動帶來較大的負面影響；但就目前中國環境敏感性較高行業中的企業而言，由於受到行業特徵的影響，這些企業在社會公眾的認識中很難擺脫過去一貫的漠視員工健康和環保不積極的形象，儘管可以選擇通過積極披露更多的社會責任信息來區別於其他的企業，但是披露更多的信息也可能會引起社會公眾的過度關注，進而可能會對企業的形象產生負面影響，甚至會引起監管者對企業的過度關注和提高公司遭受違規處罰的可能性。如沈洪濤等（2010）的研究表明，中國重污染行業中的上市公司在國家環保部門和證券交易所出抬環境信息披露規定後，儘管披露環境信息的公司比例和信息數量顯著增加，但卻降低了披露質量以規避監管[143]。這可能表明，環境敏感性較高行業的企業由於更容易在環保問題上引起社會公眾的關注和輿論監督，他們會採取減少信息披露的方式來規避媒體報導的監督，進而使得媒體報導的監督效用並不明顯。而對於試圖通過良好的履行社會責任來獲得公眾認可和聲譽效應等經濟目的的環境敏感性較低行業的企業來說，其受到行業特性的影響更小，新聞媒體對企業履行社會責任的報導所產生的聲譽效應與競爭優勢也就越大，此時企業積極履行社會責任的經濟動機就會更加強烈，這可能都會促使這類企業在履行社會責任方面更加積極與謹慎，以期通過良好地履行社會責任來樹立企業的正面形象，形成良性循環。因此可以預期，相對於環境敏感性較低行業的企業而言，法制環境、信任程度對環境敏感性較高行業的企業的影響更大，而媒體報導對環境敏感性較高行業的企業的影響有限，對環境敏感性較低行業的企業的影響更大。

儘管對於所有的企業而言，履行社會責任和披露社會責任信息都需要付出成本，但與處於非政府管制行業的企業不同，對處於政府管制行業的企業而言，由於企業面臨的市場競爭相對較弱，企業的業績都比較好，並且具有較大的話語權，對諸如消費者、投資者等各種資源的爭奪動機不強，可能會降低其積極履行社會責任的經濟動機，但由於這類企業的市場壟斷地位更多的是來自法律賦予或者監管部門，因

此其承擔和履行社會責任更主要是為了滿足法律的規定或者監管者的要求。因此在法制環境更好的地區，出於合法性和政治需求的考慮，處於政府管制行業的企業無疑需要履行更多的社會責任。而從信任的角度來看，與非政府管制行業的企業不同，政府管制行業的企業由於進入壁壘較高，市場競爭不激烈，企業業績會相對比較出色，如果不履行社會責任可能更容易遭受社會公眾的非議，特別是在社會信任程度更高的地區，企業如果承擔和履行的社會責任較少，就更容易遭遇信任危機。如果一個處於政府管制行業中的企業一邊獲取著高額的壟斷利潤，一邊以降低成本為借口來承擔更少的社會責任，就會更嚴重地損害企業聲譽[318]。同樣，處於政府管制行業中的企業履行更多的社會責任更可能被媒體進行正面報導，進而能有效幫助企業緩解監管壓力和獲得更多的正面社會評價。因此可以預期，相對於非政府管制行業的企業而言，法制環境、信任程度和媒體報導對處於政府管制行業的企業的影響更大。

表 5-13 的前四列是地區法制環境對消費者敏感性不同行業中企業履行社會責任情況影響的迴歸結果。在參考徐麗萍等（2011）[250]和徐珊等（2015）[227]研究成果的基礎上，根據中國證券監督管理委員會 2015 年的行業分類，我們將農副食品加工業（C13）、食品製造業（C14）、酒、飲料和精製茶製造業（C15）、紡織服裝、服飾業（C18）、皮革、毛皮、羽毛及其製品和制鞋業（C19）、醫藥製造業（C27）、汽車製造業（C36）、批發業和零售業（F）、道路、水上、航空運輸業和倉儲業（G）、住宿業（H）、其他金融業（J）、房地產業（K）、商業服務業（L）、生態保護和環境治理業與公共設施管理業（N）、衛生業（Q）等行業確定為消費者敏感性較高行業，其他行業為消費者敏感性較低的行業。結果發現，無論是在消費者敏感性較低行業的組別中，還是在消費者敏感性較高的行業的組別中，以上市公司社會責任得分總分 *CSR-Scor* 為被解釋變量時，地區法制環境變量 *Legal* 的系數顯著為正，這表明法制環境的改善對消費者敏感性不同行業的企業履行社會責任存在積極作用。另外以對企業社會責任的信息披露等級 *CSR-Cred* 為被解釋變量時，同樣發現法律制度環境變量 *Legal* 的系數顯著為正，也表明隨著地區法制環境的改善，消費者敏感性不同行業的企業的社會責任的履行情況也隨之改善。

我們進一步比較了消費者敏感性較低行業和消費者敏感性較高行業兩組樣本中的地區法制環境的改善對企業履行社會責任影響的作用效果是否存在顯著差異。比

表 5-13 地區法制環境、行業特徵與企業社會責任

變量	CSR-Scor Tobit 模型 消費者低敏感性行業	CSR-Scor Tobit 模型 消費者高敏感性行業	CSR-Cred Ologit 模型 消費者低敏感性行業	CSR-Cred Ologit 模型 消費者高敏感性行業	CSR-Scor Tobit 模型 環境低敏感性行業	CSR-Scor Tobit 模型 環境高敏感性行業	CSR-Cred Ologit 模型 環境低敏感性行業	CSR-Cred Ologit 模型 環境高敏感性行業	CSR-Scor Tobit 模型 非政府管制性行業	CSR-Scor Tobit 模型 政府管制性行業	CSR-Cred Ologit 模型 非政府管制性行業	CSR-Cred Ologit 模型 政府管制性行業
Legal	0.187.0*** (4.28)	0.165.9** (2.48)	0.028.5*** (3.15)	0.023.9** (2.08)	0.175.8*** (3.74)	0.235.6*** (3.53)	0.027.1*** (3.10)	0.037.7*** (2.84)	0.125.5*** (2.70)	0.280.2*** (4.42)	0.016.0* (1.78)	0.046.4*** (4.02)
State	0.396.7 (0.75)	-0.162.0 (-0.19)	0.178.6 (1.56)	0.075.8 (0.53)	-0.355.7 (-0.63)	1.341.3* (1.74)	-0.011.6 (-0.11)	0.490.1*** (2.75)	0.753.3 (1.31)	-2.132.8** (-2.53)	0.197.0* (1.77)	-0.118.6 (-0.74)
Size	3.562.8*** (14.69)	3.611.1*** (8.23)	0.603.6*** (12.07)	0.525.0*** (7.24)	3.817.6*** (13.17)	2.973.0*** (8.80)	0.582.3*** (11.76)	0.515.3*** (7.40)	3.340.3*** (11.01)	3.844.6*** (11.45)	0.517.6*** (9.66)	0.651.2*** (10.81)
Lev	-4.942.3*** (-3.49)	-7.618.3*** (-3.49)	-0.927.2*** (-3.15)	-1.351.5*** (-3.48)	-5.383.2*** (-3.59)	-5.256.8*** (-2.63)	-1.016.3*** (-3.62)	-1.034.7** (-2.38)	-7.640.7*** (-5.06)	0.042.8 (0.02)	-1.337.0*** (-4.40)	-0.088.2 (-0.24)
Shr1	-0.052.3** (-2.01)	-0.169.8*** (-3.21)	-0.009.7* (-1.86)	-0.013.9* (-1.90)	-0.119.9*** (-4.26)	0.031.5 (0.82)	-0.015.2*** (-2.82)	0.002.5 (0.37)	-0.049.2* (-1.85)	-0.063.1 (-1.63)	-0.007.4 (-1.36)	-0.007.2 (-1.05)
Growth	-0.658.8 (-0.93)	-0.626.4 (-0.67)	-0.063.4 (-0.42)	0.086.7 (0.44)	-0.896.1 (-1.34)	0.047.1 (0.05)	-0.044.0 (-0.31)	0.139.0 (0.64)	-0.284.5 (-0.42)	-0.372.1 (-0.36)	0.040.7 (0.28)	0.092.3 (0.43)
Roe	-2.338.8 (-0.78)	2.495.7 (0.50)	-0.068.3 (-0.10)	0.742.9 (0.93)	1.025.0 (0.30)	-5.881.2 (-1.41)	0.590.2 (0.93)	-0.954.0 (-1.02)	-1.344.6 (-0.40)	7.099.0* (1.67)	-0.092.1 (-0.14)	1.427.5* (1.77)
Cfo	14.669*** (4.03)	5.593.2 (1.15)	2.370.6*** (3.19)	0.592.5 (0.64)	9.457.7*** (2.68)	16.214*** (3.05)	1.291.9* (1.93)	2.613.8** (2.34)	10.818*** (3.00)	5.120.6 (1.06)	1.815.0** (2.51)	0.317.2 (0.33)
Mshare	0.287.1 (0.11)	4.419.6 (0.82)	0.342.3 (0.67)	1.343.3 (1.22)	1.454.2 (0.54)	-4.088.3 (-0.96)	0.735.9 (1.47)	-0.452.3 (-0.51)	0.371.5 (0.13)	-0.527.2 (-0.13)	0.585.8 (1.05)	0.158.7 (0.21)
LnComp	-0.071.1 (-0.16)	1.310.6*** (3.45)	0.084.1 (0.68)	0.217.7*** (3.50)	0.468.7 (0.85)	-0.068.5 (-0.12)	0.203.2** (2.11)	0.007.8 (0.04)	0.530.7 (0.85)	-0.170.6 (-0.31)	0.228.6** (2.18)	-0.009.4 (-0.08)

表5-13（續）

Shr2-5	0.072,4*** (2.70)	0.178,2*** (3.63)	0.012,9** (2.27)	0.021,4** (2.55)	0.124,2*** (4.10)	0.047,9 (1.23)	0.016,8*** (2.84)	0.008,8 (1.21)	0.051,8* (1.77)	0.139,8*** (3.56)	0.008,8 (1.43)	0.017,9*** (2.57)
Dual	−0.655,6 (−1.06)	0.138,1 (0.14)	−0.041,8 (−0.31)	−0.031,3 (−0.18)	−0.555,1 (−0.84)	−0.749,4 (−0.82)	−0.022,6 (−0.18)	−0.208,4 (−1.08)	−0.607,1 (−0.99)	−0.034,7 (−0.03)	−0.048,0 (−0.39)	0.023,7 (0.13)
Board	4.626,9*** (4.13)	0.188,1 (0.95)	0.114,7*** (3.81)	0.076,1** (2.58)	0.130,2 (0.93)	1.114,7*** (5.10)	0.059,9** (2.53)	0.180,8*** (4.34)	0.406,7** (2.55)	0.604,8*** (2.96)	0.095,1*** (3.28)	0.100,4*** (2.89)
Indep	4.626,9 (1.16)	−8.973,7 (−1.54)	0.585,7 (0.75)	−0.070,5 (−0.73)	−4.593,5 (−1.18)	16.265** (2.55)	−0.378,2 (−0.55)	2.543,0** (1.99)	2.225,4 (0.60)	2.051,2 (0.31)	0.450,7 (0.64)	0.184,1 (0.16)
Age	−1.805,1*** (−4.08)	−0.041,6 (−0.06)	−0.338,0*** (−3.63)	−0.054,4 (−0.46)	−1.049,4** (−2.51)	−2.446,2*** (−3.30)	−0.196,5** (−2.44)	−0.465,9*** (−3.26)	−1.403,6*** (−3.07)	−1.331,5** (−2.06)	−0.247,0*** (−2.66)	−0.338,9*** (−2.89)
Year	控制	控制	控制	控制	控制	控制	控制	控制	控制	控制	控制	控制
截距	−47.054*** (−7.26)	−63.874*** (−6.17)			−53.278*** (−6.92)	−44.294*** (−5.01)			−45.969*** (−5.72)	−56.508*** (−6.49)		
N	1,730	952	1,715	941	1,818	864	1,799	857	1,599	1,083	1,583	1,073
Pseu-Rsq	0.051,9	0.036,8	0.092,1	0.071,1	0.041,2	0.057,6	0.078,6	0.102,7	0.039,1	0.054,0	0.075,0	0.101,7
F/Wald 值	36.36***	14.59***	583.79***	2-8.68***	31.50***	20.14***	512.20***	329.62***	28.85***	25.08***	432.58***	426.02***
	Chi2 值=20.38 (p=0.000,0)		Chi2 值=27.09 (p=0.000,0)		Chi2 值=24.64 (p=0.000,0)		Chi2 值=30.89 (p=0.000,0)		Chi2 值=27.80 (p=0.000,0)		Chi2 值=36.70 (p=0.000,0)	
	不同特徵行業中的地區制度環境 Legal 系數的比較檢驗											

附註：括號內給出的t/z值都經過White異方差調整，***、**、*分別表示在1%、5%、10%水準下顯著。

較發現，無論是以企業社會責任總體評價 CSR-Scor 為被解釋變量，還是以企業履行社會責任的信息披露等級 CSR-Cred 為被解釋變量，都顯示在消費者敏感性較低行業的分組中，地區法制環境變量 Legal 的系數比消費者敏感性較高行業的分組的系數更大。這說明與消費者敏感性較高行業相比，在消費者敏感性較低行業中，地區法制環境的改善對企業履行社會責任的正向影響程度更大。

另外，以企業社會責任的整體性指數評價 CSR-M、內容性指數評價 CSR-C、技術性指數評價 CSR-T、行業性指數評價 CSR-I 等分指標為被解釋變量時，同樣發現法律制度環境變量 Legal 的系數顯著為正，表明隨著地區法制環境的改善，消費者敏感性不同行業的企業社會責任履行情況也得以改善。進一步比較消費者敏感性較低行業和消費者敏感性較高行業兩組樣本中法制環境變量 Legal 的系數時，我們也發現在消費者敏感性較低行業的分組中，法制環境變量 Legal 的系數比消費者敏感性較高行業的分組的系數更大，也說明與消費者敏感性較高行業相比，在消費者敏感性較低行業中，地區法制環境的改善對企業履行社會責任的正向影響程度更大（限於篇幅限制沒有報告）。

表 5-13 的中間四列是地區法制環境對處於環境敏感性不同行業中企業履行社會責任情況影響的迴歸結果。依據中國證券監督管理委員會 2015 年的行業分類，根據環保部發布的《上市公司環境信息披露指南（徵求意見稿）》中的 16 類重污染行業，在參考徐珊等（2015）[227]研究成果的基礎上，我們將畜牧業（A03），煤炭開採和洗選業（B06），石油和天然氣開採業（B07）黑色金屬礦採選業（B08），有色金屬礦採選業（B09），開採輔助活動（B11），造紙及紙製品業（C22），印刷和記錄媒介複製業（C23），石油加工、煉焦及核燃料加工業（C25），化學原料及化學製品製造業（C26），橡膠和塑料製品業（C29），非金屬礦物製品業（C30），黑色金屬冶煉及壓延加工業（C31），有色金屬冶煉及壓延加工業（C32），金屬製品業（C33），其他製造業（C41），電力、熱力生產和供應業（D44），燃氣生產和供應業（D45）、水的生產和供應業（D46）定義為環境敏感行業較高行業，其他行業為環境敏感性較低行業。我們可以發現，無論是在環境敏感性較低行業的組別中，還是在環境敏感性較高行業的組別中，以企業社會責任總體評價 CSR-Scor 為被解釋變量時，地區法制環境變量 Legal 的系數顯著為正，表明地區法制環境的改善對環境敏感性不同行業的企業履行社會責任都存在積極作用。另外以企業社會責任的信

息披露等級 CSR-Cred 為被解釋變量時，我們也發現地區法制環境變量 Legal 的係數顯著為正，也表明隨著地區法制環境的改善，環境敏感性不同行業的企業社會責任的履行情況也都隨之改善。

我們進一步比較了環境敏感性較低行業和環境敏感性較高行業兩組樣本中的地區法制環境的改善對企業履行社會責任影響的作用效果是否存在顯著差異。比較發現，無論是以企業社會責任總體評價 CSR-Scor 為被解釋變量，還是以企業履行社會責任的信息披露等級 CSR-Cred 為被解釋變量，都顯示在環境敏感性較低行業的組別中，地區法制環境變量 Legal 的係數比環境敏感性較高行業組別的係數更大。這說明與環境敏感性較高行業相比，在環境敏感性較低行業中，地區法制環境的改善對企業履行社會責任的正向影響程度更大。

另外，以整體性指數評價 CSR-M、內容性指數評價 CSR-C、技術性指數評價 CSR-T、行業性指數評價 CSR-I 等分指標為被解釋變量時，同樣發現地區法制環境變量 Legal 的係數顯著為正，表明隨著地區法制環境的改善，企業社會責任的履行情況隨之改善；進一步比較環境敏感性較低行業和環境敏感性較高行業兩組樣本中地區法制環境變量 Legal 的係數時，我們也發現在環境敏感性較低行業的組別中，地區法制環境變量 Legal 的係數比環境敏感性較高行業的組別的係數更大，也說明與環境敏感性較高行業相比，在環境敏感性較低行業中，地區法制環境的改善對企業履行社會責任的正向影響程度更大（限於篇幅限制沒有報告）。

表 5-13 的後四列是地區法制環境對非政府管制行業和政府管制行業中企業履行社會責任情況影響的迴歸結果。根據中國證券監督管理委員會 2015 年的行業分類，我們在參考徐珊等（2015）[227] 研究成果的基礎上，將煤炭開採和洗選業（B06），石油和天然氣開採業（B07），黑色金屬礦採選業（B08），有色金屬礦採選業（B09），開採輔助活動（B11），石油加工、煉焦及核燃料加工業（C25），化學原料及化學製品製造業（C26），橡膠和塑料製品業（C29），非金屬礦物製品業（C30），黑色金屬冶煉及壓延加工業（C31），有色金屬冶煉及壓延加工業（C32），金屬製品業（C33），電力、熱力生產和供應業（D44），燃氣生產和供應業（D45），水的生產和供應業（D46），批發業（F51），零售業（F52），道路運輸業（G54），水上運輸業（G55），航空運輸業（G56），倉儲業（G59），電信、廣播電視和衛星傳輸服務（I63），互聯網和相關服務（I64），軟件和信息技術服務業（I65）定義

為政府管制行業，其他行業為非政府管制行業。我們可以發現，無論是在非政府管制行業的組別中，還是在政府管制行業的組別中，以上市公司社會責任總體評價 *CSR-Scor* 為被解釋變量時，地區法制環境變量 *Legal* 的係數顯著為正，表明地區法制環境的改善對處於政府管制行業的企業和非政府管制行業的企業履行社會責任都存在積極作用。另外以對企業社會責任的信息披露等級 *CSR-Cred* 為被解釋變量時，同樣發現地區法制環境變量 *Legal* 的係數顯著為正，也表明隨著地區法制環境的改善，處於政府管制行業的企業和非政府管制行業的企業履行社會責任情況也都越好。

我們進一步比較了非政府管制行業和政府管制行業兩組樣本中的地區法制環境的改善對企業履行社會責任影響的作用效果是否存在顯著差異。比較發現，無論是以企業社會責任總體評價 *CSR-Scor* 為被解釋變量，還是以企業履行社會責任的信息披露等級 *CSR-Cred* 為被解釋變量，都顯示在政府管制行業的組別中，地區法制環境變量 *Legal* 的係數比非政府管制行業組中的係數更大。這說明與非政府管制行業相比，在政府管制行業中，地區法制環境的改善對企業履行社會責任的正向影響程度更大。

另外，以整體性指數評價 *CSR-M*、內容性指數評價 *CSR-C*、技術性指數評價 *CSR-T*、行業性指數評價 *CSR-I* 等分指標為被解釋變量時，同樣發現地區法制環境變量 *Legal* 的係數顯著為正，表明隨著地區法制環境的改善，處於政府管制行業的企業和處於非政府管制行業的企業履行社會責任情況都隨之改善；進一步比較政府管制行業和非政府管制行業行業兩組樣本中的地區法制環境變量 *Legal* 的係數時，我們也發現在非政府管制行業的組別中，地區法制環境變量 *Legal* 的係數比政府管制行業組中的係數更大，也說明與非政府管制行業相比，在政府管制行業中，地區法制環境的改善對企業履行社會責任的正向影響程度更大（限於篇幅限制沒有報告）。

表 5-14 的前四列是地區信任環境對消費者敏感性不同行業中企業履行社會責任情況影響的迴歸結果。我們發現，無論是在消費者敏感性較低行業的組別中，還是在消費者敏感性較高行業的組別中，以上市公司社會責任總體評價 *CSR-Scor* 為被解釋變量時，地區信任環境變量 *Trust* 的係數顯著為正，表明地區信任環境的改善對消費者敏感性不同行業的企業履行社會責任都存在積極作用。另外，以企業社會責任的信息披露等級 *CSR-Cred* 為被解釋變量時，我們同樣發現地區信任環境變量 *Trust* 的係數顯著為正，表明隨著地區信任環境的改善，消費者敏感性不同行業的企

表 5-14　地區信任環境、行業特徵與企業社會責任

變量	CSR-Scor Tobit模型 消費者低敏感性行業	CSR-Scor Tobit模型 消費者高敏感性行業	CSR-Cred Ologit模型 消費者低敏感性行業	CSR-Cred Ologit模型 消費者高敏感性行業	CSR-Scor Tobit模型 環境低敏感性行業	CSR-Scor Tobit模型 環境高敏感性行業	CSR-Cred Ologit模型 環境低敏感性行業	CSR-Cred Ologit模型 環境高敏感性行業	CSR-Scor Tobit模型 非政府管制性行業	CSR-Scor Tobit模型 政府管制性行業	CSR-Cred Ologit模型 非政府管制性行業	CSR-Cred Ologit模型 政府管制性行業
Trust	0.016.4*** (4.52)	0.024.8*** (4.28)	0.002.2*** (3.05)	0.003.5*** (3.63)	0.020.2*** (5.06)	0.022.4*** (4.09)	0.002.8*** (2.84)	0.003.0*** (4.15)	0.013.8*** (3.55)	0.030.2*** (5.55)	0.001.6** (2.14)	0.005.0*** (4.98)
State	0.220.0 (0.41)	-0.373.5 (-0.45)	0.146.2 (1.29)	0.043.1 (0.30)	-0.620.7 (-1.11)	1.466.0* (1.92)	-0.054.1 (-0.52)	0.468.1*** (2.66)	0.586.6 (1.02)	-2.108.7** (-2.49)	0.176.9 (1.58)	-0.132.4 (-0.82)
Size	3.459.0*** (14.44)	3.438.0*** (7.89)	0.591.1*** (11.98)	0.502.6*** (6.96)	3.653.2*** (12.80)	2.847.7*** (8.58)	0.561.9*** (11.41)	0.502.6*** (7.33)	3.219.4*** (10.78)	3.725.4*** (11.31)	0.506.1*** (9.44)	0.638.7*** (10.74)
Lev	-4.681.9*** (-3.29)	-6.532.8*** (-3.06)	-0.885.6*** (-3.00)	-1.223.5*** (-3.19)	-4.685.9*** (-3.15)	-5.118.4** (-2.56)	-0.915.7*** (-3.27)	-1.053.5** (-2.42)	-7.244.4*** (-4.78)	0.792.3 (0.43)	-1.293.6*** (-4.24)	-0.001.7 (-0.01)
Shr1	-0.058.1** (-2.23)	-0.140.4*** (-3.25)	-0.010.4** (-1.98)	-0.013.9* (-1.93)	-0.124.3*** (-4.42)	0.020.0 (0.53)	-0.015.7*** (-2.93)	0.000.7 (0.11)	-0.053.7** (-2.02)	-0.067.8* (-1.76)	-0.007.7 (-1.42)	-0.008.6 (-1.26)
Growth	-0.667.3 (-0.94)	-0.639.8 (-0.69)	-0.067.4 (-0.45)	0.072.3 (0.37)	-0.923.9 (-1.38)	0.055.1 (0.05)	-0.053.9 (-0.38)	0.129.6 (0.60)	-0.276.5 (-0.41)	-0.445.4 (-0.43)	0.038.4 (0.27)	0.068.9 (0.32)
Roe	-2.281.2 (-0.76)	2.782.7 (0.56)	-0.039.4 (-0.06)	0.747.4 (0.92)	0.948.6 (0.28)	-5.533.2 (-1.34)	0.585.6 (0.91)	-0.946.1 (-1.02)	-1.470.6 (-0.44)	7.725.6* (1.84)	-0.102.0 (-0.15)	1.525.8* (1.90)
Cfo	14.858*** (4.11)	6.368.6 (1.32)	2.406.7*** (3.25)	0.733.2 (0.79)	9.660.9*** (2.74)	16.228*** (3.09)	1.330.4** (1.99)	2.719.4** (2.43)	11.042*** (3.07)	4.535.8 (0.95)	1.848.3** (2.55)	0.221.9 (0.23)
Mshare	-0.335.1 (-0.13)	1.998.1 (0.37)	0.264.1 (0.51)	1.028.4 (0.94)	0.146.3 (0.05)	-4.113.4 (-0.96)	0.563.3 (1.10)	-0.487.1 (-0.55)	-0.351.8 (-0.12)	-1.542.9 (-0.37)	0.516.4 (0.92)	-0.026.8 (-0.03)
LnComp	-0.058.2 (-0.13)	1.181.5*** (3.07)	0.090.4 (0.74)	0.206.4*** (2.92)	0.466.4 (0.88)	-0.089.8 (-0.16)	0.196.6** (1.97)	0.022.2 (0.13)	0.544.1 (0.90)	-0.255.8 (-0.48)	0.228.8** (2.19)	-0.025.7 (-0.21)

表5-14（續）

Shr2-5	0.078,1***(2.93)	0.172,3***(3.52)	0.013,6**(2.42)	0.020,9**(2.50)	0.125,9***(4.16)	0.055,8(1.46)	0.017,1***(2.89)	0.010,4(1.44)	0.056,0*(1.92)	0.133,9***(3.43)	0.009,2(1.51)	0.017,7***(2.57)
Dual	-0.612,9(-1.00)	0.208,5(0.21)	-0.033,3(-0.25)	-0.023,2(-0.14)	-0.511,6(-0.78)	-0.759,5(-0.83)	-0.014,5(-0.12)	-0.200,8(-1.03)	-0.536,9(-0.88)	-0.140,3(-0.13)	-0.040,6(-0.33)	0.013,9(0.07)
Board	0.646,7***(4.09)	0.187,6(0.95)	0.112,4***(3.75)	0.075,5**(2.55)	0.147,1(1.07)	1.081,5***(4.93)	0.061,7**(2.62)	0.175,4***(4.20)	0.417,0**(2.64)	0.570,8***(2.79)	0.095,3***(3.32)	0.094,0***(2.70)
Indep	4.286,2(1.08)	-9.770,0*(-1.71)	0.497,0(0.63)	-0.810,2(-0.85)	-4.952,7(-1.29)	15.727**(2.52)	-0.437,9(-0.64)	2.373,5*(1.88)	2.341,5(0.63)	0.231,1(0.04)	0.440,2(0.63)	-0.140,7(-0.12)
Age	-1.838,5***(-4.17)	-0.365,8(-0.54)	-0.343,4***(-3.69)	-0.088,4(-0.76)	-1.161,6**(-2.81)	-2.501,4***(-3.40)	-0.207,7***(-2.59)	-0.472,1***(-3.30)	-1.435,7***(-3.15)	-1.607,0**(-2.54)	-0.249,4***(-2.69)	-0.373,3***(-3.21)
Year	控制	控制	控制	控制	控制	控制	控制	控制	控制	控制	控制	控制
截距	-43.813***(-6.72)	-57.069***(-5.49)			-48.879***(-6.36)	-39.663***(-4.49)			-43.231***(-5.36)	-56.508***(-6.49)		
N	1,730	952	1,715	941	1,818	864	1,799	857	1,599	1,083	1,583	1,073
Pseu-Rsq	0.052,2	0.038,8	0.092,1	0.073,7	0.042,3	0.058,5	0.079,9	0.102,3	0.039,6	0.056,2	0.075,3	0.104,8
F/Wald 值	36.17***	15.64***	577.86***	259.26***	32.86***	20.31***	525.84***	329.21***	28.98***	27.15***	434.99***	444.26***
不同特徵行業中的地區信任環境 Trust 系數的比較檢驗												
	Chi2 值=41.49 (p=0.000,0)		Chi2 值=53.50 (p=0.000,0)		Chi2 值=43.62 (p=0.000,0)		Chi2 值=54.40 (p=0.000,0)		Chi2 值=47.36 (p=0.000,0)		Chi2 值=63.54 (p=0.000,0)	

附註：括號內給出的 t/z 值都經過 White 異方差調整，***、**、* 分別表示在1％、5％、10％水準下顯著。

業履行社會責任也隨之改善。

我們進一步比較了消費者敏感性較低行業和消費者敏感性較高行業兩組樣本中的地區信任環境的改善對企業履行社會責任影響的作用效果是否存在顯著差異。比較發現，無論是以企業社會責任總體評價 $CSR-Scor$ 為被解釋變量，還是以企業社會責任的信息披露等級 $CSR-Cred$ 為被解釋變量，都顯示在消費者敏感性較低行業的組別中，地區信任環境變量 $Trust$ 的系數比消費者敏感性較高行業組中的系數更大，說明與消費者敏感性較低行業相比，在消費者敏感性較高的行業中，地區信任環境的改善對企業履行社會責任的正向影響程度更大。

另外，以整體性指數評價 $CSR-M$、內容性指數評價 $CSR-C$、技術性指數評價 $CSR-T$、行業性指數評價 $CSR-I$ 等分指標為被解釋變量時，我們同樣發現地區信任環境變量 $Trust$ 的系數顯著為正，表明隨著地區信任環境的改善，消費者敏感性不同行業的企業社會責任履行情況也隨之改善；進一步比較消費者敏感性較低行業和消費者敏感性較高行業兩組樣本中的地區信任環境變量 $Trust$ 的系數時，我們也發現在消費者敏感性較低行業的組別中，地區信任環境變量 $Trust$ 的系數比消費者敏感性較高行業組中的系數更大，也說明與消費者敏感性較低行業相比，在消費者敏感性較高行業中，地區信任環境的改善對企業履行社會責任的正向影響程度更大（限於篇幅限制沒有報告）。

表 5-14 的中間四列是地區信任環境對處於環境敏感性不同行業中的企業履行社會責任情況影響的迴歸結果。我們可以發現，無論是在環境敏感性較低行業的組別中，還是在環境敏感性較高行業的組別中，以上市公司社會責任總體評價 $CSR-Scor$ 為被解釋變量時，地區信任環境變量 $Trust$ 的系數顯著為正。這表明地區信任環境的改善對環境敏感性不同行業的企業履行社會責任都存在積極作用。另外，以對企業履行社會責任的信息披露等級 $CSR-Cred$ 為被解釋變量時，我們同樣發現地區信任環境變量 $Trust$ 的系數顯著為正。這也表明隨著地區信任環境的改善，環境敏感性不同行業的企業社會責任履行情況也都越好。

我們進一步比較了在環境敏感性較低行業和環境敏感性較高行業兩組樣本中的地區信任環境的改善對企業履行社會責任影響的作用效果是否存在顯著差異。比較發現，無論是以企業社會責任總體評價 $CSR-Scor$ 為被解釋變量，還是以企業社會責任的信息披露等級 $CSR-Cred$ 為被解釋變量時，都顯示在環境敏感性較高行業的組

別中，地區信任環境變量 Trust 的系數比環境敏感性較低行業組中的系數更大。這說明與環境敏感性較低行業相比，在環境敏感性較高行業中，地區信任環境的改善對企業履行社會責任的正向影響程度更大。

另外，以企業社會責任的整體性指數評價 CSR-M、社會責任的內容性指數評價 CSR-C、社會責任的技術性指數評價 CSR-T、社會責任的行業性指數評價 CSR-I 等分指標為被解釋變量時，我們同樣發現地區信任環境變量 Trust 的系數顯著為正，表明隨著地區信任環境的改善，企業社會責任履行情況也隨之改善；進一步比較環境敏感性較低行業和環境敏感性較高行業兩組樣本中地區信任環境變量 Trust 的系數時，我們也發現在環境敏感性較高行業組中，地區信任環境變量 Trust 的系數比環境敏感性較低行業組中的系數更大，也說明與環境敏感性較低行業相比，在環境敏感性較高行業中，地區信任環境的改善對企業履行社會責任的正向影響程度更大（限於篇幅限制沒有報告）。

表 5-14 的後四列是地區信任環境對非政府管制行業和政府管制行業中企業履行社會責任情況影響的迴歸結果。我們可以發現，無論是在非政府管制行業的組別中，還是在政府管制行業的組別中，以上市公司社會責任總體評價 CSR-Scor 為被解釋變量時，地區信任環境變量 Trust 的系數顯著為正。這表明地區法制環境的改善對處於政府管制行業的企業和非政府管制行業的企業履行社會責任都存在積極作用。另外，以對企業社會責任的信息披露等級 CSR-Cred 為被解釋變量時，我們同樣發現地區信任環境變量 Trust 的系數顯著為正。這也表明隨著地區信任環境的改善，處於政府管制行業的企業和非政府管制行業的企業履行社會責任情況也隨之改善。

我們進一步比較了非政府管制行業和政府管制行業兩組樣本中的地區信任環境的改善對企業履行社會責任影響的作用效果是否存在顯著差異。比較發現，無論是以企業社會責任總體評價 CSR-Scor 為被解釋變量，還是以企業社會責任的信息披露等級 CSR-Cred 為被解釋變量，都顯示在政府管制行業的組別中，地區信任環境變量 Trust 的系數比非政府管制行業組中的系數更大。這說明與非政府管制行業相比，在政府管制行業中，地區信任環境的改善對企業履行社會責任的正向影響程度更大。

另外，以整體性指數評價 CSR-M、內容性指數評價 CSR-C、技術性指數評價 CSR-T、行業性指數評價 CSR-I 等分指標為被解釋變量時，我們同樣發現地區信任環境變量 Trust 的系數顯著為正，表明隨著地區信任環境的改善，處於政府管制行業

的企業和處於非政府管制行業的企業履行社會責任情況都越好；進一步比較政府管制行業和非政府管制行業行業兩組樣本中地區信任環境變量 Trust 的係數時，我們也發現在非政府管制行業的組別中，地區信任環境變量 Trust 的係數比政府管制行業組中的係數更大，也說明與非政府管制行業相比，在政府管制行業中，地區信任環境的改善對企業履行社會責任的正向影響程度更大（限於篇幅限制沒有報告）。

表 5-15 的前四列是媒體報導對消費者敏感性不同行業中企業履行社會責任情況影響的迴歸結果。我們可以發現，以上市公司社會責任得分總分 CSR-Scor 為被解釋變量時，在消費者敏感性較低行業的組別中，媒體報導變量 Media1 的係數不顯著。這表明媒體報導的增加對消費者敏感性較低行業中的企業履行社會責任不存在積極作用。在消費者敏感性較高行業的組別中，媒體報導變量 Media1 的係數顯著為正。這表明媒體報導次數的增加對消費者敏感性較高行業中的企業履行社會責任存在積極作用。另外，以企業社會責任的信息披露等級 CSR-Cred 為被解釋變量時，發現無論是在環境敏感性較低行業的組別中，還是在環境敏感性較高行業的組別中，媒體報導變量 Media1 的係數顯著為正。這也表明隨著媒體報導次數的改善，消費者敏感性不同行業的企業社會責任履行情況也都越好。

我們進一步比較了消費者敏感性較低行業和消費者敏感性較高行業兩組樣本中的媒體報導次數的增加對企業履行社會責任影響的作用效果是否存在顯著差異。比較發現，無論是以企業社會責任總體評價 CSR-Scor 為被解釋變量，還是以企業社會責任的信息披露等級 CSR-Cred 為被解釋變量，都顯示在消費者敏感性較低行業組中媒體報導變量 Media1 的係數比消費者敏感性較高行業組中的係數更大。這說明與消費者敏感性較低行業相比，在消費者敏感性較高行業中，媒體報導次數的增加對企業履行社會責任的正向影響程度更大。

另外，以整體性指數評價 CSR-M、內容性指數評價 CSR-C、技術性指數評價 CSR-T、行業性指數評價 CSR-I 等分指標為被解釋變量時，我們同樣發現以上市公司社會責任得分總分 CSR-Scor 為被解釋變量時，在消費者敏感性較低行業的組別中，媒體報導變量 Media1 的係數不顯著，表明媒體報導的增加對消費者敏感性較低行業中的企業履行社會責任不存在積極作用；在消費者敏感性較高行業的組別中，媒體報導變量 Media1 的係數顯著為正，表明媒體報導次數的增加對消費者敏感性較高行業中的企業履行社會責任存在積極作用。進一步比較消費者敏感性較低行業和

表 5-15 媒體報導、行業特徵與企業社會責任

變量	CSR-Scor Tobit 模型 消費者低敏感性行業	CSR-Scor Tobit 模型 消費者高敏感性行業	CSR-Cred Ologit 模型 消費者低敏感性行業	CSR-Cred Ologit 模型 消費者高敏感性行業	CSR-Scor Tobit 模型 環境低敏感性行業	CSR-Scor Tobit 模型 環境高敏感性行業	CSR-Cred Ologit 模型 環境低敏感性行業	CSR-Cred Ologit 模型 環境高敏感性行業	CSR-Scor Tobit 模型 非政府管制性行業	CSR-Scor Tobit 模型 政府管制性行業	CSR-Cred Ologit 模型 非政府管制性行業	CSR-Cred Ologit 模型 政府管制性行業
Trust	0.348,4 (1.55)	0.828,3*** (2.67)	0.083,9* (1.93)	0.107,0* (1.93)	0.626,2*** (2.85)	0.262,4 (0.79)	0.098,7** (2.43)	0.049,9 (0.81)	0.248,6 (1.05)	0.939,8*** (3.12)	0.057,2 (1.33)	0.133,4** (2.49)
State	0.047,5 (0.09)	0.099,3 (0.12)	0.127,4 (1.11)	0.114,5 (0.81)	-0.267,8 (-0.48)	0.454,6 (0.59)	0.009,2 (0.09)	0.344,1** (1.98)	0.695,9 (1.21)	-2.366,2*** (-2.87)	0.194,1* (1.74)	-0.171,8 (-1.09)
Size	3.443,1*** (12.55)	3.328,7*** (7.60)	0.561,3*** (10.45)	0.492,8*** (6.83)	3.569,1*** (12.11)	2.938,5*** (7.48)	0.542,1*** (10.67)	0.492,7*** (6.41)	3.291,8*** (10.42)	3.412,4*** (9.47)	0.496,2*** (8.85)	0.579,3*** (8.95)
Lev	-5.052,1*** (-3.53)	-7.127,7*** (-3.19)	-0.901,1*** (-3.03)	-1.267,4*** (-3.19)	-4.998,6*** (-3.30)	-6.135,4*** (-2.93)	-0.948,4*** (-3.33)	-1.118,6** (-2.48)	-7.706,3*** (-5.07)	-0.059,4 (-0.03)	-1.317,9*** (-4.30)	-0.074,5 (-0.20)
Shr1	-0.046,1* (-1.79)	-0.118,1*** (-2.76)	-0.008,7* (-1.68)	-0.011,2 (-1.57)	-0.102,9*** (-3.74)	0.022,1 (0.58)	-0.012,7** (-2.41)	0.001,2 (0.18)	-0.040,8 (-1.54)	-0.057,2 (-1.50)	-0.006,3 (-1.17)	-0.005,9 (-0.88)
Growth	-0.740,7 (-1.06)	-0.585,8 (-0.63)	-0.074,8 (-0.51)	0.084,5 (0.43)	-0.885,4 (-1.33)	-0.139,1 (-0.14)	-0.045,9 (-0.33)	0.113,1 (0.55)	-0.314,9 (-0.47)	-0.527,4 (-0.53)	0.037,7 (0.26)	0.062,9 (0.31)
Roe	-2.138,1 (-0.70)	0.929,2 (0.19)	-0.047,0 (-0.07)	0.559,7 (0.71)	-0.331,0 (-0.10)	-6.522,2 (-1.52)	0.415,2 (0.66)	-1.054,3 (-1.13)	-1.890,0 (-0.56)	7.713,0* (1.78)	-0.172,9 (-0.26)	1.504,2* (1.85)
Cfo	15.151*** (4.20)	4.565,6 (0.94)	2.481,5*** (3.36)	0.481,0 (0.53)	8.926,0** (2.54)	18.811*** (3.59)	1.242,9* (1.87)	3.020,7*** (2.74)	10.442*** (2.91)	5.066,3 (1.06)	1.797,6** (2.49)	0.370,2 (0.40)
Mshare	-0.210,1 (-0.08)	4.221,2 (0.79)	0.347,0 (0.66)	1.331,6 (1.22)	1.764,5 (0.66)	-4.538,2 (-1.06)	0.802,1 (1.59)	-0.494,1 (-0.55)	0.492,8 (0.17)	-0.130,8 (-0.03)	0.591,8 (1.05)	0.221,3 (0.29)
LnComp	0.039,0 (0.09)	1.251,6*** (3.30)	0.116,5 (0.94)	0.212,5*** (3.60)	0.499,9 (0.89)	0.074,3 (0.13)	0.213,6** (2.31)	0.055,4 (0.35)	0.565,0 (0.89)	0.017,8 (0.03)	0.233,3** (2.23)	0.055,4 (0.49)

表5-15(續)

Shr2-5	0. 076, 8*** (2. 93)	0. 173, 5*** (3. 59)	0. 013, 8** (2. 47)	0. 020, 7** (2. 50)	0. 121, 8*** (4. 08)	0. 069, 2* (1. 82)	0. 016, 4*** (2. 80)	0. 012, 0* (1. 67)	0. 050, 8* (1. 75)	0. 156, 1*** (4. 06)	0. 008, 7 (1. 43)	0. 020, 3*** (2. 97)
Dual	−0. 574, 4 (−0. 93)	0. 173, 8 (0. 17)	−0. 038, 9 (−0. 29)	−0. 031, 0 (−0. 18)	−0. 528, 8 (−0. 79)	−0. 599, 8 (−0. 65)	−0. 024, 5 (−0. 20)	−0. 180, 9 (−0. 90)	−0. 599, 2 (−0. 98)	0. 145, 1 (0. 14)	−0. 051, 5 (−0. 42)	0. 049, 1 (0. 27)
Board	0. 585, 4*** (3. 69)	0. 116, 1 (0. 58)	0. 104, 7*** (3. 45)	0. 067, 1** (2. 24)	0. 047, 5 (0. 34)	1. 088, 4*** (4. 97)	0. 046, 9** (1. 98)	0. 178, 6*** (4. 29)	0. 370, 0** (2. 32)	0. 473, 5** (2. 34)	0. 089, 3*** (3. 09)	0. 085, 1*** (2. 47)
Indep	3. 271, 4 (0. 82)	−10. 140* (−1. 73)	0. 406, 1 (0. 52)	−0. 883, 8 (−0. 92)	−6. 403, 8* (−1. 65)	13. 994** (2. 14)	−0. 669, 1 (−0. 99)	2. 274, 2* (1. 75)	1. 001, 1 (0. 27)	0. 010, 8 (0. 01)	0. 285, 6 (0. 41)	−0. 099, 5 (−0. 09)
Age	−1. 868, 9*** (−4. 21)	−0. 076, 2 (−0. 11)	−0. 354, 1*** (−3. 84)	−0. 071, 2 (−0. 59)	−1. 156, 8*** (−2. 72)	−2. 304, 5*** (−3. 12)	−0. 220, 5*** (−2. 71)	−0. 449, 4*** (−3. 18)	−1. 467, 5*** (−3. 15)	−1. 202, 1* (−1. 89)	−0. 265, 4*** (−2. 83)	−0. 325, 6*** (−2. 87)
Year	控制	控制	控制	控制	控制	控制	控制	控制	控制	控制	控制	控制
截距	−43. 358*** (−5. 80)	−56. 024*** (−5. 46)			−46. 112*** (−5. 57)	−42. 689*** (−4. 12)			−43. 508*** (−4. 86)	−47. 392*** (−4. 89)		
N	1, 730	952	1, 715	941	1, 818	864	1, 799	857	1, 599	1, 083	1, 583	1, 073
Pseu-Rsq	0. 050, 7	0. 036, 9	0. 091, 1	0. 071, 0	0. 040, 7	0. 055, 9	0. 077, 9	0. 100, 4	0. 038, 6	0. 052, 6	0. 074, 8	0. 099, 0
F/Wald 值	34. 59***	14. 14***	555. 63***	241. 39***	29. 71***	19. 31***	492. 80***	321. 38***	27. 88***	23. 02***	425. 36***	393. 61***
	不同特徵行業中的媒體報導次數 *Media1* 系數的比較檢驗											
	Chi2 值=61. 01 (p=0. 000, 0)		Chi2 值=53. 50 (p=0. 000, 0)		Chi2 值=59. 93 (p=0. 000, 0)		Chi2 值=70. 80 (p=0. 000, 0)		Chi2 值=63. 31 (p=0. 000, 0)		Chi2 值=74. 32 (p=0. 000, 0)	

附註：括號內給出的 t/z 值都經過 White 異方差調整，***、**、* 分別表示在 1%、5%、10%水準下顯著。

消費者敏感性較高行業兩組樣本中媒體報導變量 Media1 的系數時，我們也發現在消費者敏感性較高行業組中，地區信任環境變量 Trust 的系數比消費者敏感性較低行業組中的系數更大，也說明與消費者敏感性較低行業相比，在消費者敏感性較高行業中，地區信任環境的改善對企業履行社會責任的正向影響程度更大（限於篇幅限制沒有報告）。

表 5-15 的中間四列是媒體報導對處於環境敏感性不同行業中企業履行社會責任情況影響的迴歸結果。我們可以發現，以上市公司社會責任得分總分 CSR-Scor 為被解釋變量時，在環境敏感性較低行業的組別中，媒體報導變量 Media1 的系數顯著為正，表明媒體報導的增加對環境敏感性較低行業中的企業履行社會責任存在積極作用；在消費者敏感性較高行業的組別中，媒體報導變量 Media1 的系數不顯著，表明媒體報導次數的增加對消費者敏感性較高行業中的企業履行社會責任不存在積極作用。另外，以對企業社會責任的信息披露等級 CSR-Cred 為被解釋變量時，同樣發現在環境敏感性較低行業的組別中，媒體報導變量 Media1 的系數顯著為正，表明媒體報導的增加對環境敏感性較低行業中的企業履行社會責任存在積極作用；在消費者敏感性較高行業的組別中，媒體報導變量 Media1 的系數不顯著，表明媒體報導次數的增加對消費者敏感性較高行業中的企業履行社會責任不存在積極作用。

我們進一步比較了環境敏感性較低行業和環境敏感性較高行業兩組樣本中的媒體報導次數的增加對企業履行社會責任影響的作用效果是否存在顯著差異。比較發現，無論是以企業社會責任總體評價 CSR-Scor 為被解釋變量，還是以企業履行社會責任的信息披露等級 CSR-Cred 為被解釋變量，都顯示在環境敏感性較低行業組中，媒體報導變量 Media1 的系數比環境敏感性較高行業組中的系數更大。這說明與環境敏感性較高行業相比，在環境敏感性較低行業中，媒體報導次數的增加對企業履行社會責任的正向影響程度更大。

另外，以整體性指數評價 CSR-M、內容性指數評價 CSR-C、技術性指數評價 CSR-T、行業性指數評價 CSR-I 等分指標為被解釋變量時，我們同樣發現在環境敏感性較低行業的組別中，媒體報導變量 Media1 的系數顯著為正，表明媒體報導的增加對環境敏感性較低行業中的企業履行社會責任存在積極作用；在消費者敏感性較高行業的組別中，媒體報導變量 Media1 的系數不顯著，表明媒體報導次數的增加對消費者敏感性較高行業中的企業履行社會責任不存在積極作用。進一步比較環境敏

感性較低行業和環境敏感性較高行業兩組樣本中媒體報導變量 Media1 的係數時，我們也發現在環境敏感性較低行業組中，媒體報導變量 Media1 的係數比環境敏感性較高行業組中的係數更大，也說明與環境敏感性較高行業相比，在環境敏感性較低行業中，媒體報導次數的增加對企業履行社會責任的正向影響程度更大（限於篇幅限制沒有報告）。

表 5-15 的後四列是媒體報導對非政府管制行業和政府管制行業中企業履行社會責任情況影響的迴歸結果。我們可以發現，以上市公司社會責任得分總分 CSR-Scor 為被解釋變量時，在非政府管制行業的組別中，媒體報導變量 Media1 的係數不顯著，表明媒體報導的增加對非政府管制行業中的企業履行社會責任不存在積極作用；在政府管制行業的組別中，媒體報導變量 Media1 的係數顯著為正，表明媒體報導次數的增加對非政府管制行業中的企業履行社會責任存在積極作用。另外，以企業社會責任的信息披露等級 CSR-Cred 為被解釋變量時，我們同樣發現在非政府管制行業的組別中，媒體報導變量 Media1 的係數不顯著，表明媒體報導的增加對非政府管制行業中的企業履行社會責任不存在積極作用；在政府管制行業的組別中，媒體報導變量 Media1 的係數顯著為正，表明媒體報導次數的增加對非政府管制行業中的企業履行社會責任存在積極作用。

我們進一步比較了非政府管制行業和政府管制行業兩組樣本中的媒體報導次數的增加對企業履行社會責任影響的作用效果是否存在顯著差異。比較發現，無論是以企業社會責任總體評價 CSR-Scor 為被解釋變量，還是以企業社會責任的信息披露等級 CSR-Cred 為被解釋變量，都顯示在政府管制行業組中，媒體報導變量 Media1 的係數比非政府管制行業組中的係數更大。這說明與非政府管制行業相比，在政府管制行業中，媒體報導次數的增加對企業履行社會責任的正向影響程度更大。

另外，以整體性指數評價 CSR-M、內容性指數評價 CSR-C、技術性指數評價 CSR-T、行業性指數評價 CSR-I 等分指標為被解釋變量時，我們同樣發現在非政府管制行業的組別中，媒體報導變量 Media1 的係數不顯著，表明媒體報導的增加對非政府管制行業中的企業履行社會責任不存在積極作用；在政府管制行業的組別中，媒體報導變量 Media1 的係數顯著為正，表明媒體報導次數的增加對非政府管制行業中的企業履行社會責任存在積極作用。進一步比較政府管制行業和非政府管制行業兩組樣本中媒體報導變量 Media1 的係數時，我們也發現在非政府管制行業組

中，媒體報導變量 Media1 的系數比政府管制行業組中的系數更大，也說明與非政府管制行業相比，在政府管制行業中，媒體報導次數的增加對企業履行社會責任的正向影響程度更大（限於篇幅限制沒有報告）。

　　進一步，本書將媒體報導按照不同的來源分為政策導向性媒體報導和市場導向性媒體報導，表5-16和表5-17的前四列分別是政策導向性媒體報導和市場導向性媒體報導對消費者敏感性不同行業中企業履行社會責任情況影響的迴歸結果。我們可以發現，以上市公司社會責任得分總分 CSR-Scor 為被解釋變量時，在消費者敏感性較低行業的組別中，政策導向性媒體報導變量 Media2 和市場導向性媒體報導變量 Media3 的系數不顯著，表明不同來源的媒體報導的增加對消費者敏感性較低行業中的企業履行社會責任不存在積極作用；在消費者敏感性較高行業的組別中，政策導向性媒體報導變量 Media2 和市場導向性媒體報導變量 Media3 的系數顯著為正，表明無論是政策導向性媒體報導次數的增加，還是市場導向性媒體報導次數的增加，都對消費者敏感性較高行業中的企業履行社會責任存在積極作用。另外，以對企業履行社會責任的信息披露等級 CSR-Cred 為被解釋變量時，我們發現無論是在環境敏感性較低行業的組別中，還是在環境敏感性較高行業的組別中，政策導向性媒體報導變量 Media2 的系數顯著為正，也表明隨著政策導向性媒體報導次數的改善，消費者敏感性不同行業的企業社會責任履行情況也都越好；而市場導向性媒體報導中，對於消費者敏感性較低行業的組別中，市場導向性媒體報導變量 Media3 的系數不顯著，表明市場導向媒體報導次數的增加對消費者敏感性較低行業中的企業履行社會責任不存在積極作用，對於消費者敏感性較高行業的組別中，市場導向性媒體報導變量 Media3 的系數顯著為正，表明市場導向媒體報導次數的增加對消費者敏感性較高行業中的企業履行社會責任存在積極作用。

　　我們進一步比較了消費者敏感性較低行業和消費者敏感性較高行業兩組樣本中的媒體報導次數的增加對企業履行社會責任影響的作用效果是否存在顯著差異。比較發現，無論是以企業社會責任總體評價 CSR-Scor 為被解釋變量，還是以企業社會責任的信息披露等級 CSR-Cred 為被解釋變量，都顯示在消費者敏感性較低行業組中，政策導向性媒體報導變量 Media2 和市場導向性媒體報導變量 Media3 的系數比消費者敏感性較高行業組中的系數更大。這說明與消費者敏感性較低行業相比，在消費者敏感性較高行業中，不同來源的媒體報導次數增加對企業履行社會責任的正

向影響程度更大。

另外，以整體性指數評價 CSR-M、內容性指數評價 CSR-C、技術性指數評價 CSR-T、行業性指數評價 CSR-I 等分指標為被解釋變量時，我們同樣發現在消費者敏感性較低行業的組別中，媒體報導變量 Media1 的系數不顯著，表明媒體報導的增加對消費者敏感性較低行業中的企業履行社會責任不存在積極作用；在消費者敏感性較高行業的組別中，媒體報導變量 Media1 的系數顯著為正，表明媒體報導次數的增加對消費者敏感性較高行業中的企業履行社會責任存在積極作用。進一步比較消費者敏感性較低行業和消費者敏感性較高行業兩組樣本中政策導向性媒體報導變量 Media2 和市場導向性媒體報導變量 Media3 的系數時，我們也發現在消費者敏感性較高行業組中，政策導向性媒體報導變量 Media2 和市場導向性媒體報導變量 Media3 的系數比消費者敏感性較低行業組中的系數更大。這也說明與消費者敏感性較低行業相比，在消費者敏感性較高行業中，不同來源的媒體報導次數的增加對企業履行社會責任的正向影響程度更大（限於篇幅限制沒有報告）。

表 5-16 和表 5-17 的中間四列是媒體報導對處於環境敏感性不同行業中企業履行社會責任情況影響的迴歸結果。我們可以發現，以上市公司社會責任得分總分 CSR-Scor 為被解釋變量時，在環境敏感性較低行業的組別中，政策導向性媒體報導變量 Media2 和市場導向性媒體報導變量 Media3 的系數顯著為正，表明不同來源的媒體報導次數的增加對環境敏感性較低行業中的企業履行社會責任存在積極作用；在環境敏感性較高行業的組別中，政策導向性媒體報導變量 Media2 和市場導向性媒體報導變量 Media3 的系數不顯著，表明不同來源的媒體報導次數的增加對消費者敏感性較高行業中的企業履行社會責任不存在積極作用。另外，以對企業履行社會責任的信息披露等級 CSR-Cred 為被解釋變量時，我們同樣發現在環境敏感性較低行業的組別中，政策導向性媒體報導變量 Media2 和市場導向性媒體報導變量 Media3 的系數顯著為正，表明不同來源的媒體報導的增加對環境敏感性較低行業中的企業履行社會責任存在積極作用；在環境敏感性較高行業的組別中，政策導向性媒體報導變量 Media2 和市場導向性媒體報導變量 Media3 的系數不顯著，表明不同來源的媒體報導次數的增加對消費者敏感性較高行業中的企業履行社會責任不存在積極作用。

我們進一步比較了環境敏感性較低行業和環境敏感性較高行業兩組樣本中的不

第五章 基於外部規則視角的企業社會責任推進機制研究 | 167

表 5-16 政策導向性媒體報導、行業特徵與企業社會責任

變量	CSR-Scor Tobit 模型 消費者低敏感性行業	CSR-Scor Tobit 模型 消費者高敏感性行業	CSR-Cred Ologit 模型 消費者低敏感性行業	CSR-Cred Ologit 模型 消費者高敏感性行業	CSR-Scor Tobit 模型 環境低敏感性行業	CSR-Scor Tobit 模型 環境高敏感性行業	CSR-Cred Ologit 模型 環境低敏感性行業	CSR-Cred Ologit 模型 環境高敏感性行業	CSR-Scor Tobit 模型 非政府管制性行業	CSR-Scor Tobit 模型 政府管制性行業	CSR-Cred Ologit 模型 非政府管制性行業	CSR-Cred Ologit 模型 政府管制性行業
Media2	0.353,0 (1.50)	0.797,0** (2.45)	0.087,5* (1.92)	0.098,9* (1.71)	0.618,7*** (2.71)	0.246,0 (0.71)	0.097,1** (2.31)	0.051,9 (0.81)	0.266,2 (1.09)	0.902,7*** (2.86)	0.083,9* (1.93)	0.107,0* (1.93)
State	0.046,8 (0.09)	0.799,2 (0.09)	0.127,3 (1.11)	0.111,6 (0.79)	−0.273,9 (−0.49)	0.459,0 (0.60)	0.008,3 (0.08)	0.343,7** (1.98)	0.696,2 (1.21)	−2.392,5*** (−2.89)	0.127,4 (1.11)	0.114,5 (0.81)
Size	3.452,0*** (12.65)	3.378,8*** (7.71)	0.562,4*** (10.53)	0.499,8*** (6.94)	3.603,0*** (12.22)	2.952,7*** (7.54)	0.547,1*** (10.81)	0.492,9*** (6.44)	3.291,8*** (10.41)	3.465,1*** (9.63)	0.561,3*** (10.45)	0.492,8*** (6.83)
Lev	−5.058,5*** (−3.54)	−7.264,8*** (−3.26)	−0.903,3*** (−3.05)	−1.290,6*** (−3.25)	−5.087,0*** (−3.37)	−6.144,2*** (−2.93)	−0.964,4*** (−3.40)	−1.117,7** (−2.48)	−7.717,6*** (−5.08)	−0.145,8 (−0.07)	−0.901,1*** (−3.03)	−1.267,4*** (−3.19)
Shr1	−0.046,3* (−1.79)	−0.117,8*** (−2.74)	−0.008,8* (−1.69)	−0.011,2 (−1.55)	−0.102,8*** (−3.72)	0.021,8 (0.57)	−0.012,7** (−2.40)	0.001,2 (0.18)	−0.040,6 (−1.53)	−0.057,9 (−1.52)	−0.008,7* (−1.68)	−0.011,2 (−1.57)
Growth	−0.738,8 (−1.06)	−0.593,2 (−0.64)	−0.072,9 (−0.50)	0.084,4 (0.43)	−0.891,2 (−1.34)	−0.133,2 (−0.13)	−0.045,1 (−0.32)	0.115,5 (0.56)	−0.316,2 (−0.47)	−0.507,0 (−0.51)	−0.074,8 (−0.51)	0.084,5 (0.43)
Roe	−2.162,6 (−0.70)	0.937,0 (0.19)	−0.059,9 (−0.09)	0.554,2 (0.70)	−0.296,6 (−0.09)	−6.564,3 (−1.53)	0.411,8 (0.66)	−1.062,7 (−1.14)	−1.879,4 (−0.56)	7.585,8* (1.75)	−0.047,0 (−0.07)	0.559,7 (0.71)
Cfo	15.162*** (4.20)	4.681,4 (0.97)	2.484,0*** (3.37)	0.495,7 (0.54)	9.015,0** (2.56)	18.812*** (3.59)	1.256,0* (1.89)	3.018,7*** (2.74)	10.452*** (2.91)	5.095,8 (1.07)	2.481,5*** (3.36)	0.481,0 (0.53)
Mshare	0.216,6 (0.08)	4.275,7 (0.79)	0.349,0 (0.67)	1.342,6 (1.23)	1.799,3 (0.67)	−4.554,0 (−1.07)	0.810,1 (1.61)	−0.496,4 (−0.56)	0.486,8 (0.17)	−111.4 (−0.03)	0.347,0 (0.66)	1.331,6 (1.22)
LnComp	0.039,3 (0.09)	1.280,3*** (3.37)	0.116,6 (0.94)	0.216,9*** (3.69)	0.505,7 (0.90)	0.078,8 (0.14)	0.215,8** (2.34)	0.055,5 (0.36)	0.564,9 (0.89)	0.036,1 (0.07)	0.116,5 (0.94)	0.212,5*** (3.60)

表5-16（續）

Shr2-5	0.077,0*** (2.93)	0.173,1*** (3.57)	0.013,8** (2.47)	0.020,6** (2.48)	0.121,9*** (4.08)	0.069,2* (1.82)	0.016,3*** (2.80)	0.012,0* (1.68)	0.050,8* (1.76)	0.156,4*** (4.06)	0.013,8** (2.47)	0.020,7** (2.50)
Dual	-0.572,2 (-0.93)	0.181,5 (0.18)	-0.038,7 (-0.29)	-0.029,7 (-0.17)	-0.520,5 (-0.78)	-0.600,5 (-0.65)	-0.023,2 (-0.19)	-0.180,9 (-0.90)	-0.599,8 (-0.98)	0.147,8 (0.14)	-0.038,9 (-0.29)	-0.031,0 (-0.18)
Board	0.585,3*** (3.69)	0.120,9 (0.60)	0.104,7*** (3.45)	0.067,8** (2.26)	0.051,0 (0.37)	1.087,8*** (4.97)	0.047,3** (2.00)	0.178,5*** (4.29)	0.370,7** (2.32)	0.477,9** (2.36)	0.104,7*** (3.45)	0.067,1** (2.24)
Indep	3.288,6 (0.82)	-9.802,2* (-1.68)	0.408,9 (0.52)	-0.838,0 (-0.87)	-6.315,2 (-1.63)	14.008 (2.14)	-0.656,6 (-0.97)	2.272,6* (1.75)	1.033,8 (0.28)	1.113,8 (0.02)	0.406,1 (0.52)	-0.883,8 (-0.92)
Age	-1.871,1*** (-4.21)	-0.072,5 (-0.10)	-0.354,9*** (-3.85)	-0.068,9 (-0.58)	-1.145,4*** (-2.70)	-2.308,1*** (-3.12)	-0.218,3*** (-2.69)	-0.449,7*** (-3.18)	-1.467,6*** (-3.15)	-1.207,5* (-1.90)	-0.354,1*** (-3.84)	-0.071,2 (-0.59)
Year	控制	控制	控制	控制	控制	控制	控制	控制	控制	控制	控制	
截距	-43.531*** (-5.83)	-57.453*** (-5.62)			-46.924*** (-5.70)	-42.998*** (-4.15)			-43.531*** (-4.90)	-48.645*** (-5.05)		
N	1,730	952	1,715	941	1,818	864	1,799	857	1,599	1,083	1,715	941
Pseu-Rsq	0.038,6	0.036,8	0.091,1	0.070,8	0.040,6	0.055,9	0.077,8	0.100,4	0.038,6	0.052,5	0.091,1	0.071,0
F/Wald值	34.57***	14.17***	555.60***	242.52***	29.72***	19.30***	493.36***	321.34***	27.89***	23.02***	555.63***	241.39***

不同特徵行業中的 Media2 係數的比較檢驗

| | Chi2值=55.64 (p=0.000,0) | Chi2值=66.58 (p=0.000,0) | Chi2值=54.86 (p=0.000,0) | Chi2值=63.31 (p=0.000,0) | Chi2值=61.01 (p=0.000,0) | Chi2值=58.18 (p=0.000,0) |

附註：括號內給出的 t/z 值都經過 White 異方差調整，***、**、* 分別表示在1％、5％、10％水準下顯著。

第五章 基於外部規則視角的企業社會責任推進機制研究 | 169

表 5-17 市場導向性媒體報導、行業特徵與企業社會責任

變量	CSR–Scor Tobit 模型 消費者低敏感性行業	CSR–Scor Tobit 模型 消費者高敏感性行業	CSR–Cred Ologit 模型 消費者低敏感性行業	CSR–Cred Ologit 模型 消費者高敏感性行業	CSR–Scor Tobit 模型 環境低敏感性行業	CSR–Scor Tobit 模型 環境高敏感性行業	CSR–Cred Ologit 模型 環境低敏感性行業	CSR–Cred Ologit 模型 環境高敏感性行業	CSR–Scor Tobit 模型 非政府管制性行業	CSR–Scor Tobit 模型 政府管制性行業	CSR–Cred Ologit 模型 非政府管制性行業	CSR–Cred Ologit 模型 政府管制性行業
Media3	0.382,1 (1.32)	1.321,0*** (3.70)	0.073,5 (1.35)	0.181,6*** (2.95)	0.897,6*** (3.25)	0.410,8 (0.99)	0.136,8*** (2.79)	0.042,1 (0.56)	0.264,6 (0.87)	1.503,2*** (4.12)	0.041,3 (0.78)	0.213,8*** (3.39)
State	0.048,8 (0.09)	0.125,9 (0.15)	0.128,9 (1.13)	0.120,2 (0.84)	-0.287,8 (-0.51)	0.465,2 (0.61)	0.006,0 (0.06)	0.351,1** (2.02)	0.688,4 (1.19)	-2.318,1*** (-2.85)	0.193,1* (1.73)	-0.160,2 (-1.03)
Size	3.472,8*** (12.51)	3.129,8*** (7.28)	0.574,9*** (10.47)	0.469,9*** (6.55)	3.486,5*** (11.86)	2.913,7*** (7.47)	0.532,6*** (10.42)	0.502,5*** (6.55)	3.313,7*** (10.67)	3.232,0*** (8.85)	0.508,7*** (9.09)	0.554,5*** (8.46)
Lev	-5.049,1*** (-3.51)	-6.877,6*** (-3.12)	-0.909,0*** (-3.03)	-1.218,4*** (-3.09)	-4.873,8*** (-3.22)	-6.037,6*** (-2.88)	-0.922,1*** (-3.23)	-1.130,6** (-2.49)	-7.734,9*** (-5.10)	0.388,2 (0.20)	-1.338,9*** (-4.37)	0.001,6 (0.01)
Shr1	-0.045,0* (-1.75)	-0.118,7*** (-2.80)	-0.008,6* (-1.66)	-0.011,7 (-1.64)	-0.101,2*** (-3.70)	0.023,5 (0.61)	-0.012,7** (-2.43)	0.001,3 (0.19)	-0.041,1 (-1.55)	-0.049,0 (-1.29)	-0.006,4 (-1.19)	-0.005,1 (-0.77)
Growth	-0.735,6 (-1.05)	-0.580,2 (-0.63)	-0.075,0 (-0.51)	0.089,2 (0.46)	-0.831,8 (-1.25)	-0.192,5 (-0.19)	-0.039,9 (-0.28)	0.106,1 (0.51)	-0.315,6 (-0.47)	-0.589,6 (-0.59)	0.036,2 (0.25)	0.055,5 (0.27)
Roe	-1.994,5 (-0.65)	0.856,5 (0.17)	-0.002,6 (-0.01)	0.578,9 (0.73)	-0.208,7 (-0.06)	-6.349,4 (-1.48)	0.466,9 (0.74)	-1.044,4 (-1.11)	-1.788,0 (-0.53)	7.804,4* (1.79)	-0.131,3 (-0.19)	1.588,8* (1.95)
Cfo	15.184*** (4.20)	4.191,0 (0.87)	2.477,4*** (3.35)	0.448,7 (0.49)	8.697,2** (2.48)	18.764*** (3.58)	1.215,7* (1.83)	3.012,1*** (2.72)	10.487*** (2.92)	4.865,8 (1.02)	1.800,3** (2.49)	0.332,6 (0.35)
Mshare	0.290,0 (0.11)	4.732,0 (0.88)	0.375,3 (0.72)	1.433,9 (1.30)	1.893,3 (0.71)	-4.567,2 (-1.07)	0.827,9* (1.65)	-0.486,7 (-0.55)	0.566,7 (0.20)	-0.232,3 (-0.06)	0.617,1 (1.09)	0.207,7 (0.28)
LnComp	0.051,2 (0.11)	1.173,7*** (3.14)	0.122,0 (0.98)	0.202,8*** (3.42)	0.492,4 (0.88)	0.076,2 (0.13)	0.212,2** (2.31)	0.059,1 (0.38)	0.567,6 (0.89)	0.004,4 (0.01)	0.237,6** (2.28)	0.050,6 (0.45)

表5-17(續)

$Shr2-5$	0.074,1*** (2.83)	0.178,1*** (3.73)	0.013,2** (2.37)	0.021,5** (2.61)	0.119,4*** (4.02)	0.066,9* (1.76)	0.016,2*** (2.78)	0.011,6 (1.61)	0.049,9* (1.72)	0.149,1*** (3.93)	0.008,5 (1.40)	0.019,7*** (2.95)
$Dual$	-0.566,8 (-0.92)	0.141,4 (0.14)	-0.036,6 (-0.27)	-3.033,5 (-0.19)	-0.573,2 (-0.86)	-0.572,5 (-0.61)	-0.031,5 (-0.26)	-0.180,3 (-0.90)	-0.601,1 (-0.98)	0.260,5 (0.25)	-0.050,6 (-0.41)	0.068,6 (0.38)
$Board$	0.586,3*** (3.69)	0.108,2 (0.53)	0.105,0*** (3.47)	0.067,3** (2.24)	0.039,6 (0.28)	1.089,6*** (4.98)	0.047,2** (1.99)	0.178,1*** (4.29)	0.368,4** (2.31)	0.470,2** (2.30)	0.089,4*** (3.09)	0.083,9** (2.42)
$Indep$	3.200,8 (0.80)	-11.061* (-1.90)	0.388,4 (0.50)	-1.029,2 (-1.07)	-6.665,1* (-1.71)	14.079** (2.15)	-0.708,1 (-1.04)	2.291,1* (1.77)	0.989,4 (0.27)	-0.664,9 (-0.10)	0.291,9 (0.42)	-0.232,1 (-0.20)
Age	-1.824,9*** (-4.14)	0.077,1 (0.11)	-0.341,9*** (-3.72)	-0.053,0 (-0.45)	-1.103,9*** (-2.62)	-2.269,5*** (-3.07)	-0.211,6*** (-2.62)	-0.445,2*** (-3.15)	-1.435,6*** (-3.11)	-1.067,4* (-1.68)	-0.254,9*** (-2.74)	-0.306,0*** (-2.71)
$Year$	控制	控制	控制	控制	控制	控制	控制	控制	控制	控制	控制	控制
截距	-43.802*** (-5.81)	-50.235*** (-4.98)			-43.587*** (-5.30)	-42.038*** (-4.11)			-43.761*** (-4.94)	-42.617*** (-4.32)		
N	1,730	952	1,715	941	1,818	864	1,799	857	1,599	1,083	1,583	1,073
$Pseu-Rsq$	0.050,6	0.038,0	0.090,8	0.072,5	0.041,0	0.056,0	0.078,3	0.100,3	0.038,5	0.053,6	0.074,6	0.100,3
F/Wald值	34.72***	14.21***	556.37***	237.81***	29.81***	19.47***	492.40***	322.24***	27.90***	23.58***	425.47***	396.72***

不同特徵行業中的 Media2 係數的比較檢驗

| Chi2值=67.83 (p=0.000,0) | Chi2值=92.59 (p=0.000,0) | Chi2值=65.50 (p=0.000,0) | Chi2值=87.36 (p=0.000,0) | Chi2值=71.80 (p=0.000,0) | Chi2值=96.24 (p=0.000,0) |

附註：括號內給出的 t/z 值都經過 White 異方差調整，***、**、* 分別表示在1%、5%、10%水準下顯著。

同來源的媒體報導次數的增加對企業履行社會責任影響的作用效果是否存在顯著差異。比較發現，無論是以企業社會責任總體評價 CSR-Scor 為被解釋變量，還是以企業社會責任的信息披露等級 CSR-Cred 為被解釋變量，都顯示在環境敏感性較低行業組中，政策導向性媒體報導變量 Media2 和市場導向性媒體報導變量 Media3 的系數比在環境敏感性較高行業組中的系數更大。這說明與環境敏感性較高行業相比，在環境敏感性較低行業中，不同來源的媒體報導次數的增加對企業履行社會責任的正向影響程度更大。

另外，以整體性指數評價 CSR-M、內容性指數評價 CSR-C、技術性指數評價 CSR-T、行業性指數評價 CSR-I 等分指標為被解釋變量時，同樣發現與上述類似的結果。進一步比較環境敏感性較低行業和環境敏感性較高行業兩組樣本中政策導向性媒體報導變量 Media2 和市場導向性媒體報導變量 Media3 的系數時，我們也發現在環境敏感性較高行業組中，政策導向性媒體報導變量 Media2 和市場導向性媒體報導變量 Media3 的系數比環境敏感性較低行業組中的系數更大。這說明與環境敏感性較低行業相比，在環境敏感性較高行業中，不同來源的媒體報導次數的增加對企業履行社會責任的正向影響程度更大（限於篇幅限制沒有報告）。

表 5-16 和表 5-17 的後四列是媒體報導對非政府管制行業和政府管制行業中企業履行社會責任情況影響的迴歸結果。我們可以發現，以上市公司社會責任總體評價 CSR-Scor 為被解釋變量時，在非政府管制行業的組別中，政策導向性媒體報導變量 Media2 和市場導向性媒體報導變量 Media3 的系數不顯著，表明不同來源的媒體報導次數的增加對非政府管制行業中的企業履行社會責任不存在積極作用；在政府管制行業的組別中，政策導向性媒體報導變量 Media2 和市場導向性媒體報導變量 Media3 的系數顯著為正，表明不同來源的媒體報導次數的增加對非政府管制行業中的企業履行社會責任存在積極作用。另外，以對企業履行社會責任的信息披露等級 CSR-Cred 為被解釋變量時，我們同樣發現在非政府管制行業的組別中，政策導向性媒體報導變量 Media2 和市場導向性媒體報導變量 Media3 的系數不顯著，表明不同來源的媒體報導的增加對非政府管制行業中的企業履行社會責任不存在積極作用；在政府管制行業的組別中，政策導向性媒體報導變量 Media2 和市場導向性媒體報導變量 Media3 的系數顯著為正，表明不同來源的媒體報導次數的增加對非政府管制行業中的企業履行社會責任存在積極作用。

我們進一步比較了非政府管制行業和政府管制行業兩組樣本中的不同來源的媒體報導次數的增加對企業履行社會責任影響的作用效果是否存在顯著差異。比較發現，無論是以企業社會責任總體評價 CSR-Scor 為被解釋變量，還是以企業社會責任的信息披露等級 CSR-Cred 為被解釋變量，都顯示在政府管制行業組中，政策導向性媒體報導變量 Media2 和市場導向性媒體報導變量 Media3 的系數比非政府管制行業組中的系數更大，說明與非政府管制行業相比，在政府管制行業中，媒體報導次數的增加對企業履行社會責任的正向影響程度更大。

另外，以整體性指數評價 CSR-M、內容性指數評價 CSR-C、技術性指數評價 CSR-T、行業性指數評價 CSR-I 等分指標為被解釋變量時，我們同樣發現與上述類似的結果；並且進一步比較政府管制行業和非政府管制行業行業兩組樣本中媒體報導變量 Media1 的系數時，也發現在非政府管制行業組中，政策導向性媒體報導變量 Media2 和市場導向性媒體報導變量 Media3 的系數比政府管制行業組中的系數更大，也說明與非政府管制行業相比，在政府管制行業中，不同來源的媒體報導次數的增加對企業履行社會責任的正向影響程度更大（限於篇幅限制沒有報告）。

5.4.6 穩健性檢驗

為了使上述結論更為可靠，本章還進行了以下幾方面的穩健性檢驗。

第一，本書借鑑李志斌（2014）[140]的做法，利用社會貢獻率的定義構建企業社會責任指數，重新迴歸發現除了極少數結果不顯著外，主要的迴歸結果沒有發生變化。

第二，考慮到當前中國企業在 IPO 過程中，可能為了成功上市而向資本市場傳遞更多的社會責任信息以樹立良好的聲譽和形象，因此本書剔除當年 IPO 的樣本重新進行檢驗，發現迴歸結果沒有出現重大異常變化。

第三，已有的研究已經指出，激烈的產品市場競爭可能會部分替代公司治理機制而對企業社會責任的履行產生一定的促進作用，因此本書借鑑張正勇（2012）[151]的做法，採用上市公司所處行業的赫芬達爾指數 Indhf 來衡量公司所處行業的產品市場競爭程度，在迴歸分析中進一步增加了赫芬達爾指數 Indhf 後發現，結果沒有發生重大變化。

第四，儘管本書考慮了媒體報導和企業社會責任履行情況可能存在互為因果關

係的情況，但是可能這也無法排除遺漏變量對上述研究結果產生的影響。因此，上述結果還可能受到潛在內生性問題的困擾，因此本書借鑑 Dyck et al.（2008）[287] 的媒體關注決定因素的變量，參考權小鋒等（2012）[319] 的做法，選擇三個外生變量作為媒體報導 Media 的工具變量：①非流通股比例；②上市年限；③最終控制人屬性。我們重新進行檢驗後發現，結果沒有出現重大變化。上述穩健性檢驗結果沒有異常變動，在一定程度上表明研究結論是比較穩健的。

5.5　本章小結

首先，在前文分析外部規則——企業所處的外部制度環境是推進企業社會責任履行的重要動力機制之一的基礎上，本章結合當前中國的制度特徵，根據已有的研究結論，選擇正式制度（主要是法律制度）和非正式制度（主要是信任和媒體監督）等作為檢驗外部規則推進企業社會責任履行的重要外部制度因素，在此基礎上以中國 2008—2013 年上市公司為研究樣本，實證檢驗了制度環境對企業社會責任履行情況的影響，結果發現企業外部制度環境顯著影響了企業社會責任的履行情況。具體而言：第一，在正式制度方面，法律制度與企業社會責任的履行存在顯著的正向關係，即在法律制度越完善的地區，企業履行社會責任的情況越好。第二，在非正式制度方面，信任程度與企業社會責任的履行存在顯著的正向關係，即在信任程度越高的地區，企業履行社會責任的情況越好；同時也發現媒體關注與企業社會責任的履行存在顯著的正向關係，即媒體關注的次數越多，企業履行社會責任的情況越好，進一步將媒體關注分為政策導向性媒體關注和市場導向性媒體關注後也表明，政策導向性媒體關注和市場導向性媒體關注的次數越多，企業履行社會責任的情況越好，而且相比較於政策導向性媒體關注，市場導向性媒體關注的次數越多，企業履行社會責任的情況越好。

其次，本章分別考察了法制環境和信任程度與媒體關注的聯合作用對企業社會責任履行情況的影響，結果發現法律制度與媒體關注的聯合作用及信任程度與媒體關注的聯合作用顯著影響了企業社會責任的履行情況。具體而言：第一，法律制度與媒體關注的聯合作用對企業社會責任履行存在顯著的正向促進關係，即在法律制度越完善的地區，媒體關注次數的增加對企業社會責任履行情況的正向促進作用越

明顯，進一步將媒體關注分為政策導向性媒體關注和市場導向性媒體關注後也發現，相比較於政策導向性媒體關注，市場導向性媒體關注次數的增加對企業社會責任履行情況的正向促進作用更明顯。第二，信任程度與媒體關注的聯合作用對企業社會責任履行存在顯著的正向促進關係，即在信任程度越高的地區，媒體關注次數的增加對企業社會責任履行情況的正向促進作用越明顯，進一步將媒體關注分為政策導向性媒體關注和市場導向性媒體關注後也表明，相比較於政策導向性媒體關注，市場導向性媒體關注次數的增加對企業社會責任履行情況的正向促進作用更明顯。

最後，本章檢驗了制度環境對行業特徵不同的企業社會責任履行情況的影響是否存在顯著差異，結果發現對於行業特徵不同的企業而言，外部制度環境對企業社會責任的履行情況的影響存在顯著差異。具體而言：第一，對於消費者敏感性不同的行業而言，在法制制度方面，企業履行社會責任的情況會隨著法律制度環境的改善而顯著提高，並且與消費者敏感性較高行業相比，法制環境的改善對消費者敏感性較低行業的企業履行社會責任的正向促進作用更大；在信任程度方面，企業履行社會責任的情況會隨著信任程度的增強而顯著提高，並且與消費者敏感性較低行業相比，信任程度的增強對消費者敏感性較高行業的企業履行社會責任的正向促進作用更大；在媒體關注方面，消費者敏感性較高行業的企業履行社會責任的情況會隨著媒體關注次數的增加而顯著提高，並且與消費者敏感性較低行業相比，媒體關注次數的增加對消費者敏感性較高行業中企業履行社會責任的正向促進作用更大，進一步將媒體關注分為政策導向性媒體關注和市場導向性媒體關注後，發現結果沒有異常變化。第二，對於環境敏感性不同的行業而言，在法制制度方面，企業履行社會責任的情況會隨著法律制度環境的改善而顯著提高，並且與環境敏感性較低行業相比，法制環境的改善對環境敏感性較高行業的企業履行社會責任的正向促進作用更大；在信任程度方面，企業履行社會責任的情況會隨著信任程度的增強而顯著提高，並且與環境敏感性較低行業相比，信任程度的增強對環境敏感性較高行業的企業履行社會責任的正向促進作用更大；在媒體關注方面，環境敏感性較低行業的企業履行社會責任的情況會隨著媒體關注次數的增加而顯著提高，並且與消費者敏感性較高行業相比，媒體關注次數的增加對消費者敏感性較低行業的企業履行社會責任的正向促進作用更大；進一步將媒體關注分為政策導向性媒體關注和市場導向性媒體關注後，發現結果沒有顯著變化。第三，對於是否屬於政府管制行業而言，在

法制制度方面，企業履行社會責任的情況會隨著法律制度環境的改善而顯著提高，並且與非政府管制行業相比，法制環境的改善對政府管制行業的企業履行社會責任的正向促進作用更大；在信任程度方面，企業履行社會責任的情況會隨著信任程度的增強而顯著提高，並且與非政府管制行業相比，信任程度的增強對政府管制行業的企業履行社會責任的正向促進作用更大；在媒體關注方面，政府管制行業的企業履行社會責任的情況都會隨著媒體關注次數的增加而顯著提高，並且與非政府管制行業相比，媒體關注次數的增加對政府管制行業的企業履行社會責任的正向促進作用更大，進一步將媒體關注分為政策導向性媒體關注和市場導向性媒體關注後，發現結果沒有顯著變化。

　　本書認為，上述實證結果表明，制度環境對企業社會責任的履行情況的影響存在著如下兩個問題：第一，在法律制度更完善和信任程度更高的地區，企業必須遵循法律規定和共同的社會風俗進行生產經營活動，企業為了生存和發展必須關注企業與利益相關者的關係，履行社會責任的情況會更好；媒體對企業報導的次數會增強企業感受到的社會公眾監督的壓力，因此媒體報導次數的增加會提高企業受到的關注程度，進而會促進企業更好地履行社會責任；第二，處於不同行業的企業受到制度環境的影響存在差異，優化推進企業社會責任的外部規則時不能採取「一刀切」的方式，應該考慮企業所處的行業特徵，這樣才能取得更好的效果。

第六章　基於內部規則視角的企業社會責任推進機制研究

在前文探討企業社會責任推進機制的分析框架中，我們可以看到除了以外部規則形式推進企業社會責任的履行之外，政府會通過強制性政策的制定和落實，以內部規則形式來推進企業社會責任的履行。因此這一章主要是從內部規則的視角對企業社會責任推進機制進行理論分析和實證檢驗，以期為後文從內部規則的視角來總結推進企業社會責任的具體作用路徑提供經驗證據。

6.1　內部規則的分類和界定

近年來，隨著社會公民意識的覺醒，廣大公眾期望企業積極承擔社會責任的願望日趨強烈，政府希望通過改善公司治理機制，促進企業履行社會責任，因為良好的公司治理結構有助於克服違規行為，進而保障投資者、職工、消費者等相關方的利益[192]。高漢祥（2012）指出，社會責任應該被公司治理納入理論體系和實踐活動中，形成一種「內生嵌入」的關係，使得社會責任履行成為「內在動力」而不是「被動回應」[320]。需要強調的是，與這些規範分析的研究結果高度一致不同的是，國內外現有關於公司治理結構（主要體現為產權性質、股權結構、董事會治理和高管激勵等方面）與企業社會責任關係的研究結論沒有達成一致，甚至存在完全相反的結論。儘管這些重要的研究結論為我們提供了理論參考，但都面臨一個共同問題：更多的是基於公司的治理環境和結構來進行實證檢驗，而非基於公司治理機制和制度。因此，深入基礎理論來釐清上述問題顯得尤為迫切。內部控制是基於公司治理的具體制度規範，沒有高質量的內部控制，公司治理將成為空中樓閣[321]。在2013年最新修訂的內部控制COSO報告中，更是強調內部控制運行中的「公司治理」理

念。因此從這個角度來看，內部控制作為公司治理的基石，對企業社會責任的推進作用可能更為直接[140]。

這裡所討論的公司治理機制主要是強調公司的內部治理結構，根據已有的研究結果，其主要包括股權結構和董事會效率兩個方面的內容。因此這裡承接上述重要的思想，將內部控制作為影響企業社會責任履行的內部規則的第一層面因素。在此基礎上，進一步挖掘和檢驗不同的公司治理機制（主要是股權集中度和董事會效率）對內部控制和企業履行社會責任之間關係的影響。

6.2 理論分析與研究假設的提出

6.2.1 內部控制對企業社會責任履行情況的影響

已有研究指出，內部控制作為維護和平衡企業中利益相關者的合法權益的重要機制，對企業社會責任的履行情況具有重要影響[140]。一方面，在企業社會責任實踐活動中，各項具體的工作需要高質量的內部控制作為實施保障，只有發現和解決執行內部控制制度過程中反應出的有關問題，才能提高社會責任的履行效果；另一方面，企業只有履行社會責任後，才能獲得生存和發展的空間，否則企業無法持續經營，而高質量的內部控制能夠通過高效落實生產經營的各個環節工作，明確責任對口的管理部門，進而有效規範企業履行社會責任的行為[140]。

具體而言，內部控制對企業履行社會責任的促進作用主要體現在以下幾個方面。

第一，內部控制的目標體系中包含了企業對社會責任的追求，從內部控制的五大目標來看，其都包含提高企業履行社會責任的目標追求。例如根據資產安全目標的要求，企業應確保資本的保值增值：一方面是保證企業的持續經營能力與償債能力，維護股東和債權人的權益，向股東和債權人履行經濟責任，同時企業通過實現資產安全目標而獲得了穩定的發展，有助於解決當地的就業問題；另一方面資本的保值增值是企業履行社會責任的一個重要表現。由此可見高質量的內部控制保障企業資產安全目標的實現，為企業履行社會責任提供了保障。再以內部控制的信息質量目標為例，已有的證據表明，高質量的內部控制能提高企業的信息質量（Doyle et al., 2007; Chan et al., 2008; 方紅星等, 2011）[322-324]，減少企業經營者的舞弊行

為，降低代理成本（楊德明等，2009；周繼軍等，2011；李萬福等，2011）[325-327]，有助於提高利益相關者的決策質量，向股東、債權人、供應商以及政府監管部門等提供企業可靠的經營信息和會計信息，有助於股東、債權人、供應商以及政府監管部門合理評估企業的經營效率和效果，評估企業是否履行了法律責任、倫理責任、可持續發展責任等。

第二，內部控制的五要素之一——控制環境要素中包含了促進企業履行社會責任的因素。COSO 發布了 2013 版《內部控制——整合框架》及其配套指南，其中描述控制環境包含企業對誠信和道德價值觀的承諾，樹立積極的價值觀和道德水準以吸引、發展和留住優秀的人才，而這對企業社會責任的履行都有正向的價值引領作用。中國出抬的《企業內部控制應用指引第 4 號——社會責任》，主要是從企業與社會協調發展的要求出發，旨在促進企業在創造利潤、對股東利益負責的同時，不要忘記對員工、消費者，對社會和環境的社會責任，單獨制定社會責任的指引，進一步規範企業履行社會責任的行為，表明內部控制是規範企業社會責任行為的重要制度安排。已有的研究也發現，企業履行社會責任的水準會隨著內部控制的改善而提高[140][223]。

因此，本書提出以下研究假說：

H6-1：相對於內部控制較差的企業而言，內部控制越好的企業履行社會責任的情況越好。

6.2.2 股權集中度與內部控制聯合對企業社會責任履行的影響

公司治理對內部控制功能的發揮有著重要作用，而股權集中度在公司治理體系中占據重要的地位，特別是在轉型經濟環境下，由於法律保護機制的不健全，合理的股權結構安排能有效彌補投資者因法律保護不足而可能遭受的損失，進而保護外部投資者的利益[188]，可能會影響內部控制進而促進企業社會責任的作用發揮。

一方面，從企業內部控制作用發揮的環境來看，隨著股權集中度的提高，企業可能失去了促進內部控制功能有效發揮的重要原則——制衡原則。具體到內部控制影響社會責任履行的問題上，從宏觀來看，企業對其所處社會的要求和期望，負有做出回應的義務，必須承擔相應的責任；從微觀來看，企業必須要對利益相關者的利益訴求進行回應，雖然較高的股權集中度有助於增強外部投資者的利益保護，但

也可能引發內部人控制的問題，進而可能為大股東進行利益侵占提供空間，如大股東的關聯交易、資金占用、關聯收購、關聯擔保或資產轉移等，特別是當大股東為了最大限度地攫取私人收益，可能會刻意降低內部控制的有效性以減少制度約束[328]，另外弱化內部控制的有效性有助於降低私有收益被曝光的風險，進而造成內部控制促進企業履行社會責任的水準降低。吳益兵等（2009）和張先治等（2010）的研究結果都表明，企業股權集中度的提高會弱化內部控制的有效性[329-330]，說明在股權集中度較高的公司中，大股東為了利益侵占可能會降低內部控制的質量，而這進一步抑制了內部控制在促進企業社會責任履行方面的作用發揮。

另一方面，目前有一些研究結論（李志斌等，2013）[331]表明，在中國當前特殊的轉型經濟環境下，股權集中度的提高可能有利於公司內部控制有效性的提升。於建霞（2007）指出，在股權分散條件下，中小股東參與公司治理的積極性普遍不高，因此典型的如英美模式下的公司治理機制，其更強調通過完善外部治理機制來發揮作用；而在股權更為集中的條件下，大股東往往更有動機和能力直接謀求對上市公司的監督與戰略控制，典型的如德日模式下的公司治理機制，其更強調通過完善內部治理機制來發揮作用[332]。因此，在股權較為分散的公司中，由於各股東的持股份額相對較少，可能會加劇股東之間「搭便車」的心理，分散的股東沒有意願也沒有能力要求公司提高內部控制質量；相反在股權相對集中的公司中，大股東為了實施對公司的直接監控，更偏好於採用內部治理機制。這表明，股權集中度的提高會增加大股東增強內部控制建設的意願和能力。Hillman and Keim（2001）發現，股權集中度提高會使得大股東與公司的長期利益更接近，企業履行社會責任的動力更強[189]。因此股權集中度不僅直接影響和促進公司履行更多的社會責任和披露更多的信息，也可能促使內部控制在社會責任履行方面發揮更大的作用，進而為實現企業可持續發展的目標提供合理保障。這說明，較高的股權集中度可能使得大股東為了可持續的發展目標而提升內部控制的質量，進一步促進內部控制在企業社會責任履行方面的作用發揮。

因此，本書提出以下研究假說：

H6-2a：相對於股權集中度較低的企業而言，在股權集中度較高的企業中，高質量的內部控制對企業履行社會責任的促進作用更大。

H6-2b：相對於股權集中度較高的企業而言，在股權集中度較低的企業中，高

質量的內部控制對企業履行社會責任的促進作用更小。

6.2.3 董事會效率與內部控制聯合對企業社會責任履行的影響

公司治理的核心，如何構建有效的董事會並真正地發揮作用一直是公司治理理論與實踐關注的重要問題之一。中國《上市公司治理準則》第43條指出，董事會的重要職責在於確保公司遵守法律、法規和公司章程的規定，公平對待所有股東，並關注其他利益相關者的利益。董事會負責執行股東大會的決議，並在股東大會休會期間代表股東決定公司的重大經營決策，在公司治理中處於核心地位。中國的《企業內部控制基本規範》明確指出，內部控制是由企業董事會、證監會、經理層和全體員工實施的、旨在實現控制目標的過程，因此董事會的效率不同，可能會對公司的內部控制和社會責任履行產生不同的影響。故本書重點探討董事會效率如何影響內部控制與企業履行社會責任兩者之間的關係。

董事會規模是衡量董事會運作效率的重要指標之一。董事擁有對高管決策的監督權，能在一定程度上對企業高管形成制約，抑制高管攫取私有收益的行為。而且隨著董事會規模的增加，董事會整體的專業水準和經驗能力會隨之增加，進而董事會的監督能力也會提升，但是伴隨著董事會規模的擴大，董事會成員之間溝通、協調的成本和難度也會隨之增加[333]，同時董事會規模擴大會增加董事「搭便車」的問題，增加了董事會做出科學決策的難度。Jensen（1993）指出，與規模更小的董事會相比，規模更大的董事會協調和溝通的難度更大[334]。Yermack（1996）和Eisenberg et al.（1998）都指出，董事會成員之間的聯盟成本會隨董事會規模的擴大而增加[335-336]，這為CEO控制董事會提供了便利，當CEO的權力過大無法對其有效制約時，將無法阻止CEO利用控制權來謀取個人私利，無疑會損害公司和利益相關者的合法利益。這表明，董事會規模的增大可能會抑制內部控制在促進企業社會責任履行方面的作用發揮。

在公司治理機制中，獨立董事制度安排被認為是約束高管機會主義行為的重要治理機制[337]。大量的研究表明，隨著董事會中獨立董事比例的提高，董事會被內部人操控的可能性會降低，信息操控的行為也會減少[333]。Krishnan et al.（2007）的研究發現，隨著獨立董事比例的增加，高管舞弊等行為更有可能得到遏制，使得內部控制缺陷更有可能被發現[338]。對於企業社會責任的履行，Fama and Jensen

(1983)指出,由於獨立董事有維護聲譽的動機,更有可能去鼓勵企業履行社會責任[339]。沈洪濤等(2010)[209]和肖作平等(2011)[194]的經驗證據表明,董事會中獨立董事比例的增加對企業社會責任的履行存在顯著的正向作用。因此總體看來,獨立董事比例的增加有利於提升內部控制在促進企業社會責任履行方面的作用發揮。

因此,本書提出以下研究假說:

H6-3:相對於董事會規模較大的企業而言,在董事會規模較小的企業中,高質量的內部控制對企業履行社會責任的促進作用更大。

H6-4:相對於獨立董事比例較低的企業而言,在獨立董事比例較高的企業中,高質量的內部控制對企業履行社會責任的促進作用更大。

6.3 研究設計

6.3.1 研究樣本

本書選擇2009—2013年的中國A股上市公司作為初始研究樣本,在研究數據的合併過程中,剔除了金融行業、財務數據和公司治理數據缺失的樣本後,最終得到2,682個有效觀測值。本書的社會責任數據來源於潤靈環球的社會責任報告評價指數,內部控制的數據來源於迪博內部控制與風險管理數據庫,上市公司的公司治理數據和財務數據來源於CSMAR數據庫。

6.3.2 模型建立與變量設置

為了考察公司所處的制度環境對企業履行社會責任的影響,本書參考了李志斌(2014)[140]和彭鈺等(2015)的研究方法,構建模型6-1如下:

$CSR = \beta_0 + \beta_1 ICQ + \beta_2 State + \beta_3 Shr1 + \beta_4 Size + \beta_5 Lev + \beta_6 Growth + \beta_7 Roe + \beta_8 Cfo + \beta_9 Mshare + \beta_{10} LnComp + \beta_{11} Shr2-5 + \beta_{12} Dual + \beta_{13} Board + \beta_{14} Indep + \beta_{15} Age + \beta_{16} List + \beta_{17} Market + \beta_{18} Legal + \beta_{19} Trust + \beta_{20} Media1 + \sum Year + \sum Ind_i + \varepsilon$ 模型6-1

模型6-1的被解釋變量——企業社會責任變量 CSR,這一章和第五章相同,採用獨立的第三方評估機構——潤靈環球(RKS)對上市公司社會責任報告的評分結

果來衡量企業社會責任的履行情況。

模型 6-1 的解釋變量之一主要是上市公司內部控制質量變量 ICQ，本書採用深圳迪博風險管理有限責任公司發布的上市公司內部控制指數作為內部控制有效性的替代指標。當前已有一些在重要期刊發表的文獻（楊德明等，2009；鄭軍等，2013；權小鋒等，2015）[325,340,162]都採用該指數來進行企業內部控制的實證研究，這在一定程度上驗證了該指數的可靠性。根據本書的假設 1，預期內部控制質量 ICQ 的符號為正。

模型 6-1 的另一類解釋變量是在公司治理方面，根據現有的研究結論，主要是股權集中度和董事會效率不僅會直接影響企業社會責任的履行，也會影響內部控制質量與企業社會責任履行之間的關係。至於股權集中度如何直接影響企業社會責任的履行，現有的研究還未取得一致的結論，因此我們無法準確預期股權集中度變量 Shr1 符號。而對於股權集中度如何影響內部控制質量與企業社會責任履行之間的關係，根據本章的假設 2a，預期當股權集中度較高時，內部控制質量 ICQ 的符號為正。

至於董事會效率如何直接影響企業社會責任的履行，現有的研究也是還未取得一致的結論。沈洪濤等（2010）發現企業的董事會規模與公司社會責任信息披露之間呈現出倒「U」型的關係[209]，但不顯著；肖作平等（2011）的研究卻發現，董事會規模的變大會顯著弱化公司社會責任的履行，而獨立董事比例也與企業社會責任的履行情況呈顯著負相關關係[194]；張正勇（2012）發現獨立董事沒有起到提高社會責任信息披露水準的作用[151]；但是沈洪濤等（2010）發現獨立董事比例的提高對社會責任信息披露水準有一定的推動作用[209]。因此我們無法準確預期董事會規模變量 Board 和 Indep 的符號。而對於董事會效率如何影響內部控制質量與企業社會責任履行之間的關係，根據本章的假設 2b，預期當董事會規模較小時，內部控制質量 ICQ 的符號為正；預期當獨立董事比例較高時，內部控制質量 ICQ 的符號為正。

此外，本書的控制變量除了包括上一章的相關變量外，還增加了上市地點 List 和地區市場化進程 Market。沈洪濤等（2007）的研究發現，上海證券交易所的上市公司在年報中披露社會責任信息的水準在總體上要高於深圳證券交易所的上市公司[168]；周中勝等（2012）發現，市場化進程越好的地區，企業履行社會責任的情

況越好[161]。因此本書預期上述變量的符號為正。另外，本章進一步設置了年度虛擬變量 Year 和行業虛擬變量 Ind。相關變量的具體定義如表 6-1 所示。

表 6-1　　　　　　　　　　　　變量定義

變量類型	變量名稱	簡寫	預測符號	定義
被解釋變量	企業社會責任	CSR-Scor		企業社會責任履行的總體評價，潤靈環球（RKS）對上市公司社會責任報告的 MCT 評分加權所得
		CSR-M		潤靈環球（RKS）對企業社會責任履行評價的整體性指數
		CSR-C		潤靈環球（RKS）對企業社會責任履行評價的內容性指數
		CSR-T		潤靈環球（RKS）對企業社會責任履行評價的技術性指數
		CSR-I		潤靈環球（RKS）對企業社會責任履行評價的行業性指數
		CSR-Cred		潤靈環球（RKS）評級轉換體系按照 MCT 得分將上市公司社會責任情況分為不同等級，本書按照 C 為 1 分，CC 為 2 分……依此類推，最高組 AAA 為 19 分
解釋變量	內部控制質量	ICQ	+	來自深圳迪博公司發布的上市公司內部控制評價指數，該指數越大，表示上市公司的內部控制質量越高
	股權集中度	Shr1	-	公司第一大股東持股比例
	董事會效率	Board	+	公司董事會的人數
		Indep	+	公司獨立董事人數占董事會人數之比
	最終控制人屬性	State	+	虛擬變量，如果上市公司的最終控制人具備國有屬性，取值為 1，否則為 0
	最終控制人級別	Center	+	虛擬變量，如果國有上市公司的最終控制人是中央政府，取值為 1，否則為 0
控制變量	企業資產規模	Size	+	公司當年總資產取自然對數
	企業資產負債率	Lev	-	公司當年的財務槓桿水準
	第一大股東持股比例	Shr1	-	公司第一大股東持股比例
	企業成長能力	Growth	+	採用當年的營業收入減去上年的營業收入再除以上年的營業收入
	企業盈利水準	Roe	+	公司當年的淨資產收益率

表6-1(續)

變量類型	變量名稱	簡寫	預測符號	定義
控制變量	經營活動產生的淨現金流	Cfo	+	公司當年經營活動產生的淨現金流除以年末總資產
	管理層持股	Mshare	+	公司當年管理層持股比例除以年末總股數
	高管薪酬	LnComp	+	公司當年高管貨幣薪酬最高三位之和取自然對數
	股權制衡	Shr2-5	+	公司當年第二大股東值第五大股東持股比例之和
	兩職合一	Dual	-	公司當年總經理和董事長兩職合一,取值為1,否則為0
	獨董比例	Indep	+	公司獨立董事人數占董事會人數之比
	上市時間	Age	+	公司的上市時間加1取自然對數
控制變量	上市地點	List	+	虛擬變量,如果上市公司在上交所上市取值為1,否則為0
	地區市場化進程	Market	+	來自樊綱等(2011)[312]公布的地區市場化進程指數,指數越大,表示地區的市場環境發育程度越好
	地區法制環境	Legal	+	來自樊綱等(2011)[312]公布的地區市場仲介組織和法律制度環境的發育程度指數,指數越大,表示地區的法制環境發育程度越好
	地區信任程度	Trust	+	來自張維迎等(2002)[291]的「中國企業家調查系統」數據,指數越大,表示地區被信任程度越高
	媒體報導	Media1		根據《中國證券報》《證券時報》《證券日報》《上海證券報》《中國經營報》《經濟觀察報》《21世紀經濟報導》及《第一財經日報》等八份具有較高影響力的全國性財經日報前一年中有關上市公司所有新聞報導的次數加上1取自然對數
	年度	Year		年度虛擬變量,用來控制宏觀經濟的影響
	行業	Ind		行業虛擬變量,用來控制行業因素的影響

6.4 檢驗結果與分析

6.4.1 描述性統計分析

為了使待檢驗的結果不受異常值的干擾,我們對所有相關的連續性變量進行了1%水準上的 Winsorize 處理,樣本的描述性統計結果如表6-2所示。

從企業社會責任總體評價 $CSR\text{-}Scor$ 來看，社會責任評價得分的均值為 36.10，得分最高的達到了 74.95，而得分最低的只有 17.97，而且標準差達到了 11.78。這在某種程度上表明中國上市公司企業社會責任履行的分佈狀況非常分散，不同企業社會責任履行狀況差距較大。另外，從企業社會責任的整體性指數評價 $CSR\text{-}M$、內容性指數評價 $CSR\text{-}C$、技術性指數評價 $CSR\text{-}T$、行業性指數評價 $CSR\text{-}I$ 和企業社會責任等級分數評價 $CSR\text{-}Cred$ 幾個指標來看，最大值和最小值之間的差距也都較大，這也說明中國上市公司企業社會責任履行的各個方面的情況各不相同。這都為本章的進一步研究奠定了基礎。

表 6-2　　　　　　　　　　　　描述性統計表

變量	N	均值	標準差	最小值	25%分位數	中位數	75%分位數	最大值
$CSR\text{-}Scor$	2,682	36.10	11.78	17.97	28.13	33.25	40.50	74.95
$CSR\text{-}M$	2,682	11.59	4.47	2.28	8.20	10.78	13.83	27.56
$CSR\text{-}C$	2,681	16.86	5.66	3.00	13.13	15.83	19.50	39.59
$CSR\text{-}T$	2,679	6.34	1.94	0.56	5.18	5.74	6.82	22.36
$CSR\text{-}I$	2,140	1.66	1.46	0	0.63	1.25	2.29	8.53
$CSR\text{-}Cred$	2,656	5.50	3.04	0	4.00	4.00	7.00	17.00
ICQ	2,682	689.5	172.7	0	666.0	706.6	756.7	966.7
$Shr1$	2,682	0.39	0.16	0.08	0.25	0.40	0.52	0.80
$Board$	2,682	9.46	2.00	5	9	9	11	18
$Indep$	2,682	0.37	0.06	0.3	0.33	0.33	0.4	0.57
$State$	2,682	0.67	0.47	0	0	1	1	1
$Center$	1,809	0.37	0.48	0	0	0	1	1
$Size$	2,682	22.80	1.43	20.09	21.74	22.67	23.67	26.80
Lev	2,682	0.50	0.20	0.06	0.35	0.51	0.65	0.87
$Growth$	2,682	0.18	0.33	−0.47	0	0.14	0.30	1.84
Roe	2,682	0.10	0.09	−0.25	0.05	0.09	0.14	0.35
Cfo	2,682	0.05	0.07	−0.15	0.01	0.05	0.09	0.24
$MShare$	2,682	0.03	0.09	0	0	0	0	0.5
$LnComp$	2,682	14.26	1.02	0	13.83	14.29	14.73	17.24
$Shr2\text{-}5$	2,682	0.51	0.17	0.12	0.39	0.52	0.63	0.91
$Dual$	2,682	0.15	0.36	0	0	0	0	1
Age	2,682	2.20	0.73	0	1.79	2.40	2.71	3.18
$List$	2,682	0.41	0.49	0	0	0	1	1

表6-2(續)

變量	N	均值	標準差	最小值	25%分位數	中位數	75%分位數	最大值
Market	2,682	9.08	1.93	0.38	7.88	9.02	10.42	11.80
Legal	2,682	11.77	5.51	0.18	7.15	8.46	16.27	19.89
Trust	2,682	81.51	69.43	2.70	15.60	77.70	118.7	218.9
*Media*1	2,682	2.36	1.35	0	1.39	2.30	3.30	6.94

在企業的內部控制方面，*ICQ* 的最大值為966.7，最小值為0，標準差達到了172.7，這表明中國上市公司中內部控制質量的差異較大，有的公司的內部控制質量非常高，但有的公司的內部控制質量亟需提高；在企業的公司治理方面，股權結構的主要方面——股權集中度 *Shr*1 的均值為0.39，最大值為0.8，最小值為0.08，標準差為0.16，這表明中國上市公司中第一大股東持股比例的均值接近40%，而且最大值和最小值的差異非常明顯；在董事會效率的主要方面——董事會規模 *Board* 的均值超過9，最大值為18，最小值為5，最小值和最大值之間的差距較大，同時獨立董事比例 *Indep* 的最小值和最大值之間的差距也較大，說明中國上市公司董事會人數和獨立董事人數占比的差異較大。

國有企業 *State* 的均值為0.47，說明樣本中的中國上市公司有接近一半被政府控制，其中中央政府控制的企業 *Center* 的均值為0.37，表明國有企業中有接近五分之二的公司是被中央政府所控制。

另外企業的資產負債率 *Lev* 的均值和中位數比較接近，並且數值都不大，說明大部分企業資產負債率比較正常。*Growth* 的均值為0.18，說明成長潛力較大；*Roe* 的均值為0.10，說明中國上市公司的盈利能力較好。

6.4.2 單變量統計分析

表6-3 的分組參數檢驗和非參數檢驗結果進一步支持了本章的三個假設。

首先，從企業社會責任總體評價 *CSR-Scor*、整體性指數評價 *CSR-M*、內容性指數評價 *CSR-C*、技術性指數評價 *CSR-T*、行業性指數評價 *CSR-I* 和社會責任等級分數評價 *CSR-Cred* 多個指標來看，參數檢驗和非參數檢驗的結果均表明，相對於內部控制質量較低的企業而言，內部控制質量較高的企業履行社會責任的情況更好。這說明較高質量的內部控制更有利於促進企業履行更多的社會責任，反應了企業內

部控制質量可能是促使企業履行社會責任的重要內部規則之一。

表 6-3　　　　　　　　　　企業社會責任情況的分組檢驗

	企業社會責任總體評價 CSR-Scor					
	樣本數	均值	T 檢驗	中位數	Z 檢驗
內部控制質量低組	1,341	34.083	8.996***	32.320	7.454***
內部控制質量高組	1,341	38.117		34.660	
股權集中度低組	1,343	34.841	5.576***	32.650	4.741***
股權集中度高組	1,339	37.364		33.830	
董事會規模低組	572	34.214	4.331***	31.890	4.688***
董事會規模高組	2,110	36.612		33.625	
獨立董事比例低組	1,367	35.561	2.419**	33.060	1.584
獨立董事比例高組	1,315	36.661		33.330	
非國有控股企業組	873	34.092	6.176***	32.200	5.438***
國有控股企業組	1,809	37.070		33.930	
地方政府控股企業組	1,145	35.442	7.428***	32.790	7.250***
中央政府控股企業組	664	39.876		36.630	
	企業社會責任整體性指數評價 CSR-M				
	樣本數	均值	T 檢驗	中位數	Z 檢驗
內部控制質量低組	1,341	11.161	5.103***	10.550	3.228**
內部控制質量高組	1,341	12.038		11.020	
股權集中度低組	1,343	11.215	4.483***	10.550	3.216**
股權集中度高組	1,339	11.986		11.020	
董事會規模低組	572	11.185	2.503**	10.310	2.124**
董事會規模高組	2,110	11.712		10.780	
獨立董事比例低組	1,367	11.358	2.855***	10.780	2.472**
獨立董事比例高組	1,315	11.850		10.780	
非國有控股企業組	873	11.166	3.501***	10.550	2.065**
國有控股企業組	1,809	11.809		11.010	
地方政府控股企業組	1,145	11.207	7.252***	10.310	7.011***
中央政府控股企業組	664	12.847		11.950	

表 6-3（續）

	企業社會責任內容性指數評價 CSR-C				
	樣本數	均值	T 檢驗	中位數	Z 檢驗
內部控制質量低組	1,341	15.743	10.448***	15.190	9.335***
內部控制質量高組	1,340	17.983		16.880	
股權集中度低組	1,343	16.224	5.883***	15.560	5.114***
股權集中度高組	1,338	17.503		16.310	
董事會規模低組	572	15.800	5.085***	14.940	5.586***
董事會規模高組	2,109	17.151		16.130	
獨立董事比例低組	1,367	16.690	1.610	15.830	0.579
獨立董事比例高組	1,314	17.042		15.830	
非國有控股企業組	873	15.809	6.750***	15.190	6.373***
國有控股企業組	1,808	17.371		16.310	
地方政府控股企業組	1,144	16.654	6.860***	15.750	6.406***
中央政府控股企業組	664	18.607		17.440	
	企業社會責任技術性指數評價 CSR-T				
	樣本數	均值	T 檢驗	中位數	Z 檢驗
內部控制質量低組	1,339	6.013	8.807***	5.630	8.200***
內部控制質量高組	1,340	6.664		5.910	
股權集中度低組	1,342	6.194	3.878***	5.740	1.945*
股權集中度高組	1,337	6.484		5.740	
董事會規模低組	571	6.106	3.236***	5.630	3.192***
董事會規模高組	2,108	6.402		5.820	
獨立董事比例低組	1,336	6.287	1.394	5.740	0.954
獨立董事比例高組	1,313	6.392		5.740	
非國有控股企業組	871	6.059	5.204***	5.630	4.772***
國有控股企業組	1,808	6.473		5.850	
地方政府控股企業組	1,144	6.266	5.648***	5.730	5.956***
中央政府控股企業組	664	6.830		6.045	

表 6-3（續）

	企業社會責任行業性指數評價 CSR-I				
	樣本數	均值	T 檢驗	中位數	Z 檢驗
內部控制質量低組	2,199	1.417	7.909***	1.140	6.816***
內部控制質量高組	2,199	1.910		1.500	
股權集中度低組	1,045	1.509	4.704***	1.250	4.129***
股權集中度高組	1,095	1.805		1.430	
董事會規模低組	451	1.478	2.974***	1.140	3.133***
董事會規模高組	1,689	1.709		1.250	
獨立董事比例低組	1,078	1.544	3.711***	1.250	3.291***
獨立董事比例高組	1,062	1.778		1.420	
非國有控股企業組	714	1.287	8.479***	0.940	9.267***
國有控股企業組	1,426	1.847		1.500	
地方政府控股企業組	885	1.701	4.637***	1.440	3.410***
中央政府控股企業組	541	2.086		1.610	
	企業社會責任等級分數評價 CSR-Cred				
	樣本數	均值	T 檢驗	中位數	Z 檢驗
內部控制質量低組	1,328	4.987	8.812***	4	7.471***
內部控制質量高組	1,328	6.013		5	
股權集中度低組	1,331	5.168	5.665***	4	4.842***
股權集中度高組	1,325	5.833		4	
董事會規模低組	567	5.034	4.130***	4	4.463***
董事會規模高組	2,089	5.627		4	
獨立董事比例低組	1,353	5.370	2.254**	4	1.600
獨立董事比例高組	1,303	5.635		4	
非國有控股企業組	865	5.005	5.869***	4	5.196***
國有控股企業組	1,791	5.739		4	
地方政府控股企業組	1,133	5.327	7.298***	4	7.021***
中央政府控股企業組	658	6.450		7	

附註：***、**、* 分別表示在 1%、5%、10%水準下顯著。

其次，相對於股權集中度較低的企業而言，股權集中度較高的企業的社會責任總體評價 CSR-Scor、整體性指數評價 CSR-M、內容性指數評價 CSR-C、技術性指

数評價 *CSR-T*、行業性指數評價 *CSR-I* 和社會責任等級分數評價 *CSR-Cred* 多個指標都顯著更高。這說明企業較為集中的股權結構更有利於促進企業履行更多的社會責任，表明作為企業公司治理的重要內容——股權集中度可能是影響企業履行社會責任的重要內部規則之一。

然後，相對於董事會規模較小的企業而言，董事會規模較大的企業社會責任總體評價 *CSR-Scor*、整體性指數評價 *CSR-M*、內容性指數評價 *CSR-C*、技術性指數評價 *CSR-T*、行業性指數評價 *CSR-I* 和社會責任等級分數評價 *CSR-Cred* 多個指標都顯著更高。這表明作為企業董事會效率的一個重要方面——董事會規模可能是影響企業履行社會責任的重要內部規則之一。另外，雖然相較於獨立董事比例較低的企業而言，獨立董事比例較高的企業責任的內容性指數評價 *CSR-C* 和技術性指數評價 *CSR-T* 沒有通過顯著性水準測試，但是其他四個指標都顯著更大，在一定程度上表明作為企業董事會效率的另一個重要內容——獨立董事所占比例可能是影響企業履行社會責任的重要內部規則之一。

最後，相對於非國有控制企業而言，國有控制企業的社會責任總體評價 *CSR-Scor*、整體性指數評價 *CSR-M*、內容性指數評價 *CSR-C*、技術性指數評價 *CSR-T*、行業性指數評價 *CSR-I* 和社會責任等級分數評價 *CSR-Cred* 多個指標都顯著更高。並且我們發現相對於地方政府控股企業而言，中央政府控股企業的社會責任總體評價的多個指標都顯著更高。這表明企業最終控制人屬性和最終控制人層級可能都是影響企業履行社會責任的重要內部規則。

6.4.3 相關性統計分析

在進行迴歸分析之前，本章先進行了各變量之間的相關性分析。從表 6-4 可以看出，企業社會責任總體評價 *CSR-Scor*、整體性指數評價 *CSR-M*、內容性指數評價 *CSR-C*、技術性指數評價 *CSR-T*、行業性指數評價 *CSR-I* 和社會責任等級分數評價 *CSR-Cred* 等幾個指標之間的相關係數較高，表明採用這些指標可以較好地衡量企業社會責任履行的各個方面的情況。

公司的內部控制質量 *ICQ* 與企業社會責任總體評價 *CSR-Scor*、整體性指數評價 *CSR-M*、內容性指數評價 *CSR-C*、技術性指數評價 *CSR-T*、行業性指數評價 *CSR-I* 和社會責任等級分數評價 *CSR-Cred* 都顯著正相關，表明隨著企業內部控制質量的

表 6-4 Pearson 相關係數表

	[1]	[2]	[3]	[4]	[5]	[6]	[7]	[8]	[9]	[10]	[11]	[12]	[13]
CSR–Scor [1]	1.000												
CSR–M [2]	0.923 (0.000)	1.000											
CSR–C [3]	0.940 (0.000)	0.769 (0.000)	1.000										
CSR–T [4]	0.811 (0.000)	0.681 (0.000)	0.745 (0.000)	1.000									
CSR–I [5]	0.704 (0.000)	0.580 (0.000)	0.640 (0.000)	0.544 (0.000)	1.000								
CSR–Cred [6]	0.979 (0.000)	0.903 (0.000)	0.924 (0.000)	0.791 (0.000)	0.692 (0.000)	1.000							
ICQ [7]	0.154 (0.000)	0.101 (0.000)	0.172 (0.000)	0.146 (0.000)	0.149 (0.000)	0.149 (0.000)	1.000						

表6-4（續）

	[1]	[2]	[3]	[4]	[5]	[6]	[7]	[8]	[9]	[10]	[11]	[12]	[13]
Shr1 [8]	0.171 (0.000)	0.142 (0.000)	0.174 (0.000)	0.125 (0.000)	0.147 (0.000)	0.172 (0.000)	0.046 (0.017)	1.000					
Board [9]	0.198 (0.000)	0.148 (0.000)	0.201 (0.000)	0.173 (0.000)	0.179 (0.000)	0.198 (0.000)	0.115 (0.000)	0.038 (0.050)	1.000				
Indep [10]	0.041 (0.032)	0.054 (0.005)	0.025 (0.194)	0.026 (0.186)	0.051 (0.018)	0.036 (0.067)	0.018 (0.341)	0.093 (0.000)	−0.292 (0.000)	1.000			
Size [11]	0.443 (0.000)	0.389 (0.000)	0.418 (0.000)	0.360 (0.000)	0.392 (0.000)	0.435 (0.000)	0.349 (0.000)	0.302 (0.000)	0.298 (0.000)	0.117 (0.000)	1.000		
Lev [12]	0.092 (0.000)	0.074 (0.000)	0.086 (0.000)	0.077 (0.000)	0.119 (0.000)	0.079 (0.000)	0.149 (0.000)	0.044 (0.023)	0.116 (0.006)	0.053 (0.005)	0.515 (0.000)	1.000	
Roe [13]	0.072 (0.000)	0.014 (0.486)	0.102 (0.000)	0.089 (0.000)	0.033 (0.133)	0.077 (0.000)	0.286 (0.000)	0.064 (0.000)	0.018 (0.353)	0.004 (0.855)	0.108 (0.000)	−0.071 (0.000)	1.000

註：括號裡是 p 值。

提升，企業履行社會責任的情況可能更好。另外，股權集中度 Shr1、董事會規模 Board 與企業社會責任總體評價 CSR-Scor、整體性指數評價 CSR-M、內容性指數評價 CSR-C、技術性指數評價 CSR-T、行業性指數評價 CSR-I 和社會責任等級分數評價 CSR-Cred 都顯著正相關，表明股權集中度和董事會規模可能是影響企業履行社會責任的情況的重要因素。儘管獨立董事比例 Indep 和內容性指數評價 CSR-C、技術性指數評價 CSR-T 之間不具有統計顯著性，但仍呈現出正相關關係，同時獨立董事比例 Indep 和社會責任總體評價 CSR-Scor、整體性指數評價 CSR-M、行業性指數評價 CSR-I 和社會責任等級分數評價 CSR-Cred 之間顯著正相關。

公司內部控制質量 ICQ 與股權集中度 Shr1、董事會規模 Board 顯著正相關，表明隨著企業的股權集中度的提高及董事會規模的擴大，企業的內部控制質量也會提升。

6.4.4　內部規則對企業社會責任影響的迴歸結果分析

6.4.4.1　內部控制影響企業社會責任履行的迴歸結果分析

表 6-5 是內部控制質量對企業社會責任影響的迴歸結果。我們可以發現，無論是以企業社會責任總體評價 CSR-Scor 為被解釋變量，還是以整體性指數評價 CSR-M、內容性指數評價 CSR-C、技術性指數評價 CSR-T、行業性指數評價 CSR-I 等分指標為被解釋變量，以及以企業社會責任等級分數評價 CSR-Cred 為被解釋變量，內部控制質量 ICQ 的係數都顯著為正，說明相對於內部控制質量較低的企業而言，內部控制質量更高企業履行社會責任的情況更好，表明內部控制對企業社會責任的履行存在正向影響，支持了假設 H6-1。

在控制變量中，企業規模 Size 顯著為正，說明相對於規模小的企業而言，規模大的企業本身具有的資源較多，並且被社會公眾關注的程度較高，因此履行社會責任的情況更好。企業的資產負債率 Lev 顯著為負，說明資產負債率大的企業財務風險高，企業更可能關注降低財務和破產風險，對社會責任的關注程度較低，因此履行社會責任的情況更差。第一大股東持股比例 Shr1 顯著為負，說明相對於第一大股東持股比例較高的企業而言，第一大股東持股比例較低的企業履行社會責任的情況更好；第二到第五大股東持股比例之和 Shr2-5 顯著為正，說明相對於第二到第五大股東持股比例較小的企業而言，第二到第五大股東持股比例較大的企業履行社會責

任的情況更好。企業的董事會規模 Board 顯著為正，說明企業的董事會規模更大，董事的來源更為豐富，對企業利益相關者的利益訴求更為關注，因此履行社會責任的情況更好。上市時間 Age 顯著為負，說明企業的上市時間更長，企業的績效可能更差，因此履行社會責任的情況更差。上市地點 List 顯著為正，說明在上交所上市的公司在社會責任履行情況總體上要高於在深交所上市的公司。法律制度 Legal、信任程度 Trust 和媒體報導 Media1 顯著為正，說明隨著外部規則的改善，企業履行社會責任的情況更好；企業的產權性質 State、成長能力 Growth、盈利能力 Roe、經營活動產生的現金淨流入 Cfo、高管持股比例 Mshare、高管貨幣薪酬水準 LnComp 和獨立董事比例 Indep 的符號與本書預期基本一致，但是顯著性水準不是很穩定。

本書對內部控制質量指數採取了虛擬變量的刻畫方法，具體而言是，如果該年度該指數高於全樣本的中位數，則定義該變量為 1，否則為 0。結果發現，將連續性變量變更為虛擬變量後，迴歸結果沒有顯著變化（限於篇幅限制沒有報告）[①]。

表 6-5　　　　　　　　　　內部控制質量與企業社會責任

變量	CSR-Scor	CSR-M	CSR-C	CSR-T	CSR-I	CSR-Cred
	Tobit 模型	Tobit 模型	Tobit 模型	Tobit 模型	Tobit 模型	Ologit 模型
ICQ	0.002,7** (2.07)	0.000,9* (1.82)	0.001,3** (2.06)	0.000,4* (1.77)	0.000,2 (0.86)	0.000,6** (2.04)
State	-0.238,1 (-0.52)	-0.140,2 (-0.87)	0.002,4 (0.01)	-0.206,4*** (-2.66)	0.042,3 (0.63)	0.066,2 (0.73)
Size	3.233,1*** (13.66)	1.032,5*** (12.44)	1.523,1*** (13.13)	0.470,4*** (11.20)	0.347,4*** (9.85)	0.547,5*** (12.31)
Lev	-2.533,0** (-1.97)	-0.910,5* (-1.95)	-1.134,1* (-1.80)	-0.609,8*** (-2.70)	-0.051,8 (-0.31)	-0.600,1** (-2.33)
Shr1	-0.071,9*** (-3.23)	-0.023,9*** (-2.94)	-0.028,7*** (-2.74)	-0.012,4*** (-3.15)	-0.006,4** (-2.20)	-0.010,9** (-2.51)
Growth	-0.770,7 (-1.43)	-0.200,9 (-1.05)	-0.547,2** (-2.00)	-0.031,5 (-0.30)	0.010,8 (0.14)	-0.047,3 (-0.42)
Roe	0.242,3 (0.09)	-1.310,8 (-1.40)	2.189,2* (1.66)	-0.511,8 (-1.17)	-0.503,7 (-1.40)	0.404,6 (0.76)

[①] 需要強調的是，考慮到內部控制的內部環境要素中包含了促進企業履行社會責任的因素，因此上述結果可能存在內生性問題。本章選擇將企業內部控制質量 ICQ 滯後一期，重新進行檢驗後發現，除了極少數結果變化外，大部分結果沒有出現重大變化（限於篇幅沒有報告相關的迴歸結果）。

表6-5(續)

變量	CSR-Scor	CSR-M	CSR-C	CSR-T	CSR-I	CSR-Cred
Cfo	4.659,2 (1.62)	0.799,6 (0.75)	1.985,8 (1.39)	0.870,8* (1.68)	1.133,6*** (2.86)	0.381,9 (0.65)
Mshare	−1.737,1 (−0.76)	−0.549,0 (−0.68)	−1.177,8 (−1.03)	0.047,2 (0.12)	−0.155,4 (−0.48)	−0.033,1 (−0.07)
LnComp	0.087,1 (0.23)	0.049,3 (0.43)	0.032,9 (0.16)	0.048,7 (0.96)	−0.043,3 (−0.70)	0.078,7 (0.98)
Shr2-5	0.100,5*** (4.32)	0.033,9*** (3.94)	0.044,5*** (4.06)	0.013,4*** (3.27)	0.007,2*** (2.58)	0.015,7*** (3.33)
Dual	−0.513,6 (−0.98)	−0.201,7 (−1.02)	−0.107,8 (−0.41)	−0.210,3** (−2.41)	−0.060,9 (−0.85)	−0.011,1 (−0.10)
Board	0.420,9*** (3.45)	0.123,1*** (2.84)	0.204,3*** (3.44)	0.054,3** (2.41)	0.031,3* (1.78)	0.080,5*** (3.74)
Indep	−0.067,3 (−0.02)	0.194,8 (0.16)	−0.424,8 (−0.26)	0.191,6 (0.32)	0.207,5 (0.44)	−0.075,5 (−0.12)
Age	−1.482,6*** (−3.87)	−0.498,9*** (−3.49)	−0.727,1*** (−3.94)	−0.229,5*** (−3.26)	−0.075,4 (−1.52)	−0.275,9*** (−3.63)
List	2.091,1*** (5.00)	1.000,7*** (6.69)	0.926,9*** (4.44)	0.124,9* (1.80)	0.049,9 (0.82)	0.427,9*** (5.25)
Market	−0.634,5*** (−2.70)	−0.237,0*** (−2.77)	−0.239,3** (−2.09)	−0.139,1*** (−3.02)	−0.038,6 (−1.24)	−0.137,7*** (−2.80)
Legal	0.199,9* (1.88)	0.071,8* (1.84)	0.104,2** (2.04)	0.046,5** (2.29)	−0.011,4 (−0.81)	0.054,1** (2.50)
Trust	0.023,6*** (4.29)	0.007,8*** (3.87)	0.008,8*** (3.31)	0.003,7*** (3.71)	0.004,1*** (5.83)	0.002,8** (2.52)
Media1	0.487,6*** (2.68)	0.177,4*** (2.74)	0.240,8*** (2.69)	0.059,8* (1.90)	0.030,0 (1.24)	0.084,0** (2.43)
Year/Ind	控制	控制	控制	控制	控制	控制
截距	−45.210*** (−6.90)	−13.159*** (−5.91)	−23.068*** (−6.94)	−5.078*** (−4.91)	−7.009*** (−7.56)	
N	2,682	2,682	2,681	2,679	2,140	2,656
Pseu-Rsq	0.051,9	0.089,8	0.055,6	0.064,9	0.121,9	0.097,9
F/Wald值	30.58***	49.45***	25.68***	11.83***	23.40***	945.32***

附註：括號內給出的t/z值都經過White異方差調整，***、**、*分別表示在1%、5%、10%水準下顯著。

6.4.4.2 公司治理與內部控制聯合對企業社會責任履行影響的迴歸結果分析：基於股權集中度視角

上文在檢驗了內部控制對企業社會責任履行的影響後，進一步檢驗公司治理和內部控制是否共同影響企業社會責任的履行情況。這一節主要是從股權集中度的視角來檢驗公司治理和內部控制是否共同影響企業社會責任的履行情況。

首先，檢驗股權集中度對企業社會責任的履行是否存在顯著影響。表 6-6 是股權集中度對企業履行社會責任的影響的迴歸結果。我們可以發現，無論是以企業社會責任總體評價 CSR-Scor 為被解釋變量，還是以社會責任的整體性指數評價 CSR-M、內容性指數評價 CSR-C、技術性指數評價 CSR-T、行業性指數評價 CSR-I 等分指標為被解釋變量，以及以社會責任等級分數評價 CSR-Cred 為被解釋變量，公司的股權集中度 Shr1 的係數都顯著為負，說明相對於股權集中度較低的企業而言，股權集中度較高企業履行社會責任的情況更差，表明隨著第一大股東的持股比例的增加，作為理性的經濟人，他們有動機也有能力通過投票權影響公司的經營決策進而最大化自身利益，因此可能在一定程度上減少公司在履行社會責任上投入的資源或資金，特別是當第一大股東與其他利益相關者之間存在利益衝突時，其利用對管理層的影響力來減少公司對其他利益相關者承擔的社會責任。因此股權集中度可能對企業社會責任的履行存在負向影響，這和 Iturriaga et al. (2011)[341]、肖作平等 (2011)[194] 的研究結論是一致的。

進一步，這裡也對股權集中度採取了虛擬變量的刻畫方法，具體而言，如果該年度指數高於全樣本的中位數，則定義該變量為 1，否則為 0。結果發現，將連續性變量變更為虛擬變量後，迴歸結果沒有顯著變化（限於篇幅限制沒有報告）。

表 6-6　　　　　　　　股權集中度與企業社會責任

變量	CSR-Scor	CSR-M	CSR-C	CSR-T	CSR-I	CSR-Cred
	Tobit 模型	Tobit 模型	Tobit 模型	Tobit 模型	Tobit 模型	Ologit 模型
Shr1	−0.076,0*** (−3.40)	−0.025,1*** (−3.07)	−0.030,7*** (−2.92)	−0.012,9*** (−3.27)	−0.006,6** (−2.29)	−0.011,5*** (−2.67)
State	−0.085,3 (−0.19)	−0.097,4 (−0.60)	0.076,6 (0.33)	−0.187,7** (−2.40)	0.054,3 (0.81)	0.097,3 (1.06)
Size	3.503,0*** (15.38)	1.114,6*** (13.96)	1.654,0*** (14.77)	0.506,8*** (12.70)	0.364,7*** (10.70)	0.598,1*** (13.94)
Lev	−2.818,2** (−2.20)	−1.003,6** (−2.16)	−1.272,5** (−2.02)	−0.651,8*** (−2.90)	−0.064,8 (−0.39)	−0.664,5*** (−2.60)

表6-6(續)

變量	CSR-Scor	CSR-M	CSR-C	CSR-T	CSR-I	CSR-Cred
Growth	-0.740,7 (-1.35)	-0.191,3 (-0.99)	-0.532,5* (-1.92)	-0.027,2 (-0.26)	0.010,8 (0.14)	-0.037,4 (-0.33)
Roe	1.313,2 (0.51)	-0.952,1 (-1.03)	2.707,4** (2.09)	-0.349,2 (-0.82)	-0.440,5 (-1.23)	0.612,1 (1.19)
Cfo	4.956,9* (1.72)	0.892,3 (0.84)	2.130,7 (1.48)	0.912,3* (1.75)	1.148,1*** (2.89)	0.394,6 (0.67)
Mshare	-1.823,7 (-0.80)	-0.570,1 (-0.70)	-1.220,2 (-1.07)	0.038,3 (0.10)	-0.152,4 (-0.47)	-0.036,2 (-0.08)
LnComp	0.125,0 (0.32)	0.060,6 (0.52)	0.051,3 (0.25)	0.053,8 (1.04)	-0.040,8 (-0.65)	0.088,9 (1.13)
Shr2~5	0.101,2*** (4.35)	0.034,1*** (3.97)	0.044,8*** (4.08)	0.013,5*** (3.28)	0.007,2** (2.56)	0.015,8*** (3.36)
Dual	-0.617,5 (-1.17)	-0.233,9 (-1.18)	-0.158,2 (-0.60)	-0.224,7*** (-2.57)	-0.070,0 (-0.97)	-0.020,9 (-0.20)
Indep	-4.625,3 (-1.47)	-1.136,3 (-1.00)	-2.638,2* (-1.73)	-0.395,5 (-0.69)	-0.110,6 (-0.25)	-0.944,1 (-1.57)
Age	-1.317,0*** (-3.58)	-0.440,2*** (-3.27)	-0.647,1*** (-3.65)	-0.202,6*** (-2.95)	-0.069,1 (-1.51)	-0.238,6*** (-3.28)
List	2.115,3*** (5.01)	1.008,9*** (6.69)	0.938,6*** (4.45)	0.128,6* (1.84)	0.052,8 (0.87)	0.430,7*** (5.26)
Market	-0.667,6*** (-2.83)	-0.245,6*** (-2.87)	-0.255,3** (-2.22)	-0.142,9*** (-3.08)	-0.041,5 (-1.32)	-0.144,3*** (-2.94)
Legal	0.201,8* (1.89)	0.072,0* (1.84)	0.105,1** (2.05)	0.046,6** (2.29)	-0.011,1 (-0.80)	0.054,4** (2.51)
Trust	0.023,8*** (4.31)	0.007,9*** (3.89)	0.008,9*** (3.34)	0.003,7*** (3.73)	0.004,1*** (5.89)	0.002,9*** (2.61)
Media1	0.564,3*** (3.12)	0.202,2*** (3.16)	0.277,9*** (3.12)	0.071,0** (2.25)	0.034,3 (1.42)	0.097,0*** (2.80)
Year/Ind	控制	控制	控制	控制	控制	控制
截距	-44.564*** (-6.71)	-13.011*** (-5.79)	-22.752*** (-6.75)	-5.017*** (-4.80)	-6.872*** (-7.37)	
N	2,682	2,682	2,681	2,679	2,140	2,656
Pseu-Rsq	0.051,0	0.088,9	0.054,5	0.063,9	0.121,3	0.096,0
F/Wald 值	33.01***	51.66***	26.48***	12.29***	24.48***	912.35***

附註：括號內給出的 t/z 值都經過 White 異方差調整，***、**、* 分別表示在 1%、5%、10%水準下顯著。

其次，本章重點檢驗了股權集中度和內部控制的聯合作用對企業履行社會責任情況的影響。表6-7是股權集中度和內部控制的聯合作用對企業社會責任影響的迴歸結果。我們可以發現，在股權集中度較低組，無論是以企業社會責任總體評價 CSR-Scor 為被解釋變量，還是以整體性指數評價 CSR-M、內容性指數評價 CSR-C、技術性指數評價 CSR-T、行業性指數評價 CSR-I 等分指標為被解釋變量，以及採用社會責任等級分數評價 CSR-Cred 為被解釋變量，內部控制質量 ICQ 的係數都不顯著。但在股權集中度較高組中，除了以社會責任行業性指數評價 CSR-I 等分指標為被解釋變量之外，以企業社會責任總體評價 CSR-Scor、整體性指數評價 CSR-M、內容性指數評價 CSR-C、技術性指數評價 CSR-T 和社會責任等級分數評價 CSR-Cred 為被解釋變量時，公司內部控制質量 ICQ 的係數都顯著為正。這說明對於股權集中度較低的企業而言，內部控制質量的提升對企業履行社會責任的正向作用不明顯，而對於股權集中度較高的企業而言，內部控制質量的提升對企業履行社會責任的正向作用更明顯。

另外，我們進一步比較了股權集中度高低不同的兩組樣本，分析內部控制對企業履行社會責任的影響的作用效果是否存在顯著差異。比較發現，除了以企業社會責任的行業性指數評價 CSR-I 等分指標為被解釋變量的組別之外，以企業社會責任總體評價 CSR-Scor、整體性指數評價 CSR-M、內容性指數評價 CSR-C、技術性指數評價 CSR-T 和社會責任等級分數評價 CSR-Cred 為被解釋變量時，都顯示，在股權集中度較高組中，內部控制質量 ICQ 的係數比股權集中度較低組中的係數更大。這說明與股權集中度較低的公司相比，在股權集中度較高的公司中，內部控制質量的提高對企業履行社會責任的正向影響程度更大，支持了假設 H6-2a 成立。

6.4.4.3 公司治理與內部控制聯合對企業社會責任履行影響的迴歸結果分析：基於董事會效率視角

這一節主要從董事會效率的視角來檢驗公司治理和內部控制是否共同影響了企業社會責任的履行情況。

首先，檢驗董事會效率對企業履行社會責任是否存在顯著影響。根據沈洪濤等（2010）的做法，這裡從董事會規模和獨立董事在董事會中所占比例兩個角度關注董事會效率對企業履行社會責任的影響。表6-8是董事會效率對企業履行社會責任的影響的迴歸結果。我們可以發現，無論是以企業社會責任總體評價 CSR-Scor 為被解釋變量，還是以整體性指數評價 CSR-M、內容性指數評價 CSR-C、技術性指數評

表 6-7 內部控制質量、股權集中度與企業社會責任

變量	CSR-Scor Tobit 模型 股權集中度低組	CSR-Scor Tobit 模型 股權集中度高組	CSR-M Tobit 模型 股權集中度低組	CSR-M Tobit 模型 股權集中度高組	CSR-C Tobit 模型 股權集中度低組	CSR-C Tobit 模型 股權集中度高組	CSR-T Tobit 模型 股權集中度低組	CSR-T Tobit 模型 股權集中度高組	CSR-I Tobit 模型 股權集中度低組	CSR-I Tobit 模型 股權集中度高組	CSR-Cred Ologit 模型 股權集中度低組	CSR-Cred Ologit 模型 股權集中度高組
ICQ	0.001,3 (0.79)	0.003,7* (1.91)	0.000,1 (0.31)	0.001,4* (1.95)	0.000,7 (0.88)	0.001,6* (1.72)	0.000,3 (0.97)	0.000,5* (1.66)	0.000,2 (0.82)	0.000,1 (0.49)	0.000,4 (1.15)	0.000,7* (1.82)
State	-0.683,2 (-1.26)	0.953,4 (1.08)	-0.357,0* (-1.91)	0.359,3 (1.11)	-0.159,9 (-0.57)	0.509,2 (1.15)	-0.217,4** (-2.39)	-0.089,2 (-0.56)	0.051,8 (0.63)	0.061,6 (0.50)	-0.064,2 (-0.53)	0.379,3** (2.35)
Size	2.119,8*** (6.73)	3.960,5*** (11.52)	0.676,4*** (6.12)	1.247,8*** (10.32)	0.981,9*** (6.05)	1.897,2*** (11.41)	0.305,7*** (5.65)	0.569,7*** (9.17)	0.248,9*** (5.57)	0.426,3*** (8.40)	428,1*** (6.42)	647,2*** (10.68)
Lev	-1.882,3 (-1.19)	-1.560,1 (-0.76)	-0.729,6 (-1.32)	-0.619,3 (-0.83)	-1.059,1 (-1.31)	-0.382,1 (-0.39)	-0.427,6 (-1.62)	-0.682,9* (-1.84)	0.205,2 (0.96)	-0.161,2 (-0.60)	-0.535,7 (-1.54)	-0.476,0 (-1.31)
Growth	-0.267,8 (-0.35)	-1.008,4 (-1.33)	-0.093,5 (-0.35)	-0.247,4 (-0.91)	-0.208,4 (-0.52)	-0.726,1* (-1.93)	-0.081,5 (0.51)	-0.107,5 (-0.78)	-0.055,8 (-0.51)	0.042,0 (0.38)	0.068,5 (0.38)	-0.151,5 (-0.98)
Roe	-1.374,0 (-0.42)	1.112,2 (0.30)	-2.172,2* (-1.85)	-0.757,9 (-0.55)	2.348,5 (1.42)	1.732,4 (0.93)	-1.051,9* (-1.88)	-0.099,1 (-0.15)	-0.781,1 (-1.57)	-0.169,0 (-0.33)	0.674,0 (0.93)	0.244,7 (0.37)
Cfo	3.304,2 (0.88)	2.354,6 (0.52)	0.398,2 (0.30)	0.191,6 (0.11)	1.077,6 (0.57)	1.107,5 (0.51)	0.820,0 (1.28)	0.524,8 (0.64)	0.711,0 (1.27)	1.185,5** (2.07)	-0.006,8 (-0.01)	-0.105,6 (-0.13)
Mshare	0.664,3 (0.18)	-1.991,1 (-0.64)	0.368,3 (0.28)	-0.726,5 (-0.65)	-0.275,5 (-0.16)	-1.205,5 (-0.74)	0.898,7 (1.53)	-0.389,3 (-0.74)	-0.038,6 (-0.07)	-0.089,7 (-0.22)	0.547,9 (0.69)	-0.255,5 (-0.36)
LnComp	0.856,8*** (3.88)	-0.584,7 (-1.30)	0.244,2*** (3.10)	-0.121,6 (-0.83)	0.424,8*** (3.08)	-0.328,9 (-1.40)	0.137,3*** (3.32)	-0.008,8 (-0.14)	0.056,2 (1.33)	-0.117,8 (-1.55)	163,3** (2.49)	-0.059,1 (-0.91)
Shr2-5	0.131,7*** (5.00)	0.046,1* (1.72)	0.045,6*** (4.92)	0.016,8* (1.71)	0.062,5*** (4.77)	0.016,3 (1.30)	0.012,3*** (2.67)	0.007,3 (1.55)	0.006,9* (1.96)	0.004,2 (1.31)	0.022,0*** (4.62)	0.006,2 (1.37)
Dual	-0.738,5 (-1.14)	0.400,4 (0.42)	-0.351,0 (-1.50)	0.242,6 (0.65)	-0.119,9 (-0.36)	0.177,7 (0.39)	-0.205,0* (-1.93)	-0.104,2 (-0.64)	-0.128,6 (-1.41)	0.060,9 (0.52)	-0.089,5 (-0.64)	0.182,7 (0.99)
Board	0.650,2*** (4.19)	0.267,4 (1.41)	0.207,9*** (3.79)	0.068,8 (1.02)	0.317,4*** (4.02)	1.116,3 (1.31)	0.086,5*** (3.35)	0.040,2 (1.11)	0.025,3 (1.08)	0.041,1 (1.60)	144,8*** (4.62)	0.040,7 (1.40)

表6-7（續）

Indep	-5,874.8 (-1.32)	7,452.9 (1.48)	-1,596.7 (-0.99)	2,378.0 (1.33)	-2,744.2 (-1.25)	2,825.6 (1.15)	-1,042.1 (-1.31)	1,140.5** (1.27)	-0.372.6 (-0.60)	1,191.0* (1.74)	-0.190.5 (-0.19)	0.596.3 (0.65)
Age	-0.647.6 (-1.11)	-1,531.3*** (-2.93)	-0.148,5 (-0.71)	-0.586,8*** (-2.97)	-0.258,4 (-0.88)	-0.766,6*** (-3.08)	-0.147,5** (-1.21)	-0.230,0** (-2.54)	-0.091,6 (-1.11)	-0.014,7 (-0.23)	-0.182,1 (-1.56)	-0.274,3*** (-2.94)
List	2.384,0*** (4.37)	2.184,9*** (3.50)	1.172,5*** (6.05)	1.933,8*** (4.05)	0.973,4*** (3.50)	1.155,9*** (3.73)	0.170,4* (1.78)	0.118,8 (1.13)	0.091,7 (1.15)	0.019,0 (0.21)	0.419,1*** (3.67)	0.552,4*** (4.44)
Market	0.054,0 (0.20)	-1.839,0*** (-5.08)	-0.027,9 (-0.27)	-0.611,5*** (-4.64)	0.140,9 (1.02)	-0.885,1*** (-5.19)	-0.064,8 (-1.00)	-0.277,9*** (-4.55)	0.025,4 (0.63)	-0.126,0*** (-2.71)	0.000,7 (0.01)	-0.381,1*** (-5.63)
Legal	0.098,9 (0.71)	0.526,4*** (3.38)	0.043,1 (0.85)	0.171,1*** (2.93)	0.036,6 (0.55)	0.298,5*** (3.91)	0.050,4* (1.67)	0.073,3*** (2.81)	-0.023,3 (-1.21)	0.014,3 (0.71)	0.039,4 (1.36)	0.119,9*** (3.87)
Trust	0.015,7** (1.96)	0.025,0*** (3.29)	0.005,6* (1.94)	0.008,3*** (2.88)	0.005,0 (1.31)	0.008,8** (2.39)	0.000,9 (0.62)	0.005,1*** (3.78)	0.004,1*** (3.81)	0.003,5*** (3.64)	0.002,3 (1.47)	0.001,9 (1.28)
Media1	0.925,2*** (3.84)	0.076,6 (0.29)	0.324,1*** (3.78)	0.072,9 (0.76)	0.413,4*** (3.42)	0.049,7 (0.39)	0.108,3*** (2.68)	0.020,1 (0.42)	0.091,3*** (2.77)	-0.041,7 (-1.17)	0.148,6*** (3.11)	0.060,9 (1.24)
Year	控制	控制	控制	控制	控制	控制	控制	控制	控制	控制	控制	控制
截距	-40.307*** (-5.00)	-52.608*** (-6.11)	-10.816*** (-3.80)	-17.010*** (-5.64)	-21.645*** (-5.27)	-24.219*** (-5.54)	-3.609,5*** (-2.76)	-6.565,4*** (-4.35)	-6.756*** (-5.96)	-4.813*** (-3.61)		
N	1,343	1,339	1,343	1,339	1,343	1,338	1,342	1,337	1,045	1,095	1,331	1,325
Pseu-Rsq	0.053,4	0.058,9	0.100,7	0.091,5	0.055,3	0.066,9	0.058,5	0.080,0	0.119,6	0.134,3	0.114,0	0.101,4
F/Wald值	81.13***	43.51***	53.66***	50.61***	152.44***	45.49***	83.18***	15.03***	17.64***	24.22***	605.92***	565.31***
	Chi2值=36.23 (p=0.000,0)		Chi2值=20.26 (p=0.000,0)		Chi2值=42.25 (p=0.000,0)		Chi2值=24.37 (p=0.000,0)		Chi2值=28.81 (p=0.000,0)		Chi2值=52.21 (p=0.000,0)	
	不同股權集中度組別中的ICQ係數的比較檢驗											

附註：括號內給出的t/z值都經過White異方差調整。***、**、*分別表示在1%、5%、10%水準下顯著。

表 6-8　　　　　　　　　董事會效率與企業社會責任

變量	CSR-Scor	CSR-M	CSR-C	CSR-T	CSR-I	CSR-Cred
	Tobit 模型	Tobit 模型	Tobit 模型	Tobit 模型	Tobit 模型	Ologit 模型
Board	0.448,4*** (3.70)	0.132,3*** (3.07)	0.215,8*** (3.65)	0.058,9*** (2.64)	0.033,3* (1.90)	0.083,9*** (3.91)
Indep	-0.177,2 (-0.05)	0.158,1 (0.13)	-0.458,3 (-0.28)	0.171,3 (0.28)	0.183,4 (0.38)	-0.144,6 (-0.23)
State	-0.497,5 (-1.09)	-0.226,5 (-1.40)	-0.105,3 (-0.45)	-0.249,8** (-3.21)	0.024,4 (0.36)	0.031,4 (0.34)
Size	3.261,3*** (13.98)	1.041,8*** (12.73)	1.541,0*** (13.50)	0.473,7*** (11.41)	0.348,0*** (9.94)	0.555,4*** (12.73)
Lev	-2.577,9** (-2.00)	-0.925,0** (-1.99)	-1.173,1* (-1.86)	-0.611,6*** (-2.70)	-0.046,9 (-0.28)	-0.621,8** (-2.42)
Growth	-0.757,1 (-1.40)	-0.196,4 (-1.02)	-0.540,3** (-1.97)	-0.029,4 (-0.28)	0.014,4 (0.18)	-0.037,7 (-0.33)
Roe	1.319,8 (0.51)	-0.954,2 (-1.04)	2.720,6** (2.11)	-0.352,0 (-0.83)	-0.451,9 (-1.26)	0.651,0 (1.27)
Cfo	4.860,0* (1.70)	0.866,2 (0.82)	2.077,0 (1.46)	0.901,5* (1.74)	1.156,4*** (2.92)	0.449,2 (0.77)
Mshare	-1.172,0 (-0.51)	-0.361,1 (-0.44)	-0.942,4 (-0.82)	0.143,0 (0.38)	-0.105,9 (-0.33)	0.039,1 (0.08)
LnComp	0.157,5 (0.42)	0.072,7 (0.64)	0.061,4 (0.31)	0.060,7 (1.22)	-0.036,3 (-0.59)	0.089,1 (1.14)
Shr2-5	0.046,5*** (3.42)	0.015,9*** (3.25)	0.023,0*** (3.42)	0.004,1* (1.69)	0.002,3 (1.29)	0.007,2*** (2.69)
Dual	-0.522,5 (-0.99)	-0.204,6 (-1.03)	-0.115,3 (-0.44)	-0.210,7** (-2.40)	-0.061,1 (-0.85)	-0.013,8 (-0.13)
Age	-1.404,5*** (-3.88)	-0.473,3*** (-3.60)	-0.673,0*** (-3.85)	-0.221,7*** (-3.26)	-0.079,5* (-1.75)	-0.258,5*** (-3.66)
List	2.150,6*** (5.13)	1.020,5*** (6.80)	0.953,4*** (4.55)	0.134,6* (1.94)	0.056,4 (0.93)	0.436,7*** (5.37)
Market	-0.525,0** (-2.24)	-0.200,6*** (-2.36)	-0.193,3* (-1.69)	-0.120,8*** (-2.63)	-0.030,2 (-0.97)	-0.120,0** (-2.48)
Legal	0.163,0 (1.52)	0.059,5 (1.52)	0.088,9* (1.73)	0.040,2** (1.97)	-0.014,5 (-1.03)	0.048,0** (2.23)

表6-8(續)

變量	CSR-Scor	CSR-M	CSR-C	CSR-T	CSR-I	CSR-Cred
Trust	0.023,4 *** (4.23)	0.007,7 *** (3.81)	0.008,8 *** (3.27)	0.003,7 *** (3.66)	0.004,1 *** (5.82)	0.002,8 ** (2.54)
Media1	0.580,5 *** (3.23)	0.208,2 *** (3.26)	0.283,1 *** (3.19)	0.074,2 ** (2.36)	0.036,0 (1.49)	0.097,9 *** (2.85)
Year/Ind	控制	控制	控制	控制	控制	控制
截距	-46.225 *** (-7.08)	-13.495 *** (-6.08)	-23.566 *** (-7.11)	-5.235 *** (-5.08)	-7.090 *** (-7.68)	
N	2,682	2,682	2,681	2,679	2,140	2,656
Pseu-Rsq	0.051,1	0.088,9	0.054,9	0.063,6	0.121,2	0.096,7
F/Wald 值	35.00 ***	52.18 ***	27.19 ***	12.48 ***	24.39 ***	945.09 ***

附註：括號內給出的 t/z 值都經過 White 異方差調整，***、**、* 分別表示在1%、5%、10%水準下顯著。

價 CSR-T、行業性指數評價 CSR-I 等分指標為被解釋變量，以及採用社會責任等級分數評價 CSR-Cred 為被解釋變量，董事會規模變量 Board 都顯著為正，但獨立董事比例變量 Indep 沒有通過顯著性水準測試，這與沈洪濤等（2010）的研究發現是一致的。

由於現有關於董事會規模對企業履行社會責任的影響的研究存在截然相反的研究結論，因此我們在參考了沈洪濤等（2010）[209] 的做法的基礎上，在迴歸模型上進一步增加了董事會規模的平方項，發現董事會規模平方項的係數沒有通過顯著性水準測試（限於篇幅限制沒有報告），這和沈洪濤等（2010）[209] 的研究發現是一致的。

其次，我們重點檢驗了董事會效率和內部控制的聯合作用對企業履行社會責任情況的影響。表 6-9 是董事會規模和內部控制的聯合作用對企業履行社會責任的影響的迴歸結果。我們發現，在董事會規模較高組中，無論是以企業社會責任總體評價 CSR-Scor 為被解釋變量，還是以整體性指數評價 CSR-M、內容性指數評價 CSR-C、技術性指數評價 CSR-T、行業性指數評價 CSR-I 等分指標為被解釋變量，以及採用社會責任等級分數評價 CSR-Cred 為被解釋變量，內部控制質量 ICQ 的係數都不顯著。但在董事會規模較低組中，除了以技術性指數評價 CSR-T 和行業性指數評價 CSR-I 等分指標為被解釋變量之外，當採用其他企業社會責任的衡量指標為被解釋變量時，內部控制質量 ICQ 的係數都顯著為正。這說明對於董事會規模較大的企

表 6-9　董事會規模、內部控制質量與企業社會責任

變量	CSR-Scor Tobit 模型 董事會規模較小組	CSR-Scor Tobit 模型 董事會規模較大組	CSR-M Tobit 模型 董事會規模較小組	CSR-M Tobit 模型 董事會規模較大組	CSR-C Tobit 模型 董事會規模較小組	CSR-C Tobit 模型 董事會規模較大組	CSR-T Tobit 模型 董事會規模較小組	CSR-T Tobit 模型 董事會規模較大組	CSR-I Tobit 模型 董事會規模較小組	CSR-I Tobit 模型 董事會規模較大組	CSR-Cred Ologit 模型 董事會規模較小組	CSR-Cred Ologit 模型 董事會規模較大組
ICQ	0.005,1** (2.16)	0.002,2 (1.37)	0.002,4*** (2.65)	0.000,5 (0.87)	0.002,3* (1.89)	0.001,1 (1.47)	0.000,6 (1.27)	0.000,3 (1.26)	-0.000,1 (-0.45)	0.000,2 (1.08)	0.000,6* (1.91)	0.000,6 (0.92)
State	2.434,6** (2.32)	-0.771,6 (-1.47)	0.649,6* (1.77)	-0.302,7 (-1.63)	1.715,4*** (3.20)	-0.351,3 (-1.30)	-0.078,8 (-0.40)	-0.252,1*** (-2.95)	0.153,6 (1.04)	0.027,2 (0.34)	0.864,3*** (3.83)	-0.135,6** (-1.28)
Size	3.210,1*** (6.50)	3.392,6*** (12.67)	0.962,1*** (5.40)	1.101,5*** (11.83)	1.579,7*** (6.53)	1.574,5*** (11.89)	0.485,1*** (5.24)	0.494,8*** (10.80)	0.334,8*** (5.40)	0.355,6*** (8.48)	0.602,2*** (5.84)	0.567,3*** (11.19)
Lev	-5.157,2** (-2.03)	-1.505,5 (-1.01)	-2.216,7** (-2.37)	-0.380,1 (-0.70)	-1.864,8 (-1.51)	-0.892,7 (-1.21)	-1.243,2*** (-2.83)	-0.397,9 (-1.53)	-0.376,9 (-1.07)	0.082,8 (0.44)	-0.719,1 (-1.24)	-0.565,4* (-1.89)
Shr1	-0.011,5 (-0.26)	-0.095,1*** (-3.70)	-0.002,1 (-0.12)	-0.031,3*** (-3.38)	-0.005,6 (-0.27)	-0.039,6*** (-3.27)	0.004,0 (0.53)	-0.017,1*** (-3.73)	-0.002,5 (-0.47)	-0.006,9** (-2.01)	-0.001,7 (-0.19)	-0.014,6*** (-2.84)
Growth	-1.709,9 (-1.61)	-0.663,4 (-1.04)	-0.511,0 (-1.32)	-0.183,1 (-0.82)	-0.979,2* (-1.81)	-0.481,4 (-1.50)	-0.376,2* (-1.94)	0.016,5 (0.13)	0.090,9 (0.54)	-0.015,8 (-0.17)	-0.268,7 (-1.07)	0.015,7 (0.12)
Roe	6.181,0 (1.12)	-1.525,8 (-0.51)	0.495,9 (0.25)	-1.785,0* (-1.71)	6.005,0** (2.20)	1.011,0 (0.68)	0.200,8 (0.21)	-0.692,4 (-1.39)	-0.733,5 (-1.02)	-0.505,7 (-1.18)	1.807,9 (1.42)	-0.048,7 (-0.08)
Cfo	-2.990,4 (-0.56)	7.646,8** (2.23)	-1.929,9 (-1.00)	2.064,3 (1.62)	-1.352,9 (-0.49)	3.005,4* (1.77)	-0.647,7 (-0.65)	1.458,6** (2.36)	0.803,5 (0.97)	1.185,5** (2.07)	-0.753,8 (-0.60)	0.621,8 (0.89)
Mshare	-0.422,7 (-0.09)	-2.857,1 (-1.04)	-0.476,6 (-0.28)	-0.471,2 (-0.48)	-0.536,6 (-0.23)	-2.113,5 (-1.52)	0.374,7 (0.48)	-0.044,7 (-0.10)	0.568,4 (0.91)	1.349,0*** (2.91)	0.009,8 (0.01)	-0.232,5 (-0.41)
LnComp	-0.221,8 (-0.32)	0.178,3 (0.38)	-0.073,3 (-0.29)	0.078,8 (0.59)	-0.173,2 (-0.50)	0.101,5 (0.41)	0.082,2 (0.74)	0.056,3 (0.91)	-0.046,2 (-1.15)	-0.564,7 (-1.44)	0.024,4 (0.14)	0.112,9 (1.25)
Shr2-5	0.013,7 (0.27)	0.131,5*** (5.08)	0.002,8 (0.15)	0.045,0*** (4.76)	0.007,4 (0.33)	0.058,3*** (4.72)	-0.002,9 (-0.34)	0.018,6*** (4.03)	0.002,7 (0.49)	-0.048,6 (-0.55)	-0.001,5 (-0.15)	0.021,5*** (3.90)
Dual	-1.362,4 (-1.36)	-0.211,0 (-0.32)	-0.540,2 (-1.44)	-0.094,2 (-0.39)	-0.523,2 (-1.07)	0.081,0 (0.25)	-0.332,6** (-2.18)	-0.191,4* (-1.76)	-0.089,7 (-0.71)	-0.042,0 (-0.47)	-0.090,6 (-0.41)	0.006,1 (0.05)

表6-9（續）

Indep	2,357.8 (0.30)	-1,143.8 (-0.26)	0.641,6 (0.22)	-0.294,4 (-0.19)	0.823,2 (0.22)	-0.506,3 (-0.24)	1,099.2 (0.81)	-0.548,9 (-0.67)	0.383,6 (0.36)	1,199.9 (0.34)	-0.724,8 (-0.44)	0.073,0 (0.09)
Age	-2,228.9*** (-2.99)	-1,301.0*** (-2.91)	-0.662,4** (-2.32)	-0.460,2*** (-2.79)	-1,337.0*** (-3.67)	-0.563,0** (-2.59)	-0.274,2** (-2.18)	-0.216,6** (-2.63)	0.045,4 (0.47)	-0.107,9* (-1.87)	-0.575,9*** (-3.18)	-0.204,8** (-2.32)
List	3,197.2*** (3.23)	1,957.6*** (4.13)	1,207.3*** (3.41)	0.976,7*** (5.78)	1,689.9*** (3.30)	0.857,6*** (3.64)	0.045,7 (0.28)	0.137,0* (1.72)	0.371,2*** (2.65)	-0.009,2 (-0.13)	0.755,6*** (3.43)	0.388,7*** (4.24)
Market	-0.603,1 (-1.10)	-0.632,6** (-2.14)	-0.185,1 (-0.99)	-0.244,2** (-2.55)	-0.344,6 (-1.32)	-0.229,2* (-1.81)	-0.053,6 (-0.60)	-0.153,6*** (-2.91)	0.014,4 (0.23)	-0.037,7 (-1.06)	-0.112,7 (-0.85)	-0.139,5*** (-2.64)
Legal	0.256,3 (1.11)	0.165,6 (1.40)	0.063,1 (0.79)	0.064,6 (1.47)	0.167,1 (1.49)	0.088,1 (1.56)	0.011,7 (0.32)	0.047,9** (2.05)	0.009,6 (0.30)	-0.024,0 (-1.56)	0.061,7 (1.08)	0.047,2** (2.01)
Trust	0.026,4** (2.41)	0.024,1*** (3.79)	0.009,8** (2.52)	0.007,8*** (3.36)	0.010,5* (1.94)	0.008,8*** (2.86)	0.005,1*** (2.83)	0.003,6*** (3.12)	0.002,2 (1.43)	0.004,9*** (6.12)	0.003,0 (1.20)	0.003,1** (2.51)
Media1	0.011,0 (0.03)	0.621,1*** (3.05)	0.032,8 (0.22)	0.220,1*** (3.06)	-0.037,0 (-0.18)	0.308,7*** (3.05)	-0.020,8 (-0.29)	0.081,2** (2.29)	0.091,3* (1.67)	0.016,8 (0.61)	0.037,9 (0.44)	0.095,6** (2.49)
Year	控制	控制	控制	控制	控制	控制	控制	控制	控制	控制	控制	
截距	-38.831*** (-2.88)	-45.477*** (-5.90)	-10.135** (-2.08)	-13.417*** (-5.24)	-19.332*** (-2.90)	-23.593*** (-5.96)	-5.853** (-2.34)	-4.959*** (-4.23)	-3.930*** (-2.70)	-6.704*** (-5.72)		
N	572	2,110	572	2,110	572	2,109	571	2,108	451	1,689	567	2,089
Pseu-Rsq	0.065,3	0.051,0	0.106,7	0.090,0	0.075,2	0.053,0	0.086,6	0.065,6	0.150,2	0.122,3	0.132,9	0.093,1
F/Wald值	20.83***	23.33***	27.66***	39.48***	9.64***	20.45***	4.42***	10.62***	8.48***	48.66***	334.80***	764.06***

不同董事會規模組別中的ICQ係數的比較檢驗

| Chi2值=32.74 (p=0.000,0) | Chi2值=14.43 (p=0.000,0) | Chi2值=39.95 (p=0.000,0) | Chi2值=24.44 (p=0.000,0) | Chi2值=27.44 (p=0.000,0) | Chi2值=47.75 (p=0.000,0) |

附註：括號內給出的t/z值都經過White異方差調整，***、**、*分別表示在1%、5%、10%水準下顯著。

業而言，內部控制質量的提升對企業履行社會責任的正向作用不明顯，而對於董事會規模較小的企業而言，內部控制質量的提升對企業履行社會責任的正向作用更明顯。這可能是因為隨著企業董事會規模的擴大，董事之間的聯盟成本會增加，不僅為 CEO 或者董事長控制董事會提供了便利，導致內部控制有效性弱化，也導致公司履行社會責任的動機下降。

然後，我們進一步比較了董事會規模大小不同的兩組樣本，分析內部控制對企業履行社會責任影響的作用效果是否存在顯著差異。比較發現，除了以技術性指數評價 CSR-T 和行業性指數評價 CSR-I 兩個分指標為被解釋變量的組別之外，在其他各個衡量企業社會責任的被解釋變量中，都顯示，在董事會規模較小組中，內部控制質量 ICQ 的系數比董事會規模較大組中的系數更大。這說明與董事會規模較大的公司相比，在董事會規模較小的公司中，內部控制質量的提高對企業履行社會責任的正向影響程度更大，結果表明假設 H6-3 成立。

表 6-10 是獨立董事比例和內部控制的聯合作用對企業履行社會責任的影響的迴歸結果。我們可以發現，在獨立董事比例較低組中，無論是以企業社會責任總體評價 CSR-Scor 為被解釋變量，還是以整體性指數評價 CSR-M、內容性指數評價 CSR-C、技術性指數評價 CSR-T、行業性指數評價 CSR-I 等分指標為被解釋變量，以及採用企業社會責任等級分數評價 CSR-Cred 為被解釋變量，公司內部控制質量 ICQ 的系數都不顯著，但在獨立董事比例較高組中，除了以社會責任的行業性指數評價 CSR-I 等分指標為被解釋變量之外，當採用其他企業社會責任的衡量指標為被解釋變量時，公司內部控制質量 ICQ 的系數都顯著為正。這說明對於獨立董事比例較低的企業而言，內部控制質量的提升對企業履行社會責任的正向作用不明顯，而對於獨立董事比例較高的企業而言，內部控制質量的提升對企業履行社會責任的正向作用更明顯。

最後，我們進一步比較了獨立董事比例高低不同的兩組樣本，分析內部控制對企業履行社會責任的影響的作用效果是否存在顯著差異。比較發現，除了以行業性指數評價 CSR-I 分指標為被解釋變量的組別之外，在其他各個衡量企業社會責任的被解釋變量中，都顯示在獨立董事比例較高組中，內部控制質量 ICQ 的系數比獨立董事比例較低組中的系數更大。這說明與獨立董事比例較低的公司相比，在獨立董事比例較高的公司中，內部控制質量的提高對企業履行社會責任的正向影響程度更

表 6-10 獨立董事比例、內部控制質量與企業社會責任

變量	CSR-Scor Tobit 模型 獨立董事比例低組	CSR-Scor Tobit 模型 獨立董事比例高組	CSR-M Tobit 模型 獨立董事比例低組	CSR-M Tobit 模型 獨立董事比例高組	CSR-C Tobit 模型 獨立董事比例低組	CSR-C Tobit 模型 獨立董事比例高組	CSR-T Tobit 模型 獨立董事比例低組	CSR-T Tobit 模型 獨立董事比例高組	CSR-I Tobit 模型 獨立董事比例低組	CSR-I Tobit 模型 獨立董事比例高組	CSR-Cred Ologit 模型 獨立董事比例低組	CSR-Cred Ologit 模型 獨立董事比例高組
ICQ	0.002,2 (1.18)	0.003,7* (1.90)	0.000,5 (0.76)	0.001,5** (2.12)	0.001,2 (1.37)	0.001,6* (1.69)	0.000,3 (0.97)	0.000,6* (1.72)	0.000,1 (0.23)	0.000,3 (1.05)	0.000,5 (1.31)	0.000,7* (1.70)
State	-0.545,0 (-0.88)	-0.148,1 (-0.21)	-0.256,6 (-1.16)	-0.094,5 (-0.38)	-0.149,6 (-0.48)	0.051,1 (0.14)	-0.282,4*** (-2.66)	-0.183,6 (-1.49)	0.044,1 (0.51)	0.038,6 (0.37)	-0.046,9 (-0.37)	0.185,2 (1.34)
Size	2.995,1*** (8.91)	3.319,8*** (9.92)	1.028,8*** (8.71)	1.013,6*** (8.52)	1.310,9*** (7.98)	1.629,8*** (10.01)	0.493,3*** (8.07)	0.435,4*** (7.38)	0.320,9*** (6.43)	0.356,9*** (7.47)	0.531,7*** (7.92)	0.565,2*** (9.10)
Lev	-4.512,2** (-2.60)	-0.430,3 (-0.23)	-1.887,2*** (-3.06)	0.145,5 (0.21)	-1.666,9* (-1.91)	-0.533,9 (-0.58)	-0.960,2*** (-3.07)	-0.282,8 (-0.87)	-0.303,0 (-1.31)	0.163,1 (0.65)	-0.953,8** (-2.53)	-0.391,2 (-1.03)
Shr1	-0.119,1*** (-3.91)	-0.039,3 (-1.23)	-0.036,1*** (-3.24)	-0.014,8 (-1.27)	-0.052,2*** (-3.61)	-0.014,1 (-0.95)	-0.020,5*** (-3.76)	-0.006,0 (-1.10)	-0.011,0** (-2.51)	-0.003,1 (-0.79)	-0.020,7*** (-3.05)	-0.003,9 (-0.64)
Growth	-0.369,5 (-0.45)	-1.032,0 (-1.45)	-0.166,6 (-0.60)	-0.200,2 (-0.76)	-0.331,4 (-0.82)	-0.694,1* (-1.90)	0.099,4 (0.62)	-0.152,4 (-1.16)	0.059,0 (0.53)	-0.011,4 (-0.10)	0.033,7 (0.19)	-0.097,0 (-0.65)
Roe	0.376,1 (0.10)	-1.295,7 (-0.35)	-0.985,3 (-0.77)	-2.038,9 (-1.50)	1.823,3 (0.98)	1.650,4 (0.88)	-0.746,2 (-1.20)	-0.293,1 (-0.48)	-0.351,9 (-0.72)	-0.805,0 (-1.54)	0.551,7 (0.75)	-0.032,2 (-0.04)
Cfo	5.777,2 (1.44)	2.137,7 (0.52)	-1.695,0 (-1.14)	0.518,6 (-0.34)	2.004,0 (1.02)	1.428,2 (0.69)	1.262,6* (1.77)	0.232,6 (0.31)	1.507,4*** (2.80)	0.539,6 (0.92)	0.265,7 (0.31)	0.019,0 (0.02)
Mshare	-4.642,5 (-1.40)	0.008,6 (0.01)	-0.867,9 (-0.77)	-0.420,6 (-0.34)	-2.725,2 (-1.61)	-0.422,1 (-0.26)	-0.520,6 (-0.94)	0.464,0 (0.86)	-1.067,8** (-2.25)	0.531,0 (1.19)	-0.319,9 (-0.46)	-0.087,7 (-0.13)
LnComp	0.497,3 (0.76)	-0.064,8 (-0.13)	0.206,2 (0.94)	-0.022,3 (-0.17)	0.312,5 (0.94)	-0.087,5 (-0.35)	0.035,6 (0.55)	0.068,0 (0.95)	-0.057,2 (-1.02)	-0.027,4 (-0.29)	0.178,8 (1.53)	0.009,0 (0.07)
Shr2-5	0.158,4*** (5.23)	0.063,3* (1.85)	0.051,1*** (4.53)	0.022,3* (1.78)	0.076,6*** (5.26)	0.025,0 (1.58)	0.020,1*** (3.76)	0.007,6 (1.27)	0.010,7*** (2.61)	0.005,5 (1.43)	0.029,9*** (4.17)	0.005,8 (0.86)
Dual	-0.008,7 (-0.01)	-0.938,8 (-1.25)	-0.041,2 (-0.15)	-0.374,8 (-1.31)	0.150,0 (0.38)	-0.242,2 (-0.66)	-0.146,2 (-1.10)	-0.305,9** (-2.54)	0.049,7 (0.47)	-0.122,3 (-1.24)	0.047,8 (0.31)	0.000,9 (0.01)

表6-10(續)

Board	−0.007,8 (−0.04)	0.686,3*** (4.67)	−0.001,6 (−0.02)	0.194,4*** (3.79)	−0.025,8 (−0.28)	0.348,8*** (4.77)	0.016,8 (0.44)	0.066,0*** (2.50)	−0.024,9 (−0.93)	0.066,0*** (3.02)	0.000,6 (0.02)	0.127,2*** (4.63)
Age	−0.742,0 (−1.39)	−2.054,7*** (−3.68)	−0.179,8 (−0.89)	−0.790,4*** (−3.86)	−0.398,9 (−1.55)	−0.964,6*** (−3.55)	−0.090,0 (−0.98)	−0.315,0*** (−2.92)	−0.096,2 (−1.49)	−0.044,3 (−0.58)	−0.142,4 (−1.26)	−0.376,0*** (−3.47)
List	1.217,7** (2.23)	3.360,3*** (5.09)	0.810,6*** (4.14)	1.321,0*** (5.58)	0.405,9 (1.50)	1.613,4*** (4.87)	0.101,6 (1.08)	0.236,2** (2.22)	−0.085,7 (−1.13)	0.203,7** (2.16)	0.246,5** (2.15)	0.709,3*** (5.56)
Market	−1.046,4*** (−3.49)	−0.216,7 (−0.61)	−0.416,5*** (−3.89)	−0.076,0 (−0.58)	−0.387,7** (−2.54)	−0.060,3 (−0.36)	−0.210,9*** (−3.92)	−0.078,6 (−1.08)	−0.058,9 (−1.41)	−0.014,9 (−0.33)	−0.221,1*** (−3.30)	−0.060,1 (−0.86)
Legal	0.316,1** (2.26)	0.030,9 (0.20)	0.134,3*** (2.67)	−0.000,9 (−0.02)	0.131,3* (1.87)	0.043,8 (0.59)	0.071,6*** (2.90)	0.006,7 (0.23)	−0.014,6 (−0.81)	−0.007,4 (−0.35)	0.078,2** (2.54)	0.025,6 (0.81)
Trust	0.020,3*** (2.58)	0.033,7*** (4.37)	0.005,6** (2.00)	0.011,7*** (3.98)	0.008,4** (2.18)	0.012,7*** (3.45)	0.002,6* (1.95)	0.006,5*** (4.88)	0.004,9*** (5.16)	0.003,7*** (3.61)	0.002,3 (1.43)	0.004,2*** (2.78)
Medial	0.579,1** (2.35)	0.361,8 (1.35)	0.195,1** (2.21)	0.147,3 (1.55)	0.293,3** (2.40)	0.175,7 (1.34)	0.070,5 (1.64)	0.052,7 (1.16)	0.008,9 (0.27)	0.033,4 (0.94)	0.126,8*** (2.62)	0.040,2 (0.79)
Year	控制	控制	控制	控制	控制	控制	控制	控制	控制	控制	控制	控制
截距	−37.063*** (−3.76)	−52.071*** (−5.64)	−12.252*** (−3.60)	−13.938*** (−4.47)	−18.508*** (−3.75)	−27.147*** (−5.77)	−4.402*** (−3.14)	−5.226*** (−3.35)	−5.019*** (−4.25)	−4.911*** (−3.46)		
N	1,367	1,315	1,367	1,315	1,367	1,314	1,366	1,313	1,078	1,062	1,353	1,303
P_{seu}-R^2	0.052,0	0.057,8	0.095,0	0.091,6	0.053,6	0.053,0	0.074,7	0.071,4	0.125,7	0.131,1	0.100,2	0.107,5
F/Wald值	21.36***	20.69***	32.50***	29.96***	13.67***	18.42***	6.55***	8.30***	15.68***	16.90***	466.10***	557.08***
	Chi2值=26.40 (p=0.000,0)		Chi2值=15.63 (p=0.000,0)		Chi2值=28.44 (p=0.000,0)		Chi2值=19.79 (p=0.000,0)		Chi2值=27.88 (p=0.000,0)		Chi2值=32.85 (p=0.000,0)	

不同獨立董事比例組別中的ICQ係數的比較檢驗

附註：括號內給出的t/z值都經過White異方差調整，***、**、* 分別表示在1%、5%、10%水準下顯著。

大,這進一步支持了 H6-4 成立。

6.4.5　內部規則對企業社會責任的影響：基於最終控制人特徵的進一步分析

6.4.5.1　內部控制對企業社會責任履行影響的迴歸結果分析：基於最終控制人特徵視角

　　近年來很多文獻對國有企業和非國有企業的社會責任履行情況的差異進行了討論：馮麗麗等（2011）發現與非國有企業相比，國有企業履行社會責任的情況更好[196]；姚海琳等（2012）和辛宇等（2013）發現，與地方國企相比而言，中央國企社會責任履行的情況更好[228-229]；但也有研究結果表明，與國有企業相比，非國有企業履行社會責任的情況更好[342]。而關於企業最終控制人特徵差異是否影響內部控制與企業履行社會責任之間的關係：李志斌（2014）發現內部控制能促進企業社會責任的履行，與非國有企業相比，內部控制對國有企業的社會責任履行的正面促進作用顯著更強[140]，但他沒有進一步分析和檢驗在地方國有企業和中央國有企業之間，內部控制對企業社會責任履行的作用是否存在顯著差異。與上述不一致的研究結論表明，企業最終控制人的特徵不同，履行社會責任的情況也存在較大差異，特別是在最終控制人特徵不同的企業中，關於內部控制對企業社會責任履行情況影響的研究還不多見。如內部控制對地方國有企業和中央國有企業社會責任的履行的影響是否存在顯著差別還不得而知。因此企業最終控制人特徵如何影響內部控制與企業社會責任的履行情況目前仍是一個有待檢驗的重要問題。基於此，本書進一步檢驗了在企業最終控制人特徵不同的情況下，內部控制對企業履行社會責任的影響是否存在顯著差異。

　　首先，根據企業最終控制人屬性，我們將企業分為國有控股企業和非國有控股企業兩類。表 6-11 報告了國有控股企業和非國有控股企業的內部控制對企業履行社會責任的影響的迴歸結果。我們可以發現，在非國有控股企業組中，無論是以企業社會責任總體評價 $CSR\text{-}Scor$ 為被解釋變量，還是以整體性指數評價 $CSR\text{-}M$、內容性指數評價 $CSR\text{-}C$、技術性指數評價 $CSR\text{-}T$、行業性指數評價 $CSR\text{-}I$ 等分指標為被解釋變量，以及採用社會責任等級分數評價 $CSR\text{-}Cred$ 為被解釋變量，公司內部控制質量 ICQ 的係數都不顯著；在國有控股企業組中，除了以行業性指數評價 $CSR\text{-}I$ 等分指標為被解釋變量之外，當採用以企業社會責任總體評價 $CSR\text{-}Scor$ 為被解

表 6-11　內部控制質量、最終控制人屬性與企業社會責任

變量	CSR-Scor Tobit 模型 非國有控股企業組	CSR-Scor Tobit 模型 國有控股企業組	CSR-M Tobit 模型 非國有控股企業組	CSR-M Tobit 模型 國有控股企業組	CSR-C Tobit 模型 非國有控股企業組	CSR-C Tobit 模型 國有控股企業組	CSR-T Tobit 模型 非國有控股企業組	CSR-T Tobit 模型 國有控股企業組	CSR-I Tobit 模型 非國有控股企業組	CSR-I Tobit 模型 國有控股企業組	CSR-Cred Ologit 模型 非國有控股企業組	CSR-Cred Ologit 模型 國有控股企業組
ICQ	0.000,5 (0.30)	0.004,9** (2.41)	-0.000,2 (-0.33)	0.001,8** (2.28)	0.000,8 (0.89)	0.002,2** (2.29)	-0.000,4 (-0.02)	0.000,5* (1.70)	-0.000,2 (-0.60)	0.000,5** (2.02)	-0.000,1 (-0.02)	0.001,0*** (2.87)
Size	2.332,3*** (5.08)	3.460,9*** (11.93)	0.702,3*** (4.38)	1.107,3*** (10.91)	1.209,2*** (5.25)	1.600,4*** (11.29)	0.225,4*** (2.84)	0.534,8*** (10.34)	0.333,7*** (5.04)	0.345,5*** (7.68)	0.466,5*** (4.77)	0.570,0*** (10.94)
Lev	-2.784,9 (-1.45)	-0.570,0 (-0.34)	-1.149,9 (-1.63)	-0.149,5 (-0.25)	-1.464,2 (-1.55)	-0.130,5 (-0.16)	-0.193,0 (-0.56)	-0.535,5* (-1.80)	-0.447,7 (-1.56)	0.160,0 (0.78)	-0.928,7** (-2.03)	-0.250,4 (-0.82)
Shr1	-0.114,2*** (-3.25)	-0.055,5** (-1.96)	-0.033,4*** (-2.61)	-0.019,6 (-1.91)	-0.288,7 (-1.47)	-0.018,7 (-1.40)	-0.015,7** (-2.51)	-0.010,3** (-2.05)	-0.005,2 (-1.09)	-0.006,8* (-1.80)	-0.024,8*** (-3.13)	-0.007,4 (-1.56)
Growth	0.076,0 (0.10)	-1.337,2* (-1.89)	0.068,9 (0.26)	-0.374,0 (-1.47)	-0.374,0 (-0.75)	-0.777,7** (-2.16)	0.068,6 (0.41)	-0.120,8 (-0.97)	0.247,1** (2.13)	-0.108,3 (-1.06)	0.073,7 (0.38)	-0.119,6 (-0.84)
Roe	3.383,2 (0.80)	-0.005,0 (-0.01)	-0.465,3 (-0.30)	-1.376,3 (-1.17)	4.839,5** (2.30)	1.500,2 (0.88)	-0.444,6 (-0.61)	-0.117,4 (-0.21)	-0.625,1 (-1.07)	-0.437,5 (-0.85)	1.527,6* (1.65)	0.194,7 (0.33)
Cfo	-3.706,8 (-0.78)	6.086,3 (1.62)	-1.969,4 (-1.19)	1.398,9 (1.00)	-1.943,3 (-0.82)	2.423,3 (1.29)	-0.533,4 (-0.61)	1.277,3* (1.89)	-0.203,4 (-0.30)	1.736,8*** (3.32)	-0.465,5 (-0.46)	0.132,4 (0.18)
Mshare	-5.700,8** (-2.35)	-3.359,6 (-0.29)	-1.854,8** (-2.11)	-0.221,6 (-0.05)	-2.924,9** (-2.41)	-2.756,9 (-0.43)	-0.607,0 (-1.51)	-0.825,7 (-0.55)	-0.340,2 (-0.94)	-1.327,9 (-1.07)	-0.787,6 (-1.32)	0.654,4 (0.25)
LnComp	-0.162,4 (-0.29)	0.392,7 (0.69)	-0.067,6 (-0.37)	0.165,0 (1.01)	-0.059,5 (-0.22)	0.154,4 (0.51)	0.016,0 (0.27)	0.101,0 (1.27)	-0.046,9 (-0.80)	-0.029,2 (-0.25)	0.065,6 (0.76)	0.113,3* (1.73)
Shr2-5	0.147,4*** (3.86)	0.082,7*** (2.99)	0.046,5*** (3.38)	0.030,6*** (2.99)	0.077,4*** (4.21)	0.032,7** (2.48)	0.019,4*** (2.89)	0.010,6** (2.14)	0.005,6 (1.09)	0.009,1*** (2.73)	0.032,8*** (3.87)	0.012,0** (2.58)
Dual	0.597,6 (0.85)	-1.384,6* (-1.75)	0.222,4 (0.84)	-0.561,6* (-1.91)	0.361,2 (1.08)	-0.370,2 (-0.92)	-0.105,4 (-0.84)	-0.350,3*** (-2.76)	0.049,6 (0.48)	-0.139,1 (-1.30)	0.032,3* (1.93)	-0.259,2* (-1.72)
Board	1.000,4*** (4.79)	0.219,8 (1.46)	0.299,5*** (3.96)	0.059,0 (1.10)	0.543,6*** (5.13)	0.095,8 (1.32)	0.100,4*** (2.81)	0.038,1 (1.38)	0.037,8 (1.26)	0.020,1 (0.94)	0.297,9*** (6.53)	0.020,9 (0.88)

表6-11(續)

Indep	10.425* (1.74)	-2,508.9 (-0.61)	4,400.5** (2.08)	-1,000.6 (-0.68)	4,142.5 (1.40)	-0.636,5 (-0.32)	0.504.4 (0.48)	1,070.8 (1.35)	-0.260,8 (-0.45)	2,819.0*** (2.10)	-0.575,8 (-0.74)
Age	-1,192.0** (-1.99)	-0.674,4 (-1.33)	-0.306,4 (-1.44)	-0.275,5 (-1.45)	-0.665,6** (-2.21)	-0.339,0 (-1.40)	-0.124,8 (-1.27)	-0.001,2 (-0.01)	-0.052,2 (-0.84)	0.694,0*** (4.29)	0.322,3*** (3.13)
List	2,676.6*** (3.66)	1,594.6*** (2.99)	1,136.0*** (4.46)	0.877,5*** (4.53)	1,049.1*** (2.88)	0.779,4*** (2.89)	0.293,7** (2.31)	0.185,2* (1.70)	-0.002,2 (-0.33)	-0.155,0 (-1.08)	-0.172,8* (-1.91)
Market	-0.546,2 (-1.49)	-0.532,8* (-1.69)	-0.069,3 (-0.53)	-0.274,2** (-2.29)	-0.395,7** (-2.22)	-0.108,6 (-0.72)	-0.026,8 (-0.42)	-0.045,8 (-0.97)	-0.036,3 (-0.87)	-0.139,7 (-1.63)	-0.083,6 (-1.42)
Legal	0.223,1 (1.54)	0.152,2 (0.96)	0.043,0 (0.81)	0.076,9 (1.31)	0.168,4** (2.42)	0.055,1 (0.73)	0.015,5 (0.62)	-0.010,6 (-0.55)	-0.007,2 (-0.35)	0.069,1** (2.04)	0.025,2 (0.85)
Trust	0.017,4** (2.19)	0.026,2*** (3.26)	0.005,3* (1.82)	0.008,5*** (2.87)	0.006,0 (1.56)	0.010,9*** (2.81)	0.004,2*** (2.92)	0.004,5*** (3.97)	0.003,3*** (3.28)	0.000,8 (0.53)	0.004,1*** (2.83)
Media1	1,140.1*** (4.46)	-0.087,9 (-0.38)	0.469,8*** (5.20)	-0.024,0 (-0.29)	0.439,6*** (3.43)	-0.009,4 (-0.08)	0.157,2*** (3.45)	0.072,4* (1.78)	-0.006,1 (-0.20)	0.197,2*** (3.16)	-0.016,4 (-0.40)
Year	控制	控制	控制	控制	控制	控制	控制	控制	控制	控制	
截距	-35.678*** (-3.12)	-54.533*** (-6.15)	-9.166** (-2.35)	-16.305*** (-5.61)	-21.368*** (-3.73)	-26.838*** (-5.91)	-1.587 (-0.84)	-6.950*** (-3.88)	-6.982*** (-4.70)		1,791
N	873	1,809	873	1,809	873	1,808	871	714	1,426	865	
Pseu-Rsq	0.062,7	0.053,5	0.113,7	0.089,6	0.074,2	0.055,8	0.066,4	0.108,1	0.128,5	0.139,2	0.096,7
F/Wald值	14.94***	29.84***	24.40***	37.85***	14.37***	37.38***	7.18***	35.87***	62.34***	465.09***	730.94***

不同最終控制人屬性組別中的 ICQ 係數的比較檢驗

| Chi2值=40.96 (p=0.000,0) | Chi2值=17.02 (p=0.000,0) | Chi2值=48.01 (p=0.000,0) | Chi2值=33.17 (p=0.000,0) | Chi2值=54.30 (p=0.000,0) | Chi2值=54.54 (p=0.000,0) |

附註：括號內給出的 t/z 值都經過 White 異方差調整，***、**、* 分別表示在 1%、5%、10% 水準下顯著。

釋變量，以整體性指數評價 CSR-M、內容性指數評價 CSR-C、技術性指數評價 CSR-T 以及以企業社會責任等級分數評價 CSR-Cred 為被解釋變量時，內部控制質量 ICQ 的系數都顯著為正。這說明對於非國有控股企業而言，內部控制質量的提升對企業履行社會責任的正向作用不明顯，而對於國有控股而言，內部控制質量的提升對企業履行社會責任的正向作用更明顯。

其次，我們進一步比較了國有控股企業和非國有控股企業兩組樣本，分析內部控制對企業履行社會責任影響的作用效果是否存在顯著差異。比較發現，除了以社會責任的行業性指數評價 CSR-I 分指標為被解釋變量的組別之外，在其他各個衡量企業社會責任的被解釋變量中，都顯示，在國有控股企業組中，內部控制質量 ICQ 的系數比非國有控股企業組中的系數更大。這說明與非國有控股企業相比，在國有控股企業中，內部控制質量的提高對企業履行社會責任的正向影響程度更大。

然後，國資委 2007 年出抬的關於中央企業履行社會責任的指導意見，可能使得地方政府控股的國有企業和中央政府控股的國有企業對社會責任的履行存在差異。因此對國有控股企業最終控制人層次，本書分為地方國有控股企業和中央國有控股企業兩類，進一步檢驗地方國有控股企業和中央國有控股企業的內部控制對企業履行社會責任的影響，表 6-12 報告了相應的迴歸結果。我們可以發現，在地方國有控股企業的組別中，無論是以企業社會責任總體評價 CSR-Scor 為被解釋變量，還是以整體性指數評價 CSR-M、內容性指數評價 CSR-C、技術性指數評價 CSR-T、行業性指數評價 CSR-I 等分指標解釋變量，以及採用社會責任等級分數評價 CSR-Cred 為被解釋變量，公司內部控制質量 ICQ 的系數都不顯著；在中央國有控股企業的組別中，除了行業性指數評價 CSR-I 等分指標為被解釋變量之外，當採用以企業社會責任總體評價 CSR-Scor 為被解釋變量，以整體性指數評價 CSR-M、內容性指數評價 CSR-C、技術性指數評價 CSR-T 及以企業社會責任等級分數評價 CSR-Cred 為被解釋變量時，內部控制質量 ICQ 的系數都顯著為正。這說明對於地方國有控股企業而言，內部控制質量提升對企業履行社會責任的正向作用不明顯，而對於中央國有控股企業而言，內部控制質量的提升對企業履行社會責任的正向作用更明顯。

最後，我們進一步比較了地方國有控股企業和中央國有控股企業兩組樣本，分析內部控制對企業履行社會責任的影響的作用效果是否存在顯著差異。比較發現，除了以行業性指數評價 CSR-I 分指標為被解釋變量的組別之外，在其他各個衡量企

表 6-12 內部控制質量、最終控制人層級與企業社會責任

變量	CSR–Scor Tobit 模型 地方國有控股企業組	CSR–Scor Tobit 模型 中央國有控股企業組	CSR–M Tobit 模型 地方國有控股企業組	CSR–M Tobit 模型 中央國有控股企業組	CSR–C Tobit 模型 地方國有控股企業組	CSR–C Tobit 模型 中央國有控股企業組	CSR–T Tobit 模型 地方國有控股企業組	CSR–T Tobit 模型 中央國有控股企業組	CSR–I Tobit 模型 地方國有控股企業組	CSR–I Tobit 模型 中央國有控股企業組	CSR–Cred Ologit 模型 地方國有控股企業組	CSR–Cred Ologit 模型 中央國有控股企業組
ICQ	0.001,1 (0.42)	0.009,8*** (3.23)	-0.000,3 (-0.25)	0.004,4** (4.10)	0.001,3 (1.08)	0.003,6** (2.39)	-0.000,1 (-0.27)	0.001,2** (2.02)	0.000,3 (1.05)	0.000,6 (1.28)	0.000,4 (0.83)	0.001,8*** (2.60)
Size	2.834,9*** (7.34)	4.277,4*** (9.14)	0.933,3*** (6.85)	1.316,5*** (7.93)	1.267,2*** (6.84)	1.994,4*** (8.49)	0.478,8*** (6.69)	0.683,6*** (8.36)	0.262,3*** (4.62)	0.464,7*** (6.59)	0.622,2*** (7.49)	0.758,8*** (7.35)
Lev	0.438,4 (0.22)	-4.778,3* (-1.66)	-0.029,1 (-0.04)	-1.244,1 (-1.16)	0.469,7 (0.47)	-2.241,4 (-1.63)	-0.351,2 (-0.99)	-1.575,2*** (-2.95)	0.487,1* (1.88)	-0.680,4* (-1.75)	-0.218,9 (-0.54)	-1.032,6 (-1.60)
Shr1	-0.105,7*** (-2.75)	-0.059,9 (-1.48)	-0.040,1*** (-2.92)	-0.017,9* (-1.22)	-0.045,1** (-2.46)	-0.012,2 (-0.63)	-0.011,9* (-1.77)	-0.020,8*** (-2.85)	-0.005,2 (-0.97)	-0.013,4** (-2.27)	-0.017,6** (-2.33)	-0.012,4 (-1.34)
Growth	-0.949,7 (-1.17)	-2.786,9* (-1.91)	-0.190,1 (-0.61)	-1.009,2** (-2.18)	-0.591,0 (-1.44)	-1.449,4** (-2.04)	-0.090,6 (-0.65)	-0.343,2 (-1.23)	-0.181,5 (-1.64)	0.065,4 (0.29)	-0.031,0 (-0.19)	-0.589,6** (-2.02)
Roe	0.090,2 (0.02)	9.219,2 (1.40)	-0.888,4 (-0.68)	3.632,8 (0.27)	1.130,3 (0.59)	6.715,3** (2.15)	-0.206,7 (-0.33)	1.820,9 (1.52)	-0.184,9 (-0.33)	0.086,3 (0.09)	-0.014,3 (-0.02)	3.120,1** (2.17)
Cfo	8.936,4** (2.16)	9.719,7 (1.33)	2.298,7 (1.51)	3.201,9 (1.18)	4.824,5** (2.23)	2.038,7 (0.59)	1.802,0** (2.37)	1.059,3 (0.82)	1.173,1* (1.90)	2.955,6*** (2.78)	0.625,0 (0.68)	0.573,8 (0.38)
Mshare	-0.973,8 (-0.08)	-13.065 (-0.75)	0.679,3 (0.13)	-4.426,0 (-0.77)	-3.355,9 (-0.55)	-4.439,4 (-0.52)	1.420,0 (0.96)	-7.167,9* (-1.78)	-0.889,4 (-0.72)	-2.647,2 (-1.03)	-0.095,8 (-0.03)	-1.752,7 (-0.51)
LnComp	-0.165,4 (-0.28)	3.524,4*** (4.14)	-0.027,4 (-0.18)	1.358,3*** (4.40)	-0.143,4 (-0.47)	1.667,0*** (3.93)	0.046,9 (0.55)	0.432,0*** (2.91)	-0.097,1 (-0.73)	0.306,7** (2.40)	-0.072,6 (-0.42)	0.691,8*** (3.83)
Shr2–5	0.142,3*** (3.70)	0.083,6** (2.32)	0.057,9*** (4.08)	0.023,9* (1.80)	0.055,5*** (3.01)	0.037,2** (2.19)	0.015,0** (2.18)	0.013,3* (1.88)	0.010,0** (2.09)	0.012,8*** (2.71)	0.020,1** (2.53)	0.016,3* (1.77)
Dual	-0.290,9 (-0.30)	-3.268,7** (-2.40)	-0.224,5 (-0.63)	-1.233,0*** (-2.71)	0.258,5 (0.54)	-1.362,7* (-1.83)	-0.241,6 (-1.58)	-0.587,1** (-2.19)	-0.056,7 (-0.44)	-0.188,6 (-0.86)	-0.107,3 (-0.57)	-0.522,6 (-1.57)

表6-12（續）

Board	0.559,5*** (3.09)	-0.051,5 (-0.22)	0.189,7*** (2.97)	-0.053,6 (-0.63)	0.226,1** (2.55)	0.030,2 (0.28)	0.092,8*** (2.80)	-0.028,9 (-0.64)	0.052,8** (2.07)	-0.027,3 (-0.75)	0.052,8 (1.58)	0.003,1 (0.07)
Indep	-13.572*** (-3.11)	12.844 (1.61)	-5.251,3*** (-3.40)	4.414,1 (1.49)	-5.620,2** (-2.46)	6.865,6* (1.84)	-1.528,0* (-1.83)	0.514,0 (0.35)	-0.735,8 (-1.15)	-0.052,3 (-0.04)	1.788,0* (1.95)	2.735,3* (1.67)
Age	0.411,3 (0.58)	-0.774,5 (-1.08)	0.241,6 (0.92)	-0.517,0** (-1.99)	0.005,6 (0.02)	-0.174,8 (-0.50)	0.120,0 (0.89)	-0.226,9* (-1.68)	0.004,2 (0.05)	-0.033,9 (-0.31)	0.068,1 (0.48)	0.676,8*** (3.55)
List	0.295,8 (0.44)	2.919,7*** (3.36)	0.499,6** (2.06)	1.163,6*** (3.66)	0.065,6 (0.19)	1.528,1*** (3.44)	-0.258,7** (-2.24)	0.284,4* (1.93)	0.005,8 (0.06)	-0.056,8 (-0.44)	-0.006,9 (-0.05)	-0.207,5 (-1.33)
Market	-0.928,2** (-2.50)	-0.155,2 (-0.22)	-0.368,2** (-2.57)	-0.229,8 (-0.91)	-0.366,6** (-2.07)	0.249,5 (0.73)	-0.234,1*** (-2.90)	-0.118,3 (-0.98)	-0.023,5 (-0.49)	-0.160,1 (-1.61)	-0.101,2 (-1.35)	-0.144,0 (-0.93)
Legal	0.299,8* (1.78)	-0.429,5 (-1.08)	0.120,9* (1.91)	-0.088,6 (-0.62)	0.140,0* (1.72)	-0.304,6 (-1.64)	0.083,5** (2.45)	-0.046,1 (-0.68)	-0.007,3 (-0.33)	0.034,4 (0.59)	0.036,1 (1.06)	-0.051,9 (-0.56)
Trust	0.032,0*** (3.22)	0.038,5** (2.28)	0.008,8** (2.42)	0.012,7** (2.05)	0.015,8*** (3.31)	0.016,8** (2.12)	0.003,4* (1.91)	0.007,1** (2.38)	0.003,5*** (2.74)	0.001,8 (0.71)	0.005,7*** (2.86)	0.007,4* (1.77)
Media1	-0.507,3* (-1.80)	-0.798,1** (-2.03)	-0.140,2 (-1.38)	-0.324,4** (-2.37)	-0.236,4* (-1.67)	-0.306,7 (-1.56)	-0.086,6* (-1.67)	-0.083,9 (-1.19)	-0.034,7 (-0.98)	-0.039,5 (-0.69)	-0.109,5** (-2.02)	-0.100,8 (-1.13)
Year	控制	控制	控制	控制	控制	控制	控制	控制	控制	控制	控制	控制
截距	-30.641*** (-2.95)	-107.48*** (-8.02)	-9.286*** (-2.72)	-32.968*** (-7.26)	-13.515** (-2.55)	-54.900*** (-8.29)	-4.518** (-2.57)	-14.094*** (-5.56)	-4.717*** (-2.71)	-9.878*** (-4.66)		
N	1,145	664	1,145	664	1,144	664	1,144	664	885	541	1,133	658
Pseu-Rsq	0.050,3	0.094,7	0.089,6	0.135,3	0.053,6	0.107,3	0.061,9	0.129,7	0.111,9	0.176,4	0.096,2	0.157,8
F/Wald值	16.51***	34.99***	23.26***	29.63***	12.65***	46.28***	7.57***	13.56***	28.84***	21.73***	436.40***	2.79*
	Chi2值=41.75 (p=0.000,0)		Chi2值=33.29 (p=0.000,0)		Chi2值=40.17 (p=0.000,0)		Chi2值=30.71 (p=0.000,0)		Chi2值=30.71 (p=0.000,0)		Chi2值=77.50 (p=0.000,0)	

不同最終控制人層級組別中的ICQ係數的比較檢驗

附註：括號內給出的t/z值都經過White異方差調整，***、**、*分別表示在1%、5%、10%水準下顯著。

業履行社會責任的被解釋變量中，都顯示在中央國有控股企業組中，內部控制質量 ICQ 的系數比地方國有控股企業組中的系數更大。這說明與地方國有控股企業相比，在中央國有控股企業中，內部控制質量的提高對企業履行社會責任的正向影響程度更大。

6.4.5.2 股權集中度和內部控制聯合對企業社會責任履行影響的迴歸結果分析：基於最終控制人特徵視角

這一節重點檢驗公司治理和內部控制的聯合作用對企業履行社會責任的影響。具體而言，這一節主要檢驗在企業最終控制人特徵不同的情況下，股權集中度和內部控制的聯合作用對企業履行社會責任是否存在顯著影響。經過檢驗發現，在股權集中度較低的組別中，無論是非國有控股企業組，還是國有控股企業組，以企業社會責任的各個衡量指標為被解釋變量時，公司內部控制質量 ICQ 的系數都不顯著（限於篇幅限制沒有報告）。這表明對於國有控股企業和非國有控股企業組而言，較低的股權集中度沒有促進內部控制對企業履行社會責任的正向作用的發揮。

表 6-13 報告了在股權集中度較高的組別中，內部控制對最終控制人特徵不同的企業履行社會責任情況的影響的迴歸結果。我們可以發現，在非國有控股企業組中，無論是以企業社會責任總體評價 CSR-Scor 為被解釋變量，還是以整體性指數評價 CSR-M、內容性指數評價 CSR-C、技術性指數評價 CSR-T、行業性指數評價 CSR-I 等分指標為被解釋變量，以及採用社會責任等級分數評價 CSR-Cred 為被解釋變量，內部控制質量 ICQ 的系數都不顯著；在國有控股企業組中，除了以技術性指數評價 CSR-T 和行業性指數評價 CSR-I 等分指標為被解釋變量之外，當採用其他企業社會責任的衡量指標為被解釋變量時，內部控制質量 ICQ 的系數都顯著為正。這說明對於股權集中度較高的非國有控股企業而言，內部控制質量的提高對企業履行社會責任的正向作用不明顯，而對於股權集中度較高的國有控股企業而言，內部控制質量的提高對企業履行社會責任的正向作用更明顯。

另外，我們比較了國有控股企業和非國有控股企業兩組樣本，分析內部控制對企業履行社會責任的影響的作用效果是否存在顯著差異。比較發現，在其他各個衡量企業社會責任的被解釋變量中，都顯示，在國有控股企業組中，內部控制質量 ICQ 的系數比非國有控股企業組中的系數更大。這說明與非國有控股企業相比，股權集中度更高的國有控股企業內部控制質量的提高對企業履行社會責任的正向作用更大。

表 6-13　股權集中度、內部控制質量、最終控制人屬性與企業社會責任

變量	CSR-Scor Tobit 模型 股權集中度高組 非國有控股企業組	CSR-Scor Tobit 模型 股權集中度高組 國有控股企業組	CSR-M Tobit 模型 股權集中度高組 非國有控股企業組	CSR-M Tobit 模型 股權集中度高組 國有控股企業組	CSR-C Tobit 模型 股權集中度高組 非國有控股企業組	CSR-C Tobit 模型 股權集中度高組 國有控股企業組	CSR-T Tobit 模型 股權集中度高組 非國有控股企業組	CSR-T Tobit 模型 股權集中度高組 國有控股企業組	CSR-I Tobit 模型 股權集中度高組 非國有控股企業組	CSR-I Tobit 模型 股權集中度高組 國有控股企業組	CSR-Cred Ologit 模型 股權集中度高組 非國有控股企業組	CSR-Cred Ologit 模型 股權集中度高組 國有控股企業組
ICQ	−0.000,9 (−0.33)	0.006,2** (2.10)	−0.000,2 (−0.17)	0.002,3** (2.12)	−0.000,1 (−0.10)	0.002,7* (1.93)	−0.000,1 (−0.24)	0.000,7 (1.34)	−0.000,7 (−1.49)	0.000,6 (1.59)	−0.000,1 (−0.13)	0.001,1** (2.22)
Size	2,406.2*** (2.97)	3,952.8*** (9.84)	0.781,7*** (2.72)	1,224.5*** (8.69)	1,313.2*** (3.17)	1,873.0*** (9.63)	0.252,8* (1.73)	0.579,3*** (8.00)	0.326,3*** (3.05)	0.431,5*** (7.41)	0.557,8*** (3.11)	0.625,5*** (9.02)
Lev	−5,034.7 (−1.61)	1,250.1 (0.48)	−2,729.9** (−2.29)	0.492,2 (0.52)	−1,349.1 (−0.84)	0.925,4 (0.75)	−0.475,5 (−0.90)	−0.390,0 (−0.81)	−1,174.2*** (−2.65)	0.078,8 (0.24)	−1,013.5 (−1.28)	−0.076,7 (−0.17)
Growth	1,180.7 (0.86)	−1,847.2** (−2.03)	0.313,3 (0.64)	−0.460,6 (−1.43)	0.452,3 (0.63)	−1,193.8*** (−2.63)	0.118,2 (0.53)	−0.225,1 (−1.35)	−0.401,6** (2.47)	−0.148,3 (−1.14)	0.345,1 (1.06)	−0.301,9* (−1.69)
Roe	7,915.6 (1.07)	1,017.0 (0.22)	1,103.4 (0.38)	−1,015.2 (−0.64)	5,774.2 (1.59)	1,632.1 (0.71)	1,048.0 (0.81)	0.311,2 (0.39)	0.623,2 (0.79)	−0.092,4 (−0.13)	0.864,9 (0.57)	0.393,1 (0.49)
Cfo	−17,052.1** (−2.02)	6,415.1 (1.20)	−5,276.5* (−1.72)	1,418.4 (0.70)	−9,514.4** (−2.25)	2,992.6 (1.17)	−2,405.2 (−1.63)	1,193.8 (1.23)	−1,099.9 (−0.98)	1,895.8*** (2.69)	−3,802.9** (−2.04)	0.477,7 (0.50)
Mshare	−6,309.4* (−1.91)	−4,056.8 (−0.12)	−2,735.4** (−2.18)	3,944.0 (0.23)	−2,425.0 (−1.42)	−11.117 (−0.63)	−1,457.9** (−2.50)	−4,496.7 (−0.67)	0.123,5 (0.31)	−4,171.5 (−0.60)	−0.305,4 (−0.33)	2,892.8 (0.24)
LnComp	−0.958,7* (−1.83)	−0.312,3 (−0.41)	−0.320,2** (−2.06)	0.016,0 (0.07)	−0.512,3** (−2.08)	−0.198,3 (−0.50)	0.000,2 (0.01)	0.020,8 (0.20)	−0.080,5 (−0.88)	−0.171,9 (−1.35)	−0.133,5 (−1.46)	0.019,8 (0.19)
Shr2-5	0.015,6 (0.32)	0.067,7** (2.20)	0.002,0 (0.10)	0.026,6** (2.36)	0.005,9 (0.26)	0.025,1* (1.73)	−0.004,6 (−0.55)	0.012,2** (2.21)	0.005,4 (1.01)	0.006,7* (1.84)	0.013,6 (1.21)	0.007,9 (1.48)
Dual	1,712.7 (1.27)	−0.032,8 (−0.03)	1,048.3* (1.95)	−0.101,4 (−0.21)	0.491,8 (0.76)	0.251,2 (0.40)	−0.065,1 (−0.29)	−0.174,6 (−0.76)	0.074,1 (0.43)	0.022,4 (0.14)	0.528,8 (1.55)	0.080,0 (0.34)
Board	0.467,0 (1.16)	0.196,3 (0.90)	0.179,9 (1.13)	0.043,0 (0.56)	0.243,8 (1.32)	0.080,2 (0.78)	0.042,3 (0.59)	0.020,0 (0.48)	−0.031,6 (−0.74)	0.047,1 (1.63)	0.158,8** (1.99)	0.017,6 (0.54)

表6-13（續）

Indep	14.424 (1.45)	8,293.4 (1.38)	6,382.0 (1.76)	2,485.7 (1.17)	4,657.1 (0.95)	4,025.9 (1.38)	1,475.7 (0.84)	1,135.1 (1.06)	2,473.8** (2.04)	0.822.3 (1.02)	2,721.9 (1.20)	0.962.6 (0.90)
Age	0.259.6 (0.28)	-1,370.2** (-2.06)	-0.057.6 (-0.16)	-0.553.4** (-2.24)	0.098.7 (0.21)	-0.700.1** (-2.22)	-0.040.6 (-0.27)	-0.169.6 (-1.50)	0.371.5*** (2.79)	-0.081.3 (-1.01)	0.745.3*** (2.44)	0.531.0*** (3.52)
List	1,131.8 (0.93)	2,332.9*** (3.03)	0.164.9 (0.38)	1,081.4*** (3.83)	0.758.9 (1.22)	1,266.2*** (3.30)	0.028.8 (0.15)	0.153.4 (1.19)	0.059.9 (0.36)	-0.018.3 (-0.16)	0.202.0 (0.83)	-0.282.9** (-2.45)
Market	-2,259.4*** (-4.69)	-1,642.1*** (-3.15)	-0.679.8*** (-3.78)	-0.644.5*** (-3.35)	-1,191.4*** (-5.26)	-0.729.4*** (-2.99)	-0.297.8*** (-3.28)	-0.292.4*** (-3.32)	-0.168.5*** (-2.74)	-0.078.3 (-1.19)	-0.526.5*** (-4.22)	-0.299.0*** (-3.28)
Legal	0.630.1*** (3.09)	0.449.3* (1.90)	0.164.2** (2.08)	0.191.9** (2.18)	0.398.6*** (4.08)	0.220.2* (1.96)	0.057.0 (1.62)	0.083.9** (2.23)	0.030.6 (1.14)	0.003.6 (0.12)	0.147.1*** (2.83)	0.089.0** (2.04)
Trust	0.037.7*** (2.67)	0.022.3** (2.12)	0.013.1** (2.41)	0.006.2 (1.56)	0.013.1* (1.94)	0.008.5* (1.67)	0.010.1*** (4.04)	0.003.9** (2.27)	0.005.6*** (3.24)	0.002.7** (1.97)	0.003.7 (1.28)	0.001.8 (0.90)
Media1	0.553.2 (1.23)	-0.203.5 (-0.65)	0.277.8* (1.74)	-0.018.4 (-0.16)	0.138.3 (0.57)	-0.067.5 (-0.45)	0.074.7 (1.00)	-0.010.0 (-0.17)	0.019.7 (0.33)	-0.074.9* (-1.79)	0.044.4 (0.39)	0.027.5 (0.49)
Year	控制	控制	控制	控制	控制	控制	控制	控制	控制	控制	控制	控制
截距	1.685 (0.09)	-59.575*** (-5.15)	4.527 (0.71)	-19.253*** (-4.85)	-5.505 (-0.61)	-27.425*** (-4.61)	1,491.0 (0.49)	-7.683*** (-4.06)	-3.825 (-1.46)	-4.474** (-2.38)		
N	299	1,040	299	1,040	299	1,039	298	1,039	257	838	296	1,029
Pseu-Rsq	0.061.5	0.060.5	0.101.3	0.095.0	0.076.2	0.067.3	0.089.8	0.087.6	0.166.0	0.137.6	0.122.2	0.102.1
F/Wald 值	38.97***	28.25***	96.73***	31.23***	28.85***	35.67***	4.91***	17.57***	2.11*	72.42***	132.34***	451.11***
	Chi2 值=30.01 (p=0.000.0)		Chi2 值=14.11 (p=0.000.0)		Chi2 值=32.51 (p=0.000.0)		Chi2 值=27.65 (p=0.000.0)		Chi2 值=32.21 (p=0.000.0)		Chi2 值=46.80 (p=0.000.0)	
	股權集中度較高情況下不同最終控制人屬性組別中的 ICQ 系數的比較檢驗											

附註：括號內給出的 t/z 值都經過 White 異方差調整，***、**、* 分別表示在 1%、5%、10% 水準下顯著。

按層級將企業最終控制人分為地方國有控股企業和中央國有控股企業兩類後，檢驗發現，在股權集中度較低的組別中，無論是地方國有控股企業組，還是中央國有控股企業組，以企業社會責任的各個衡量指標為被解釋變量時，公司內部控制質量 ICQ 的系數都不顯著（限於篇幅限制沒有報告）。這表明對於地方國有控股企業和中央國有控股企業而言，較低的股權集中度沒有促進內部控制對企業履行社會責任的正向作用的發揮。而在股權集中度較高組中，表 6-14 報告了地方國有控股企業和中央國有控股企業的內部控制對企業履行社會責任的影響的迴歸結果。我們可以發現，在地方國有控股企業組中，無論是以企業社會責任總體評價 CSR-Scor 為被解釋變量，還是以整體性指數評價 CSR-M、內容性指數評價 CSR-C、技術性指數評價 CSR-T、行業性指數評價 CSR-I 等分指標為被解釋變量，以及採用社會責任等級分數評價 CSR-Cred 為被解釋變量，內部控制質量 ICQ 的系數都不顯著；但在中央國有控股企業組中，除了以社會責任行業性指數評價 CSR-I 等分指標為被解釋變量之外，當採用其他企業社會責任衡量指標為被解釋變量時，公司內部控制質量 ICQ 的系數都顯著為正。這說明對於股權集中度更高的地方國有控股企業而言，內部控制質量的提高對企業履行社會責任的正向影響不明顯，而在股權集中度更高的中央國有控股企業內部控制質量的提高對企業履行社會責任的正向影響更明顯。

我們進一步比較了地方國有控股企業和中央國有控股企業兩組樣本，分析內部控制對企業履行社會責任的影響的作用效果是否存在顯著差異。比較發現，在其他各個衡量企業社會責任的被解釋變量中，都顯示，在中央國有控股企業組中，內部控制質量 ICQ 的系數比地方國有控股企業組中的系數更大。這說明與地方國有控股企業相比，股權集中度更高的中央國有控股企業內部控制質量的提高對企業履行社會責任的正向影響程度更大。

6.4.5.3 董事會效率和內部控制聯合對企業社會責任履行影響的迴歸結果分析：基於最終控制人特徵視角

這一節主要檢驗在企業最終控制人特徵不同的情況下，董事會效率和內部控制的聯合作用對企業履行社會責任的情況是否存在顯著影響。

表 6-14 股權集中度、內部控制質量、最終控制人層級與企業社會責任

變量	CSR-Scor Tobit 模型 地方國有控股企業組	CSR-Scor Tobit 模型 中央國有控股企業組	CSR-M Tobit 模型 地方國有控股企業組	CSR-M Tobit 模型 中央國有控股企業組	CSR-C Tobit 模型 地方國有控股企業組	CSR-C Tobit 模型 中央國有控股企業組	CSR-T Tobit 模型 地方國有控股企業組	CSR-T Tobit 模型 中央國有控股企業組	CSR-I Tobit 模型 地方國有控股企業組	CSR-I Tobit 模型 中央國有控股企業組	CSR-Cred Ologit 模型 地方國有控股企業組	CSR-Cred Ologit 模型 中央國有控股企業組
ICQ	0.000,9* (0.22)	0.007,9** (2.30)	-0.000,5 (-0.36)	0.003,6*** (2.99)	0.001,5 (0.80)	0.002,8* (1.67)	-0.000,2 (-0.24)	0.001,0* (1.65)	0.000,3 (0.77)	0.000,6 (0.99)	0.000,1 (0.23)	0.001,3* (1.74)
Size	3.270,3*** (5.70)	4.012,6*** (7.02)	0.973,5*** (4.81)	1.222,9*** (5.97)	1.541,3*** (5.63)	1.889,2*** (6.79)	0.479,2*** (4.65)	0.640,8*** (5.91)	0.384,4*** (5.07)	0.455,8*** (4.74)	0.620,0*** (5.38)	0.717,5*** (5.26)
Lev	3.300,1 (1.08)	-9.492,9** (-2.34)	0.980,0 (0.90)	-2.781,4* (-1.77)	1.984,6 (1.30)	-4.346,6** (-2.35)	0.207,8 (0.37)	-2.453,8*** (-3.05)	0.389,2 (0.99)	-1.280,4** (-2.23)	0.151,6 (0.23)	-2.327,1** (-2.68)
Growth	-2.468,9** (-2.39)	-1.345,1 (-0.79)	-0.597,7 (-1.54)	-0.534,8 (-0.98)	-1.473,0*** (-2.83)	-0.915,8 (-1.12)	-0.372,8** (-2.05)	-0.025,0 (-0.07)	-0.338,6** (-2.55)	0.224,9 (0.88)	-0.472,2** (-2.20)	-0.384,4 (-1.05)
Roe	0.260,4 (0.05)	7.902,5 (1.03)	-0.337,0 (-0.19)	0.051,8 (0.02)	0.384,8 (0.14)	5.514,6 (1.53)	0.256,0 (0.28)	1.896,4 (1.27)	0.164,5 (0.22)	0.183,3 (0.15)	-0.553,7 (-0.54)	2.843,3 (1.59)
Cfo	10.368** (1.73)	12.797 (1.41)	2.209,4 (1.01)	5.089,7 (1.48)	6.666,2** (2.17)	3.322,5 (0.80)	1.927,5* (1.71)	0.642,3 (0.38)	1.733,6* (1.92)	3.052,3** (2.31)	1.708,1 (1.30)	1.186,8 (0.64)
Mshare	775.51** (2.44)	-86.908** (-2.24)	317.79** (2.50)	-25.955 (-1.36)	333.52** (2.35)	-52.729*** (-3.02)	100.71* (1.77)	-18.449** (-2.33)	19.125 (0.72)	-7.558,8 (-1.07)	143.69*** (2.84)	-10.937 (-1.34)
LnComp	-1.533,6*** (-4.86)	5.042,0*** (4.31)	-0.406,6*** (-3.93)	1.881,2*** (4.43)	-0.811,0*** (-3.77)	2.438,1*** (4.28)	-0.121,3** (-2.08)	0.715,2*** (3.36)	-0.341,1*** (-6.06)	0.421,5** (2.32)	-0.256,5*** (-4.88)	1.132,9*** (4.11)
Shr2-5	0.203,8*** (4.70)	0.055,1 (1.35)	0.086,3*** (5.22)	0.016,7 (1.11)	0.080,2*** (4.00)	0.021,0 (1.06)	0.028,1*** (3.56)	0.010,4 (1.27)	0.012,4** (2.30)	0.007,1 (1.34)	0.035,1*** (3.91)	0.012,3 (1.16)
Dual	1.132,4 (0.61)	-1.208,6 (-0.79)	0.006,4 (0.01)	-0.440,1 (-0.85)	1.201,0 (1.37)	-0.410,1 (-0.50)	-0.009,9 (-0.03)	-0.381,1 (-1.08)	0.177,2 (0.71)	-0.137,4 (-0.55)	0.129,7 (0.37)	0.030,6 (0.08)
Board	0.690,5** (2.47)	-0.329,8 (-1.21)	0.251,2** (2.60)	-0.170,5* (-1.70)	0.272,2** (2.05)	-0.120,6 (-0.94)	0.093,8* (1.79)	-0.066,2 (-1.17)	0.080,3** (2.26)	-0.019,6 (-0.44)	0.092,0* (1.84)	-0.068,0 (-1.24)

表6-14(續)

Indep	-7.038,3 (-0.97)	12.447 (1.31)	-3.643,2 (-1.51)	3.436,8 (0.99)	-2.394,7 (-0.63)	5.948,4 (1.32)	-0.616,2 (-0.50)	0.536,2 (0.30)	0.223,3 (0.24)	0.228,7 (0.16)	-0.943,8 (-0.61)	2.538,0 (1.21)
Age	-0.320,9 (-0.34)	0.069,8 (0.08)	0.082,0 (0.24)	-0.251,5 (-0.81)	-0.492,0 (-1.07)	0.082,2 (0.20)	0.107,8 (0.66)	-0.091,5 (-0.57)	-0.113,0 (-1.02)	0.083,7 (0.68)	0.430,9 * (1.87)	0.314,7 (1.19)
List	2.037,4 * (1.89)	0.918,6 (0.81)	1.088,0 *** (2.84)	0.557,3 (1.33)	1.037,9 * (1.92)	0.445,0 (0.80)	-0.012,5 (-0.07)	0.156,9 (0.76)	0.098,1 (0.63)	-0.330,2 * (-1.86)	-0.139,5 (-0.76)	-0.042,3 (-0.21)
Market	-2.114,9 *** (-3.59)	-0.862,9 (-0.92)	-0.812,5 *** (-3.75)	-0.369,7 (-1.09)	-0.970,4 *** (-3.45)	-0.356,9 (-0.80)	-0.371,4 *** (-3.74)	-0.138,8 (-0.79)	-0.053,2 (-0.67)	-0.160,3 (-1.22)	-0.361,0 *** (2.92)	-0.312,2 (-1.41)
Legal	0.655,3 *** (2.61)	-0.445,0 (-0.87)	0.276,2 *** (2.98)	-0.126,1 (-0.66)	0.299,2 ** (2.44)	-0.164,5 (-0.70)	0.120,0 *** (2.96)	-0.099,6 (-1.07)	0.007,6 (0.22)	-0.012,9 (-0.17)	0.123,8 ** (2.23)	-0.072,6 (-0.60)
Trust	0.016,9 (1.24)	0.051,8 ** (2.37)	0.001,8 (0.37)	0.018,4 ** (2.20)	0.009,9 (1.45)	0.016,6 * (1.65)	0.003,0 (1.26)	0.011,6 *** (2.87)	0.000,7 (0.41)	0.004,5 (1.28)	0.001,0 (0.32)	0.009,9 * (1.86)
Media1	-0.462,5 (-1.11)	-0.502,9 (-1.06)	-0.075,6 (-0.50)	-0.149,1 (-0.90)	-0.260,9 (-1.30)	-0.149,7 (-0.64)	-0.048,0 (-0.60)	-0.027,9 (-0.30)	-0.041,9 (-0.78)	-0.142,8 * (-1.88)	-0.088,4 (-1.06)	0.043,8 (0.40)
Year	控制	控制	控制	控制	控制	控制	控制	控制	控制	控制	控制	控制
截距	-27.245 ** (-2.13)	-127.08 *** (-8.38)	-8.054 * (-1.81)	-41.105 *** (-7.61)	-11.192 * (-1.70)	-63.130 *** (-8.50)	-3.932,9 * (-1.70)	-17.523 *** (-6.46)	-1.420,3 (-0.73)	-11.692 *** (-4.60)		
N	583	457	583	457	582	457	582	457	467	371	576	453
Pseu-Rsq	0.059,6	0.101,9	0.103,0	0.145,1	0.066,4	0.113,8	0.083,9	0.135,8	0.141,6	0.178,7	0.106,4	0.176,7
F/Wald 值	13.15 ***	38.27 ***	19.40 ***	26.23 ***	9.77 ***	51.55 ***	13.66 ***	10.27 ***	46.72 ***	14.13 ***	288.64 ***	233.27 ***
	股權集中度較高情況下不同最終控制人層級組別中的 *ICQ* 系數的比較檢驗											
	Chi2 值=28.67 (p=0.000,0)		Chi2 值=21.66 (p=0.000,0)		Chi2 值=31.49 (p=0.000,0)		Chi2 值=19.77 (p=0.000,0)		Chi2 值=11.38 (p=0.000,0)		Chi2 值=59.47 (p=0.000,0)	

附註：括號內給出的 t/z 值都經過 White 異方差調整，***、**、* 分別表示在 1%、5%、10%水準下顯著。

具體而言，首先檢驗在企業最終控制人特徵不同的情況下，董事會規模和內部控制的聯合作用對企業社會責任的履行是否存在顯著影響。檢驗發現，在董事會規模較大的組別中，無論是非國有控股企業組，還是國有控股企業組，以企業社會責任的各個衡量指標為被解釋變量時，公司內部控制質量 ICQ 的系數都不顯著（限於篇幅限制沒有報告）。這表明對於國有控股企業和非國有控股企業組而言，較大的董事會規模沒有促進內部控制對企業履行社會責任的正向作用的發揮；在董事會規模較小組中，表 6-15 報告了相應的迴歸結果。我們可以發現，在非國有控股企業組中，無論是以企業社會責任總體評價 CSR-Scor 為被解釋變量，還是以整體性指數評價 CSR-M、內容性指數評價 CSR-C、技術性指數評價 CSR-T、行業性指數評價 CSR-I 等分指標為被解釋變量，以及採用社會責任等級分數評價 CSR-Cred 為被解釋變量，內部控制質量 ICQ 的系數都不顯著；在國有控股企業組中，除了以技術性指數評價 CSR-T 和行業性指數評價 CSR-I 等分指標為被解釋變量之外，當採用以社會責任總體評價 CSR-Scor、整體性指數評價 CSR-M、內容性指數評價 CSR-C 以及採用社會責任等級分數評價 CSR- Cred 為被解釋變量時，內部控制質量 ICQ 的系數都顯著為正。這說明在董事會規模更小的非國有控股企業中，內部控制質量的提升對企業社會責任的正向作用更不明顯，而在董事會規模更小的國有控股企業中，內部控制質量的提升對企業社會責任的正向作用更明顯。

我們比較了國有控股企業和非國有控股企業兩組樣本，分析內部控制對企業履行社會責任的影響的作用效果是否存在顯著差異。比較發現，在其他各個衡量企業社會責任的被解釋變量中，都顯示在國有控股企業組中，內部控制質量 ICQ 的系數比非國有控股企業組中的系數更大。這說明與非國有控股企業相比，董事會規模更小的國有控股企業內部控制質量的提高對企業履行社會責任的正向影響程度更大。

對企業最終控制人按層級分為地方國有控股企業和中央國有控股企業兩類後，檢驗發現，在董事會較大的組別中，無論是地方國有控股企業組，還是中央國有控股企業組，以企業社會責任的各個衡量指標為被解釋變量時，公司內部控制質量 ICQ 的系數都不顯著（限於篇幅限制沒有報告）。這表明對於地方國有控股企業和中央國有控股企業而言，較大的董事會規模沒有促進內部控制對企業履行社會責任的正向作用的發揮。而在董事會規模較小組中，表 6-16 報告了相應的迴歸結果，我們可以發現，在地方國有控股企業組中，無論是社會責任總體評價 CSR-Scor 為被

表 6-15　董事會規模、內部控制質量、最終控制人屬性與企業社會責任

變量	CSR-Scor Tobit 模型 董事會規模小組 國有控股企業組	CSR-Scor Tobit 模型 董事會規模小組 非國有控股企業組	CSR-M Tobit 模型 董事會規模小組 國有控股企業組	CSR-M Tobit 模型 董事會規模小組 非國有控股企業組	CSR-C Tobit 模型 董事會規模小組 國有控股企業組	CSR-C Tobit 模型 董事會規模小組 非國有控股企業組	CSR-T Tobit 模型 董事會規模小組 國有控股企業組	CSR-T Tobit 模型 董事會規模小組 非國有控股企業組	CSR-I Tobit 模型 董事會規模小組 國有控股企業組	CSR-I Tobit 模型 董事會規模小組 非國有控股企業組	CSR-Cred Ologit 模型 董事會規模小組 國有控股企業組	CSR-Cred Ologit 模型 董事會規模小組 非國有控股企業組
ICQ	0.010,9*** (3.04)	0.002,4 (0.79)	0.004,6*** (4.01)	0.000,7 (0.62)	0.004,9*** (2.66)	0.001,8 (1.11)	0.001,3* (1.68)	0.000,2 (0.31)	0.000,4 (0.88)	-0.000,6 (-1.36)	0.001,6** (2.05)	0.000,2 (0.27)
Size	4.020,7*** (6.35)	1.136,5 (1.17)	1.096,7*** (4.53)	0.357,9 (1.10)	2.075,5*** (6.69)	0.610,0 (1.26)	0.597,3*** (4.99)	0.085,3 (0.47)	0.401,8*** (5.39)	0.207,8 (1.54)	0.887,2*** (6.21)	0.143,0 (0.68)
Lev	-4.332,3 (-1.39)	-4.045,1 (-1.08)	-1.301,3 (-1.07)	-2.258,5* (-1.66)	-2.005,8 (-1.24)	-1.589,1 (-0.89)	-1.529,7*** (-2.75)	-0.787,2 (-1.17)	0.000,5 (0.01)	-0.250,2 (-0.48)	-0.816,4 (-1.04)	-0.415,0 (-0.45)
Shr1	-0.098,3 (-1.56)	0.112,4* (1.68)	-0.029,1 (-1.16)	0.035,9 (1.53)	-0.041,8 (-1.45)	0.041,3 (1.24)	-0.001,0 (-0.09)	0.012,8 (1.12)	-0.024,7*** (-3.64)	0.014,0 (1.32)	-0.021,4* (-1.70)	0.015,3 (0.85)
Growth	-4.054,2*** (-2.94)	0.952,4 (0.58)	-1.180,6** (-2.36)	0.166,6 (0.27)	-2.484,7*** (-3.34)	0.553,0 (0.75)	-0.622,8** (-2.31)	-0.039,7 (-0.14)	-0.075,4 (-0.30)	0.365,6* (1.66)	-0.301,9* (-1.69)	0.054,9 (0.13)
Roe	5.830,1 (0.89)	6.936,5 (0.77)	1.084,0 (0.44)	0.466,2 (0.14)	3.747,3 (1.11)	7.222,7* (1.67)	0.046,5 (0.05)	0.006,7 (0.01)	0.868,0 (0.83)	-1.260,7 (-1.08)	-0.620,3* (-1.67)	3.946,1** (2.06)
Cfo	-12.863** (-2.00)	-8.633,8 (-0.98)	-5.092,2** (-2.12)	-4.518,8 (-1.49)	-4.282,5 (-1.17)	-5.366,6 (-1.23)	-1.703,5 (-1.50)	-1.348,4 (-0.84)	-1.071,8 (-0.99)	0.809,9 (0.66)	1.262,1 (0.76)	-1.276,8 (-0.66)
Mshare	-35.382** (-2.07)	-2.833,1 (-0.60)	-8.904,5 (-1.42)	-1.349,6 (-0.80)	-22.144** (-2.59)	-1.530,6 (-0.66)	-2.380,1 (-0.89)	-0.120,5 (-0.15)	-4.420,4** (-2.19)	0.516,1 (0.80)	-3.463,1* (-1.94)	-0.799,9 (-0.70)
LnComp	0.990,0 (0.99)	-0.248,3 (-0.48)	0.430,5 (1.13)	-0.104,2 (-0.55)	0.285,2 (0.57)	-0.183,3 (-0.75)	0.336,0** (2.24)	0.070,4 (0.82)	-0.204,1 (-1.57)	0.014,4 (0.37)	-5.570,4 (-1.16)	0.055,9 (0.44)
Shr2-5	0.087,2 (1.46)	-0.066,1 (-0.80)	0.028,9 (1.21)	-0.017,6 (-0.61)	0.035,7 (1.39)	-0.016,4 (-0.40)	0.003,2 (0.32)	-0.002,6 (-0.18)	0.016,2*** (2.86)	-0.016,5 (-1.29)	0.006,4 (0.03)	-0.000,6 (-0.03)
Dual	-2.010,5 (-1.35)	-0.458,2 (-0.33)	-0.954,4 (-1.64)	-0.227,0 (-0.44)	-0.485,1 (-0.60)	-0.080,2 (-0.12)	-0.489,0** (-2.06)	-0.243,9 (-1.05)	-0.042,2** (-2.22)	0.033,3 (0.17)	0.010,5 (0.98)	0.288,1 (0.88)

表6-15(續)

Indep	7.131,1 (0.48)	-4.761,0 (-0.53)	6.084,5 (1.21)	-2.915,6 (-0.85)	-1.170,1 (-0.17)	-0.564,7 (-0.13)	0.211,0 (0.09)	0.662,9 (0.40)	0.524,7 (0.25)	-1.010,7 (-0.86)	0.966,0 (0.32)	-0.518,4 (-1.49)
Age	-1.833,7 (-1.57)	-2.420,0** (-2.08)	-0.273,5 (-0.65)	-0 946,5** (-2.15)	-1.266,1** (-2.07)	-1.278,6** (-2.23)	-0.114,2 (-0.61)	-0.212,3 (-1.10)	0.069,0 (0.37)	-0.117,5 (-0.88)	-0.298,1 (-0.78)	-2.638,2 (-1.37)
List	-0.886,7 (-0.51)	6.429,6*** (5.55)	-0.106,0 (-0.19)	2.176,7*** (4.97)	-0.724,1 (-0.84)	3.643,1*** (5.89)	-0.439,0 (-1.19)	0.439,3** (2.52)	0.184,2 (0.82)	0.639,7*** (3.41)	-0.361,6 (-1.10)	1.609,3** (5.36)
Market	-0.314,8 (-0.45)	-1.630,3*** (-2.01)	0.040,5 (0.17)	-0.601,5** (-2.09)	-0.351,1 (-1.03)	-0.764,5* (-1.83)	0.054,4 (0.43)	-0.271,8* (-1.94)	0.050,1 (0.50)	-0.052,3 (-0.63)	0.006,4 (0.04)	-0.710,9*** (-2.74)
Legal	0.007,6 (0.02)	0.616,0** (1.96)	-0.057,0 (-0.57)	0.208,5* (1.80)	0.099,9 (0.68)	0.304,9* (1.90)	-0.055,9 (-1.05)	0.122,1** (2.42)	-0.023,1 (-0.47)	0.034,5 (0.89)	-0.004,8 (-0.07)	-0.371,8** (-2.05)
Trust	0.040,8** (2.25)	0.023,8* (1.74)	0.015,5** (2.47)	0.008,1 (1.59)	0.016,0* (1.85)	0.011,4* (1.65)	0.009,4*** (2.65)	0.001,1 (0.48)	0.005,7*** (2.74)	0.001,2 (0.70)	0.004,6 (1.33)	0.159,9** (2.00)
Media1	1.097,8* (1.81)	-1.720,5*** (-3.37)	0.346,3* (1.70)	-0.477,4** (-2.37)	0.586,7* (1.95)	-0.914,1*** (-3.60)	0.056,3 (0.52)	-0.174,3* (-1.81)	0.141,7 (1.60)	-0.077,0 (-1.24)	0.226,4* (1.68)	0.002,8 (0.80)
Year	控制	控制	控制	控制	控制	控制	控制	控制	控制	控制	控制	控制
截距	-1.219,2 (-0.05)	-64.521*** (-3.59)	-1.005,9 (-0.13)	-16.567** (-2.42)	-0.651,6 (-0.05)	-33.098*** (-3.84)	-0.264,6 (-0.06)	-10.968*** (-3.27)	-2.681,9 (-0.88)	-1.189,1 (-0.56)		
N	259	313	259	313	299	313	258	313	204	247	257	310
$Pseu\text{-}R^2$	0.065,0	0.095,5	0.128,7	0.133,9	0.084,8	0.103,6	0.066,4	0.140,7	0.178,4	0.214,1	0.158,1	0.169,2
F/Wald 值	197.23***	4.25***	91.15***	2.01*	110.46***	3.46***	25.52***	3.51***	68.42*	2.01*	151.81***	215.17***
	董事會規模較小情況下不同最終控制人屬性組別中的 *ICQ* 係數的比較檢驗											
	Chi2 值=11.82 (p=0.000,0)		Chi2 值=8.96 (p=0.000,1)		Chi2 值=13.45 (p=0.000,0)		Chi2 值=9.04 (p=0.000,0)		Chi2 值=6.34 (p=0.001,9)		Chi2 值=19.50 (p=0.000,1)	

附註：括號內給出的 t/z 值都經過 White 異方差調整，***、**、* 分別表示在 1%、5%、10%水準下顯著。

表 6-16 董事會規模、內部控制人層級與企業社會責任

變量	CSR-Scor Tobit 模型 董事會規模低組 地方國有控股企業組	CSR-Scor Tobit 模型 董事會規模低組 中央國有控股企業組	CSR-M Tobit 模型 董事會規模低組 地方國有控股企業組	CSR-M Tobit 模型 董事會規模低組 中央國有控股企業組	CSR-C Tobit 模型 董事會規模低組 地方國有控股企業組	CSR-C Tobit 模型 董事會規模低組 中央國有控股企業組	CSR-T Tobit 模型 董事會規模低組 地方國有控股企業組	CSR-T Tobit 模型 董事會規模低組 中央國有控股企業組	CSR-I Tobit 模型 董事會規模低組 地方國有控股企業組	CSR-I Tobit 模型 董事會規模低組 中央國有控股企業組	CSR-Cred Ologit 模型 董事會規模低組 地方國有控股企業組	CSR-Cred Ologit 模型 董事會規模低組 中央國有控股企業組
ICQ	0.011,8*** (2.96)	0.010,2* (1.78)	0.003,7*** (2.68)	0.004,8** (2.25)	0.006,6*** (3.49)	0.004,4* (1.70)	0.001,8*** (2.83)	0.000,7 (0.70)	0.000,1 (0.17)	0.000,4 (0.54)	0.002,6** (2.38)	0.001,3 (0.84)
Size	2.711,7*** (3.54)	3.762,3*** (3.52)	0.631,4** (2.25)	0.708,1 (1.57)	1.491,2*** (3.76)	2.313,7*** (4.13)	0.360,8** (2.50)	0.424,8*** (2.71)	0.300,1*** (3.46)	0.488,1*** (3.44)	0.727,4*** (2.88)	1.216,4*** (3.05)
Lev	−0.709,8 (−0.22)	5.035,0 (0.56)	−0.622,7 (−0.51)	4.414,7 (1.19)	−0.167,4 (−0.09)	−1.217,9 (−0.29)	−0.462,2 (−0.87)	−0.524,0 (−0.38)	0.463,3 (0.96)	0.533,0 (0.51)	−0.155,7 (−0.15)	−1.291,8 (−0.39)
Shr1	−0.160,1* (−1.70)	−0.069,2 (−0.62)	−0.066,7** (−2.11)	0.005,7 (0.12)	−0.045,8* (−0.93)	−0.046,0 (−0.89)	−0.016,7 (−1.17)	0.007,4 (0.40)	−0.026,0** (−2.13)	−0.030,3** (−2.36)	−0.022,8 (−0.72)	−0.012,6 (−0.37)
Growth	−3.316,2*** (−2.60)	−5.673,8* (−1.68)	−0.648,6 (−1.52)	−2.732,7** (−2.04)	−2.381,5*** (−3.33)	−2.070,0 (−1.16)	−0.500,0* (−1.85)	−1.448,8** (−2.30)	−0.055,5 (−0.20)	−0.387,4 (−0.71)	−0.543,8 (−1.51)	−1.151,2 (−0.93)
Roe	−1.468,8 (−0.19)	17.758 (1.31)	−2.359,8 (−0.85)	7.130,0 (1.28)	0.589,8 (0.14)	11.743* (1.68)	−0.920,6 (−0.82)	1.982,2 (0.82)	0.076,8 (0.06)	2.686,3 (1.03)	0.359,9 (0.16)	9.307,4** (2.21)
Cfo	−5.982,6 (−0.87)	18.225 (0.87)	−2.233,3 (−0.94)	6.589,5 (0.81)	−0.981,2 (−0.24)	3.368,7 (0.33)	−0.988,3 (−0.83)	3.906,9 (1.17)	0.081,4 (0.07)	4.047,4 (1.60)	−2.389,6 (−1.12)	−2.885,9 (−0.41)
Mshare	−28.754 (−1.30)	−61.854 (−1.43)	−6.398,1 (−0.85)	−14.425 (−0.82)	−24.879** (−2.21)	−37.291* (−1.75)	−0.083,0 (−0.03)	−13.565* (−1.80)	−2.274,5 (−0.95)	−1.382,4 (−0.26)	−4.815,0 (−0.66)	−14.415 (−1.00)
LnComp	0.748,3 (0.75)	−0.509,7 (−0.26)	0.405,3 (1.14)	0.046,7 (0.06)	0.030,0 (0.05)	−0.686,0 (−0.68)	0.326,0* (1.94)	0.395,6 (1.32)	−0.181,6 (−1.23)	−0.503,1* (−1.80)	−0.176,8 (−0.63)	−0.327,0 (−0.67)
Shr2−5	0.148,4 (1.32)	0.114,3 (1.52)	0.063,9* (1.65)	0.035,3 (1.13)	0.036,2 (0.65)	0.065,4** (2.12)	0.023,6 (1.39)	−0.003,0 (−0.20)	0.024,7* (1.93)	0.004,9 (0.53)	0.002,9 (0.07)	0.035,1* (1.66)
Dual	0.429,2 (0.23)	−4.305,1 (−1.14)	−0.033,0 (−0.05)	−1.720,7 (−1.26)	0.768,2 (0.79)	−1.320,7 (−0.72)	−0.156,6 (−0.61)	−0.861,6 (−1.25)	−0.155,6 (−0.72)	−0.640,1 (−1.46)	−0.079,3 (−0.14)	−1.217,9 (−0.84)

表6-16(續)

Indep											
	-30.044*** (-2.76)	26.643 (1.33)	-13.208** (-3.40)	5.987,2 (0.78)	-11.614** (-2.08)	17.311* (1.81)	-3.803,6* (-1.73)	4.374,4 (1.20)	-3.152,8** (-2.51)	-2.442,5 (-0.99)	-4.601,5 (-1.45)	5.444,9 (0.99)
Age	-0.047,2 (-0.03)	-0.279,6 (-0.16)	0.192,5 (0.30)	-0.354,7 (-0.52)	-0.516,5 (-0.59)	-0.000,1 (-0.01)	0.217,9 (0.86)	-0.033,7 (-0.11)	0.023,2 (0.12)	0.238,3 (0.89)	1.327,1*** (3.26)	2.813,4*** (2.67)
List	4.902,3*** (3.41)	12.330** (4.17)	1.618,5** (3.18)	4.448,7** (3.74)	3.257,5** (3.90)	5.560,4** (3.96)	0.231,5 (1.10)	1.817,2** (3.49)	0.586,1** (2.23)	0.605,2** (1.96)	-0.769,7 (-1.30)	0.060,5 (0.12)
Market	-1.361,4 (-1.24)	0.832,1 (0.59)	-0.299,0 (-0.86)	-0.015,7 (-0.03)	-1.014,8* (-1.67)	1.015,1 (1.35)	-0.200,5 (-1.13)	-0.326,9 (-1.23)	0.085,5 (0.74)	0.146,1 (0.78)	-0.327,8 (-0.87)	0.069,3 (0.13)
Legal	0.547,8 (1.36)	-1.386,4 (-1.44)	0.129,0 (0.95)	-0.552,9 (-1.44)	0.357,2* (1.67)	-0.665,8 (-1.48)	0.110,2* (1.79)	-0.032,7 (-0.21)	0.019,4 (0.40)	-0.135,4 (-1.15)	0.138,0 (1.06)	-0.133,5 (-0.36)
Trust	0.014,2 (0.86)	0.142,3** (2.54)	0.004,2 (0.71)	0.060,2** (2.82)	0.007,0 (0.84)	0.054,6** (2.12)	0.000,1 (0.02)	0.018,2* (1.95)	-0.000,4 (-0.20)	0.011,5* (1.82)	0.000,5 (0.10)	0.020,8 (1.07)
Media1	-1.881,2** (-2.91)	-2.558,3** (-2.50)	-0.584,9** (-2.57)	-0.618,7** (-1.48)	-0.816,1** (-2.39)	-1.787,6** (-3.53)	-0.269,5* (-1.93)	-0.031,9 (-0.18)	-0.087,4 (-1.19)	0.015,7 (0.13)	-0.274,2 (-1.36)	-0.819,0** (-2.29)
Year	控制	控制	控制	控制	控制	控制	控制	控制	控制	控制	控制	控制
截距	-28.786 (-1.21)	-49.932 (-1.45)	-4.861 (-0.58)	-4.740 (-0.34)	-12.944 (-1.08)	-37.013 (-2.26)	-5.931,7 (-1.29)	-8.451 (-1.58)	-3.443,5 (-1.37)	0.734,8 (0.18)		
N	204	109	204	109	204	109	204	109	151	96	203	107
Pseu-Rsq	0.077,7	0.146,9	0.142,2	0.183,6	0.076,4	0.172,2	0.130,4	0.244,7	0.192,3	0.244,2	0.142,2	0.273,0
F/Wald值	104.78***	2.54**	129.83***	2.02**	55.92***	1.99**	16.37***	1.92**	7.77***	1.90*	2.88**	1.90*
	Chi2值=23.61 (p=0.000,0)		Chi2值=25.06 (p=0.000,0)		Chi2值=18.01 (p=0.000,0)		Chi2值=12.49 (p=0.000,0)		Chi2值=7.47 (p=0.000,0)		Chi2值=39.86 (p=0.000,0)	
	董事會規模較小情況下不同最終控制人層級組別中的 ICQ 系數的比較檢驗											

附註：括號內給出的 t/z 值都經過 White 異方差調整，***、**、* 分別表示在 1%、5%、10% 水準下顯著。

解釋變量，還是以整體性指數評價 CSR-M、內容性指數評價 CSR-C、技術性指數評價 CSR-T、行業性指數評價 CSR-I 等分指標為被解釋變量，以及採用社會責任等級分數評價 CSR-Cred 為被解釋變量，內部控制質量 ICQ 的系數都不顯著；但在中央國有控股企業組中，除了以行業性指數評價 CSR-I 等分指標為被解釋變量之外，當採用以企業社會責任總體評價 CSR-Scor、整體性指數評價 CSR-M、內容性指數評價 CSR-C、技術性指數評價 CSR-T 以及社會責任等級分數評價 CSR-Cred 為被解釋變量時，內部控制質量 ICQ 的系數都顯著為正。這說明在董事會規模更小的地方國有控股企業中，內部控制質量的提升對企業社會責任的正向作用不明顯，而在董事會規模更小的中央國有控股企業中，內部控制質量提升對企業履行社會責任的正向作用更明顯。

進一步檢驗在企業最終控制人特徵不同的情況下，獨立董事比例和內部控制的聯合作用對企業社會責任的履行是否存在顯著影響。檢驗發現，在獨立董事比例較低的組別中，無論是非國有控股企業組，還是國有控股企業組，以企業社會責任的各個衡量指標為被解釋變量時，公司內部控制質量 ICQ 的系數都不顯著（限於篇幅限制沒有報告）。這表明對於國有控股企業和非國有控股企業組而言，較低的獨立董事比例沒有促進內部控制對企業履行社會責任的正向作用的發揮。而在獨立董事比例較高組中，表6-17 報告了相應的迴歸結果。我們可以發現，在非國有控股企業組中，無論是以企業社會責任總體評價 CSR-Scor 為被解釋變量，還是以整體性指數評價 CSR-M、內容性指數評價 CSR-C、技術性指數評價 CSR-T、行業性指數評價 CSR-I 等分指標為被解釋變量，以及採用社會責任等級分數評價 CSR-Cred 為被解釋變量，內部控制質量 ICQ 的系數都不顯著，但在國有控股企業組中，在各個衡量企業社會責任的被解釋變量中，內部控制質量 ICQ 的系數都顯著為正。這說明在獨立董事比例更高的非國有控股企業中，內部控制質量的提升對企業履行社會責任的正向作用更不明顯，而在獨立董事比例更高的國有控股企業中，內部控制質量的提升對企業履行社會責任的正向作用更明顯。

另外，我們進一步比較國有控股企業和非國有控股企業兩組樣本，分析內部控制對企業履行社會責任的影響的作用效果是否存在顯著差異。比較發現，在其他各個衡量企業社會責任的被解釋變量中，都顯示在國有控股企業組中，內部控制質量 ICQ 的系數比非國有控股企業組中的系數更大。這說明與非國有控股企業相比，獨

表 6-17　獨立董事比例、內部控制人屬性與企業社會責任

變量	CSR-Scor Tobit 模型 獨立董事比例高組 非國有控股企業組	CSR-Scor Tobit 模型 獨立董事比例高組 國有控股企業組	CSR-M Tobit 模型 獨立董事比例高組 非國有控股企業組	CSR-M Tobit 模型 獨立董事比例高組 國有控股企業組	CSR-C Tobit 模型 獨立董事比例高組 非國有控股企業組	CSR-C Tobit 模型 獨立董事比例高組 國有控股企業組	CSR-T Tobit 模型 獨立董事比例高組 非國有控股企業組	CSR-T Tobit 模型 獨立董事比例高組 國有控股企業組	CSR-I Tobit 模型 獨立董事比例高組 非國有控股企業組	CSR-I Tobit 模型 獨立董事比例高組 國有控股企業組	CSR-Cred Ologit 模型 獨立董事比例高組 非國有控股企業組	CSR-Cred Ologit 模型 獨立董事比例高組 國有控股企業組
ICQ	−0.000,3 (−0.11)	0.007,8*** (2.95)	−0.000,2 (−0.15)	0.002,9*** (3.33)	0.000,4 (0.25)	0.003,5*** (2.61)	−0.000,4 (−0.82)	0.001,3** (2.26)	−0.000,3 (−0.85)	0.000,7* (1.86)	−0.000,1 (−0.01)	0.001,4** (2.46)
Size	2.373,4*** (3.24)	3.370,2*** (8.57)	0.731,4*** (2.96)	1.010,8*** (7.17)	1.338,4*** (3.63)	1.625,2*** (8.51)	0.169,4 (1.35)	0.468,1*** (6.67)	0.361,6*** (3.43)	0.340,1*** (6.13)	0.391,1** (1.98)	0.587,0*** (7.75)
Lev	−4.126,7 (−1.29)	4.707,1* (1.94)	−1.731,1 (−1.46)	2.288,6** (2.57)	−2.269,4 (−1.47)	1.487,2 (1.26)	−0.672,7 (−1.21)	0.451,6 (1.04)	−0.801,6 (−1.63)	0.825,8*** (2.75)	−0.605,2 (−0.71)	0.107,6 (0.23)
Shr1	−0.093,8* (−1.87)	−0.013,8 (−0.34)	−0.025,4 (−1.40)	−0.008,2 (−0.55)	−0.056,1** (−2.26)	0.002,0 (0.10)	−0.013,6* (−1.73)	−0.003,5 (−0.51)	−0.000,8 (−0.12)	−0.002,5 (−0.47)	−0.018,2 (−1.51)	−0.001,6 (−0.20)
Growth	0.072,1 (0.07)	−1.602,5* (−1.68)	0.283,9 (0.69)	−0.452,8** (−1.30)	−0.195,2 (−0.38)	−1.042,4** (−2.10)	−0.168,7 (−0.87)	−0.170,4 (−0.97)	0.196,8 (1.33)	−0.073,6 (−0.51)	−0.019,4 (−0.07)	−0.117,3 (−0.65)
Roe	−11.172* (−1.95)	1.393,4 (0.27)	−5.755,0*** (−2.69)	−0.834,6 (−0.46)	−1.754,5 (−0.62)	1.940,5 (0.77)	−1.882,2* (−1.94)	0.338,5 (0.39)	−2.592,2*** (−2.97)	0.059,5 (0.08)	−1.152,2 (−0.74)	0.278,4 (0.28)
Cfo	−6.161,5 (−0.90)	−1.106,0 (−0.20)	−3.386,1 (−1.41)	−1.422,1 (−0.71)	−2.683,2 (−0.81)	−0.405,1 (−0.15)	−0.839,7 (−0.68)	0.067,3 (0.07)	−1.324,2 (−1.26)	0.780,9 (1.03)	−0.382,0 (−0.23)	−1.379,6 (−1.30)
Mshare	−1.959,2 (−0.53)	−16.597 (−1.01)	−1.099,4 (−0.81)	−4.528,9 (−0.70)	−1.084,7 (−0.61)	−9.694,2 (−1.10)	0.090,9 (0.15)	−2.549,1 (−1.39)	0.611,0 (1.17)	−1.482,0 (−0.82)	−0.524,7 (−0.54)	−2.327,1 (−0.51)
LnComp	−0.181,9 (−0.28)	0.154,7 (0.24)	−0.094,6 (−0.44)	0.064,9 (0.36)	−0.153,9 (−0.46)	−0.009,4 (−0.03)	0.093,9 (0.90)	0.096,5 (1.01)	0.038,3 (0.82)	−0.027,5 (−0.19)	0.080,9 (0.22)	−0.022,9 (−0.12)
Shr2-5	0.135,6** (2.43)	0.053,9 (1.36)	0.043,0** (2.13)	0.023,8 (1.61)	0.072,2** (2.62)	0.014,1 (0.78)	0.021,9** (2.42)	0.005,5 (0.78)	0.005,7 (0.75)	0.007,8* (1.70)	0.023,2* (1.82)	0.004,7 (0.58)
Dual	0.726,9 (0.65)	−2.390,3** (−2.21)	0.300,5 (0.71)	−0.949,9** (−2.32)	0.369,3 (0.71)	−0.695,8 (−1.27)	−0.089,1 (−0.49)	−0.585,0*** (−3.41)	0.055,1 (0.35)	−0.274,7** (−2.06)	0.461,8* (1.65)	−0.477,8** (−2.14)

表6-17(續)

Board	1.152,6*** (5.23)	0.483,5** (2.46)	0.304,6*** (3.83)	0.137,6** (2.01)	0.654,4*** (6.13)	0.220,7** (2.25)	0.137,0*** (3.63)	0.047,7 (1.30)	0.050,0 (1.49)	-0.065,4** (-2.31)	0.313,5*** (5.21)	0.054,8 (1.57)
Age	-1.302,3 (-1.58)	-1.374,3* (-1.83)	-0.370,2 (-1.23)	-0.656,2** (-2.44)	-0.752,8* (-1.78)	-0.626,7* (-1.71)	-0.095,3 (-0.67)	-0.209,8 (-1.51)	0.105,1 (0.71)	-0.021,4 (-0.22)	0.552,0* (1.94)	0.818,9*** (5.15)
List	1.501,5 (1.23)	4.013,4*** (5.00)	0.455,7 (1.07)	1.616,9*** (5.50)	0.689,3 (1.14)	2.044,2*** (5.03)	-0.047,7 (-0.21)	0.241,8* (1.81)	0.078,2 (0.43)	0.200,9* (1.75)	-0.235,2 (-1.14)	-0.283,0* (-1.93)
Market	-0.332,8 (-0.55)	-0.351,5 (-0.78)	0.127,4 (0.58)	-0.206,3 (-1.20)	-0.416,8 (-1.42)	0.013,0 (0.06)	0.032,7 (0.35)	-0.171,3* (-1.71)	-0.005,3 (-0.07)	-0.054,4 (-0.91)	-0.071,9 (-0.41)	-0.052,1 (-0.58)
Legal	0.169,9 (0.69)	-0.045,3 (-0.21)	-0.041,6 (-0.47)	0.009,1 (0.11)	0.201,3* (1.71)	-0.038,9 (-0.38)	-0.019,5 (-0.50)	0.036,1 (0.84)	0.001,8 (0.05)	-0.015,1 (-0.51)	0.048,2 (0.65)	0.000,7 (0.02)
Trust	0.030,6** (2.48)	0.041,6*** (3.81)	0.011,2** (2.51)	0.013,6*** (3.28)	0.011,6* (1.95)	0.017,3*** (3.34)	0.007,9*** (3.45)	0.005,8*** (3.01)	0.004,1** (2.39)	0.004,4*** (3.02)	0.003,8 (1.40)	0.005,9*** (2.79)
*Media*1	1.156,5*** (2.68)	-0.253,7 (-0.76)	0.493,9*** (3.26)	-0.068,0 (-0.58)	0.465,4** (2.18)	-0.102,6 (-0.63)	0.126,2* (1.77)	-0.008,4 (-0.14)	0.105,3* (1.67)	-0.021,4 (-0.48)	0.179,5* (1.65)	-0.059,3 (-0.95)
Year	控制	控制	控制	控制	控制	控制	控制	控制	控制	控制	控制	控制
截距	-38.956** (-2.27)	-59.106*** (-4.85)	-9.705* (-1.65)	-16.334** (-4.06)	-25.111*** (-3.00)	-28.780*** (-4.68)	-2.486,1 (-0.84)	-6.618*** (-3.27)	-6.598** (-2.51)	-4.574,1** (-2.19)		
N	419	896	419	896	419	895	418	895	343	719	415	888
Pseu-Rsq	0.070,6	0.062,0	0.120,2	0.095,3	0.088,4	0.068,3	0.079,0	0.080,9	0.130,5	0.143,3	0.153,1	0.111,9
F/Wald 值	12.41***	136.18***	17.85***	135.49*	13.58***	96.45***	4.43***	51.95***	16.27***	41.60***	268.92***	417.89***
	獨立董事比例較高情況下不同最終控制人屬性組別中的 *ICQ* 系數的比較檢驗											
	Chi2 值=23.76 (p=0.000,0)		Chi2 值=11.62 (p=0.000,1)		Chi2 值=25.68 (p=0.000,0)		Chi2 值=19.83 (p=0.000,0)		Chi2 值=27.11 (p=0.000,0)		Chi2 值=35.16 (p=0.000,0)	

附註：括號內給出的 t/z 值都經過 White 異方差調整，***、**、* 分別表示在 1%、5%、10%水準下顯著。

立董事比例更大的國有控股企業內部控制質量的提高對企業履行社會責任的正向影響程度更大。

對企業最終控制人按層級分為地方國有控股企業和中央國有控股企業兩類後，檢驗發現，在獨立董事比例較低的組別中，無論是地方國有控股企業組，還是中央國有控股企業組，以企業社會責任的各個衡量指標為被解釋變量時，公司內部控制質量 ICQ 的系數都不顯著（限於篇幅限制沒有報告）。這表明對於獨立董事比例較低的地方國有控股企業和中央國有控股企業中，內部控制的質量的提高對企業履行社會責任的正向作用不明顯。而在獨立董事比例較高組中，表 6-18 報告了相應的迴歸結果。我們可以發現，在地方國有控股企業組中，無論是以企業社會責任總體評價 CSR-Scor 為被解釋變量，還是以整體性指數評價 CSR-M、內容性指數評價 CSR-C、技術性指數評價 CSR-T、行業性指數評價 CSR-I 等分指標為被解釋變量，以及採用社會責任等級分數評價 CSR-Cred 為被解釋變量，內部控制質量 ICQ 的系數都不顯著，但在中央國有控股企業組中，在各個衡量企業社會責任的被解釋變量中，公司內部控制質量 ICQ 的系數都顯著為正。這說明在獨立董事比例更高的非國有控股企業中，內部控制質量的提升對企業履行社會責任的正向作用更不明顯，而在獨立董事比例更高的國有控股企業中，內部控制質量的提升對企業履行社會責任的正向作用更明顯。

我們比較了地方國有控股企業和中央國有控股企業兩組樣本，分析內部控制對企業履行社會責任的影響的作用效果是否存在顯著差異。比較發現，在其他各個衡量企業社會責任的被解釋變量中，都顯示在中央國有控股企業組中，內部控制質量 ICQ 的系數比地方國有控股企業組中的系數更大。這說明與地方國有控股企業相比，獨立董事比例更大的中央國有控股企業內部控制質量的提高對企業履行社會責任的正向影響程度更大。

第六章 基於內部規則視角的企業社會責任推進機制研究 | 229

表 6–18 獨立董事比例、內部控制質量、最終控制人層級與企業社會責任

變量	CSR–Scor Tobit 模型 地方國有控股企業組	CSR–Scor Tobit 模型 中央國有控股企業組	CSR–M Tobit 模型 地方國有控股企業組	CSR–M Tobit 模型 中央國有控股企業組	CSR–C Tobit 模型 地方國有控股企業組	CSR–C Tobit 模型 中央國有控股企業組	CSR–T Tobit 模型 地方國有控股企業組	CSR–T Tobit 模型 中央國有控股企業組	CSR–I Tobit 模型 地方國有控股企業組	CSR–I Tobit 模型 中央國有控股企業組	CSR–Cred Ologit 模型 地方國有控股企業組	CSR–Cred Ologit 模型 中央國有控股企業組
ICQ	0.004,6 (1.26)	0.011,7*** (2.62)	0.001,5 (1.19)	0.004,9*** (3.20)	0.002,2 (1.31)	0.004,9** (2.29)	0.000,8 (1.30)	0.001,8* (1.89)	0.000,2 (0.59)	0.001,1* (1.80)	0.001,2 (1.62)	0.002,1* (1.77)
Size	2.451,4*** (4.52)	4.799,6*** (7.30)	0.732,9*** (3.73)	1.393,3*** (5.88)	1.092,0*** (4.28)	2.400,4*** (6.81)	0.374,3*** (3.81)	0.606,3*** (5.26)	0.337,5*** (4.85)	0.535,7*** (5.23)	0.521,1*** (4.40)	0.972,9*** (6.11)
Lev	3.447,6 (1.35)	1.540,2 (0.28)	1.441,1 (1.50)	3.121,3 (1.60)	1.326,8 (1.06)	−1.548,6 (−0.58)	0.134,0 (0.29)	−0.242,0 (−0.25)	1.086,8*** (3.23)	−0.723,4 (−0.97)	0.142,5 (0.26)	−0.859,1 (−0.66)
Shr1	0.000,1 (0.01)	−0.088,8 (−1.40)	−0.009,1 (−0.45)	−0.025,1 (−1.09)	0.003,2 (0.11)	−0.023,2 (−0.76)	0.008,2 (0.89)	−0.025,7** (−2.42)	0.009,3 (1.24)	−0.023,6** (−2.50)	−0.007,8 (−0.64)	−0.015,1 (−0.91)
Growth	−2.057,6** (−2.06)	−3.511,2* (−1.87)	−0.458,3 (−1.15)	−1.377,8** (−2.20)	−1.427,9*** (−2.83)	−1.542,6 (−1.54)	−0.204,5 (−1.04)	−0.625,3* (−1.92)	−0.167,3 (−1.09)	−0.099,0 (−0.31)	−0.267,4 (−1.30)	−0.450,2 (−1.16)
Roe	1.324,4 (0.25)	17.674 (1.53)	−0.574,3 (−0.29)	2.383,4 (0.60)	1.736,8 (0.65)	10.602* (1.90)	0.102,4 (0.12)	3.655,3* (1.66)	0.392,2 (0.54)	1.247,4 (0.65)	0.021,6 (0.02)	4.307,4 (1.62)
Cfo	6.224,3 (1.05)	11.028 (1.11)	1.210,4 (0.56)	3.374,6 (0.91)	3.809,7 (1.22)	3.299,7 (0.68)	1.134,8 (0.98)	2.465,0 (1.36)	0.797,4 (0.97)	1.117,3 (0.68)	0.336,6 (0.25)	−0.758,2 (−0.36)
Mshare	−13.779 (−0.69)	−27.907 (−1.02)	−6.198,3 (−0.76)	−0.642,7 (−0.06)	−9.983,0 (−0.97)	−13.030 (−1.00)	2.278,2 (1.00)	−17.696*** (−3.26)	−0.372,4 (−0.19)	−2.514,7 (−0.59)	−5.706,5 (−0.95)	−4.279,4 (−0.59)
LnComp	−0.360,5 (−0.57)	2.726,5* (1.94)	−0.094,2 (−0.54)	1.051,8** (2.13)	−0.290,3 (−0.89)	1.300,7* (1.80)	0.027,5 (0.30)	0.576,0** (2.38)	−0.072,0 (−0.45)	0.029,5 (0.13)	−0.198,6* (−1.75)	0.503,0 (1.43)
Shr2–5	0.087,8 (1.57)	0.032,7 (0.68)	0.042,5** (2.09)	0.009,4 (0.48)	0.031,1 (1.14)	0.004,6 (0.22)	0.001,9 (0.21)	0.008,7 (0.87)	0.001,8 (0.28)	0.010,6* (1.66)	0.014,4 (1.13)	0.008,1 (0.68)
Dual	0.399,6 (0.31)	−5.378,5*** (−3.00)	−0.124,2 (−0.26)	−1.791,0*** (−2.59)	0.793,6 (1.20)	−2.216,3** (−2.35)	−0.182,8 (−0.85)	−1.091,2*** (−3.04)	−0.131,0 (−0.85)	−0.201,1 (−0.61)	−0.039,8 (−0.12)	−0.990,8** (−2.38)

表6-18（續）

Board	0.915,6*** (3.88)	0.478,7 (1.55)	0.288,3*** (3.55)	0.125,1 (1.12)	0.440,7*** (3.66)	0.198,8 (1.31)	0.109,1** (2.46)	0.029,2 (0.49)	0.072,9** (2.21)	0.118,0** (2.37)	0.116,2** (2.21)	0.062,2 (0.97)
Age	-2.407,0** (-2.23)	0.511,2 (0.47)	-0.715,8* (-1.88)	-0.184,9 (-0.46)	-1.407,3*** (-2.70)	0.501,0 (0.96)	-0.302,7 (-1.41)	-0.229,8 (-1.09)	-0.157,0 (-1.18)	0.579,2*** (3.05)	0.245,1 (1.55)	1.283,5*** (3.42)
List	2.197,1** (2.39)	5.174,4*** (3.52)	1.079,7*** (3.12)	1.946,4*** (3.50)	1.191,5** (2.54)	2.505,6*** (3.38)	-0.113,8 (-0.62)	0.564,1** (2.26)	0.028,1 (0.20)	-0.535,3** (-2.50)	0.174,5 (0.78)	0.224,2 (0.90)
Market	-0.474,1 (-0.91)	0.596,5 (0.60)	-0.153,0 (-0.76)	-0.000,4 (-0.01)	-0.168,0 (-0.68)	0.537,6 (1.12)	-0.172,9 (-1.32)	-0.082,2 (-0.51)	-0.035,5 (-0.54)	-0.063,3 (-0.56)	0.086,0 (0.61)	-0.081,0 (-0.37)
Legal	-0.078,0 (-0.32)	-1.137,8** (-2.42)	-0.013,1 (-0.15)	-0.345,3** (-2.01)	-0.042,7 (-0.37)	0.032,7 (0.65)	-0.531,5** (-2.39)	-0.143,2* (-1.72)	-0.025,4 (-0.77)	-0.005,2 (-0.10)	-0.096,2 (-1.36)	-0.087,8 (-0.77)
Trust	0.038,8*** (2.86)	0.088,5*** (4.66)	0.009,7* (1.94)	0.031,1*** (4.57)	0.019,9*** (3.07)	0.005,2** (2.18)	0.014,7*** (4.06)	0.003,8** (2.06)	0.007,4** (2.45)	0.000,6 (2.15)	0.012,4** (2.47)
Media1	-0.663,8* (-1.67)	-2.068,9*** (-3.61)	-0.181,4 (-1.29)	-0.732,1*** (-3.51)	-0.290,3 (-1.46)	-0.988,5*** (-3.56)	-0.082,6 (-1.19)	-0.219,0** (-1.98)	-0.087,3 (-1.58)	-0.112,3 (-1.45)	-0.076,0 (-0.85)	-0.423,3*** (-3.42)
Year	控制	控制	控制	控制	控制	控制	控制	控制	控制	控制	控制	控制
截距	-25.518 (-1.57)	-117.12*** (-5.55)	-7.020,8 (-1.29)	-54.766*** (-4.69)	-9.150,6 (-1.16)	-62.574*** (-5.89)	-2.842,3 (-1.00)	-14.901*** (-4.04)	-3.881,7 (-1.39)	-10.315*** (-2.97)	
N	584	312	584	312	583	312	583	312	457	262	579	309
Pseu-R^2	0.053,8	0.114,2	0.089,2	0.153,3	0.061,2	0.135,3	0.060,1	0.162,0	0.143,8	0.110,3	0.191,1	0.188,2
F/Wald值	103.03***	21.20***	140.77***	22.80***	76.70***	35.33***	24.72***	231.73***	10.99***	100.26***	17.87*	297.65***

獨立董事比例較高情況下不同最終控制人層級組別中的ICQ系數的比較檢驗

| | Chi2值=49.18 (p=0.000,0) | Chi2值=42.38 (p=0.000,0) | Chi2值=44.38 (p=0.000,0) | Chi2值=30.16 (p=0.000,0) | Chi2值=19.92 (p=0.000,0) | Chi2值=89.94 (p=0.000,0) |

附註：括號內給出的t/z值都經過White異方差調整。***、**、*分別表示在1%、5%、10%水準下顯著。

6.4.6 穩健性檢驗

為了使上述結論更為可靠，本章還進行了以下幾方面的穩健性檢驗。

第一，已有研究指出，2008 年受汶川大地震這樣一個突發性災難事件的影響，可能造成企業社會責任活動呈現非常規狀態[298]。同時考慮到潤靈環球（RKS）中的企業社會責任的行業性指數評價 CSR-I 分指標是在 2008 年上市公司履行企業社會責任評價指數的基礎上於 2009 年新增的，為了使評價企業社會責任履行情況的評價指標更具有可比性，本章剔除了 2009 年的數據重新進行檢驗，發現迴歸結果沒有出現重大異常變化。

第二，本章借鑑李志斌（2014）[140]的做法，利用社會貢獻率的定義構建企業社會責任指數，重新進行檢驗，迴歸結果發現，除極少數結果不顯著外，主要的迴歸結果沒有發生變化。

第三，考慮到當前中國企業在 IPO 過程中，可能為了成功上市而向資本市場傳遞更多的社會責任信息以樹立良好的聲譽和形象，因此本章剔除當年 IPO 的樣本重新進行檢驗，發現迴歸結果沒有出現重大異常變化。

第四，已有的研究指出，激烈的產品市場競爭可能會部分替代公司治理機制而對企業社會責任的履行產生一定的促進作用。因此本章借鑑張正勇（2012）[151]的做法，採用上市公司所處行業的赫芬達爾指數 $Indhf$ 來衡量公司所處行業的產品市場競爭程度，在迴歸分析中進一步增加了赫芬達爾指數 $Indhf$ 後發現，結果沒有發生重大變化。

6.5 本章小結

首先，本章結合當前中國的企業公司治理機制的相關特徵，根據已有的研究結論，選擇內部控制和公司治理機制（主要是股權集中度和董事會效率）等作為檢驗內部規則是否是推進企業社會責任履行的重要內部因素。

其次，在此基礎上，以中國 2009—2013 年上市公司為研究樣本，實證檢驗了內部控制及其與公司治理機制的聯合作用對企業社會責任履行情況的影響，結果發現

內部規則顯著影響了企業社會責任的履行情況。具體而言：第一，在內部控制方面，發現內部控制對企業社會責任的履行存在顯著的正向推動作用，即企業的內部控制質量越高，企業履行社會責任的情況越好。第二，在公司治理機制和內部控制的聯合作用方面，發現不同治理機制下的內部控制對企業社會責任履行情況的影響存在顯著差異。針對股權集中度來說，在股權集中度較低的企業中，內部控制質量的提升對企業履行社會責任的正向推進作用不明顯，而在股權集中度較高的企業中，內部控制質量的提升對企業履行社會責任的正向推進作用更明顯，並且與股權集中度較低的公司相比，在股權集中度較高的公司中，內部控制質量的提高對企業履行社會責任的正向推進作用更大；針對董事會規模來說，在董事會規模較大的企業中，內部控制質量的提升對企業履行社會責任的正向推進作用不明顯，而在董事會規模較小的企業中，內部控制質量的提升對企業履行社會責任的正向推進作用更明顯，並且與董事會規模較大的公司相比，在董事會規模較小的公司中，內部控制質量的提高對企業履行社會責任的正向推進作用更大；針對獨立董事比例來說，在獨立董事比例較低的企業中，內部控制質量的提升對企業履行社會責任的正向推進作用不明顯，而在獨立董事比例較高的企業中，內部控制質量的提升對企業履行社會責任的正向推進作用更明顯，並且與獨立董事比例較低的公司相比，在獨立董事比例較高的公司中，內部控制質量的提高對企業履行社會責任的正向推進作用更大。

最後，本章檢驗了上述內部規則對最終控制人特徵不同的企業的企業社會責任履行情況的影響是否存在顯著差異，結果發現對於最終控制人特徵不同的企業而言，內部規則對企業社會責任的履行情況的影響存在顯著差異。具體而言：第一，在內部控制方面，對於非國有控股企業而言，內部控制質量的提升對企業履行社會責任的正向推進作用不明顯，而對於國有控股而言，內部控制質量的提升對企業履行社會責任的正向推進作用更明顯，並且與非國有控股企業相比，內部控制質量的提升對國有控股企業履行社會責任的正向推進作用更大；將國有控股企業分為地方國有控股企業和中央國有控股企業後，發現對於地方國有控股企業而言，內部控制質量的提升對企業履行社會責任的正向推進作用不明顯，而對於中央國有控股企業而言，內部控制質量的提升對企業履行社會責任的正向推進作用更明顯，並且與地方國有控股企業相比，內部控制質量的提升對中央國有控股企業履行社會責任的正向推進作用更大。第二，在公司治理機制和內部控制的聯合作用方面，針對股權集中度來

說，在股權集中度較低的情況下，無論是非國有控股企業組，還是國有控股企業組，內部控制質量的提升對企業履行社會責任的正向推進作用不明顯，而在股權集中度較高的情況下，對於非國有控股企業而言，內部控制質量的提升對企業履行社會責任的正向推進作用不明顯，而對於國有控股而言，內部控制質量的提升對企業履行社會責任的正向推進作用更明顯，並且與非國有控股企業相比，內部控制質量的提升對國有控股企業履行社會責任的正向推進作用更大；將國有控股企業分為地方國有控股企業和中央國有控股企業後，發現在股權集中度較低的情況下，無論是在地方國有控股企業組中，還是在中央國有控股企業組中，內部控制質量的提升對企業履行社會責任的正向推進作用不明顯，而在股權集中度較高的情況下，對於地方國有控股企業而言，內部控制質量的提升對企業履行社會責任的正向推進作用不明顯，而對於中央國有控股而言，內部控制質量的提升對企業履行社會責任的正向推進作用更明顯，並且與地方國有控股企業相比，內部控制質量的提升對中央國有控股企業履行社會責任的正向推進程度更大。第三，針對董事會規模來說，在董事會規模較大的情況下，無論是在非國有控股企業組中，還是在國有控股企業組中，內部控制質量的提升對企業履行社會責任的正向推進作用不明顯，而在董事會規模較小的情況下，對於非國有控股企業而言，內部控制質量的提升對企業履行社會責任的正向推進作用不明顯，而對於國有控股而言，內部控制質量的提升對企業履行社會責任的正向推進作用更明顯，並且與非國有控股企業相比，內部控制質量的提升對國有控股企業履行社會責任的正向推進程度更大；將國有控股企業分為地方國有控股企業和中央國有控股企業後，發現在董事會規模較大的情況下，無論是地方國有控股企業組，還是中央國有控股企業組，內部控制質量的提升對企業履行社會責任的正向推進作用不明顯，而在董事會規模較小的情況下，對於地方國有控股企業而言，內部控制質量的提升對企業履行社會責任的正向推進作用不明顯，而對於中央國有控股而言，內部控制質量的提升對企業履行社會責任的正向推進作用更明顯，並且與地方國有控股企業相比，內部控制質量的提升對中央國有控股企業履行社會責任的正向推進程度更大。第四，針對獨立董事比例來說，在獨立董事比例較低的情況下，無論是非國有控股企業組，還是國有控股企業組，內部控制質量的提升對企業履行社會責任的正向推進作用不明顯，而在獨立董事比例較高的情況下，對於非國有控股企業而言，內部控制質量的提升對企業履行社會責任的正向推進作用不明顯，

而對於國有控股而言，內部控制質量的提升對企業履行社會責任的正向推進作用更明顯，並且與非國有控股企業相比，內部控制質量的提升對國有控股企業履行社會責任的正向推進程度更大；將國有控股企業分為地方國有控股企業和中央國有控股企業後，發現在獨立董事比例較低的情況下，無論是在地方國有控股企業組中，還是在中央國有控股企業組中，內部控制質量的提升對企業履行社會責任的正向推進作用不明顯，而在獨立董事比例較高的情況下，對於地方國有控股企業而言，內部控制質量的提升對企業履行社會責任的正向推進作用不明顯，而對於中央國有控股而言，內部控制質量的提升對企業履行社會責任的正向推進作用更明顯，並且與地方國有控股企業相比，內部控制質量的提升對中央國有控股企業履行社會責任的正向推進程度更大。

　　上述實證結果表明，本書認為內部規則對企業社會責任履行情況的影響存在著如下兩個問題：第一，推進企業更好地履行社會責任除了需要進一步完善企業所處的外部制度環境，還需要考慮企業內部控制和公司治理機制的影響。內部控制是實現公司治理的基礎，因此增強內部控制制度建設能夠使企業社會責任的履行規範化和常態化，而公司治理結構為內部控制制度的建設和企業社會責任的履行創造了良好的環境，進而更有助於發揮內部控制在促進企業社會責任履行的規範化和可持續性方面的直接作用。因此，企業需要進一步加快內部控制制度體系的完善，從根本上規範和提升企業履行社會責任的水準。第二，最終控制人特徵不同的企業在效用函數分佈、政府干預強度、所有權行使動機和形式方式以及約束條件等方面存在明顯的差異，使得它們在企業社會責任履行情況上存在顯著差異，政府及監管部門在出抬相關措施時，需要分別考慮上述差異造成的影響，這樣才能有的放矢，提高監管效率。

第七章　企業社會責任推進機制的實現路徑研究

當前越來越多的企業意識到，履行社會責任並不必然意味著是低效益經營，恰恰相反，這能反應企業經營管理能力和經濟績效的提高。特別是隨著經濟全球化的進一步深入，市場競爭進一步加劇，企業希望通過改善生產技術和提高產品質量來提升競爭力的空間已經越來越小，而通過更好地履行社會責任來樹立良好的企業信譽和形象越來越成為企業提升競爭力的關鍵因素之一。由前文的分析可以看出，推進企業履行社會責任可以從外部規則和內部規則兩個方面進行，由此，緊接著就需要解決兩個問題：一是在外部制度因素層面上，如何完善相關的制度環境，為企業更好地履行社會責任提供充分的激勵與約束機制；二是從企業內部治理層面上，如何建立與企業社會責任相適應的治理模式，以促使企業更好地承擔社會責任和加強企業對社會責任履行的管理。只有解決了這兩個問題，才能夠推動企業社會責任的發展。

7.1　完善企業社會責任推進機制的外部制度環境

7.1.1　改善法律制度環境

隨著社會經濟的發展和公民意識的覺醒，企業能否更好地承擔社會責任越來越受到各界人士的關注，從西方國家的司法實踐也可以看出，通過法律制度將部分企業社會責任固化已是必然趨勢，表明未來通過法律制度加強對企業履行社會責任行為的約束是不可阻擋的。但中國如果僅僅依靠少數的法律制度，如只依靠《中華人民共和國公司法》是無法實現對企業履行社會責任的約束和監督的，還需要出抬相關法律進行配合。比如美國除了在其本國的《公司法》中加入了企業需要履行的社

會責任的內容外，還出抬了《聯邦水污染控制法》《社區責任和瞭解權利法案》等相關配套法律制度，日本近年來也陸續頒布了《環境基本法》《節能法》《再循環法》等。

中國自改革開發以來，也出抬了相關的法律來要求企業必須承擔一定的社會責任，如《中華人民共和國環境保護法》對企業應履行的環境保護責任有明確規定，《中華人民共和國消費者權益保護法》對企業需要保護消費者的合法權利有明確規定，《中華人民共和國公司法》《中華人民共和國勞動保護法》等對企業需要維護員工合法權益有明確規定等。但現有的關於約束企業履行社會責任方面的法律制度還存在如下不完善的地方：第一，相關的法律法規過於分散，沒有一個相對完整和系統的法律制度來規定企業應如何維護利益相關者的權利，造成發生利益衝突時，沒有統一和一致的法律制度來進行判決，難以提高法律的執行效率；第二，近年來媒體頻繁曝光的企業社會責任缺失案例表明，相關執法部門的執法效率低下，可能在一定程度上縱容了企業違規行為的發生[187]。

因此，目前首先需要進一步完善相關的法律法規，如完善《中華人民共和國消費者權益保護法》《中華人民共和國環境保護法》及其他與之相關的法律制度等方面的建設。在《中華人民共和國消費者權益保護法》方面，經過幾次修訂後，2014年新修訂的《中華人民共和國消費者權益保護法》第 49 條雖然相對於之前的法律規定提高了懲罰性賠償額度，進一步保護了消費者的賠償請求權，有助於對不法經營者形成一定的約束力，但還是存在懲罰賠償力度過低的問題。從絕對數量上來看，儘管目前的「三倍」相對於過去的「一倍」已經有了一定程度的提高，僅就第 49 條而言，懲罰性賠償額度可能還不足以震懾不法經營者，需要加大處罰力度，增加懲罰性賠償額度。只有讓不法經營者的違法成本遠高於違法獲利，才能更好地激勵和約束經營者。鼓勵企業通過誠信經營來獲取收益，真正保護廣大消費者的合法權益。在《中華人民共和國環境保護法》方面，隨著社會的發展，目前的污染已不再局限於過去的幾種固有形式，雖然 2015 年 1 月 1 日開始正式實施的《中華人民共和國環境保護法》已經做出了諸多創新，被認為是中國歷史上最嚴的專業行政法。但需要強調的是，首先，目前該法案的實施還存在一些問題，如《中華人民共和國環境保護法》仍然不是環境基本法，其法律效力等級並不高於《中華人民共和國農業法》《中華人民共和國森林法》《中華人民共和國草原法》《中華人民共和國水法》

等專項法律，因此其權威性也不可能超越這些專項法律。這可能導致的一個問題就是在其實施過程中，其他專項職能部門還是會以適用已有專項法為由而拒絕執行《中華人民共和國環境保護法》的相關要求，這可能在一定程度上影響其實施效果。其次，《中華人民共和國環境保護法》仍規定環境保護部門對環境保護工作實施統一監督管理，其他具有環境保護監督管理職責的部門對資源保護、污染防治等環境保護工作實施監督管理，但上述統一監督管理在現實中並沒有一個確切的操作標準。由於該法律效力等級不高，以及與環境保護相關的法律法規在立法過程中缺乏統一的指導原則、方法、措施及手段，很可能在具體的環境監督和管理過程中，各部門會強化本部門的資源保護和污染防治工作而出現相互抵觸甚至否定對環保部門的統一指導和監督的情形。最後，當前在實際的環境監管工作中，時常因為一些地方政府的干預而導致環保部門不敢嚴格執法。這就需要在中國特色社會主義制度之下進一步加強立法創新，同時開展生態文明體制改革，強化環境保護部門的統一監管職責，協調各部門之間的環境保護職責，充分發揮社會公眾的參與和監督作用來制衡地方政府、地方黨委及企業，從而及時發現和有效處理違法行為。

另外，要讓企業更好地履行社會責任，除上述幾部法律之外，還需要進一步完善這個體系內更多的法律法規，如進一步貫徹和完善《中華人民共和國工會法》，落實《中華人民共和國勞動法》和《中華人民共和國勞動合同法》，完善《中華人民共和國產品質量法》《中華人民共和國食品安全法》。必須在結合中國經濟發展實際和國家性質的前提下，構建和完善符合中國國情的、與企業社會責任相關的法律制度，有效督管企業履行社會責任，而不只是停留在理論發展階段，使得企業社會責任的履行情況能夠隨著法律制度環境的完善而逐漸提高，進而幫助企業建立良好的企業形象和樹立被市場認可的企業品牌。

7.1.2 提高社會信任程度

當前中國社會存在信任缺乏的問題，而私人之間的特殊信任較為發達，並且這種私人之間的特殊信任並不是沒有差別的，整體上表現為一個內外有別的「差序結構」。在這種內外有別的特殊信任文化下，人們典型的表現就是對「自己人」存在極高的信任，而對外人則表現出很低的信任或根本不信任。需要強調的是，雖然隨著中國社會的轉型和發展，這種內外有別的信息模式正在被逐漸打破，促使陌生人

之間的普遍信任程度逐漸提高，但不可否認的是，中國當前的經濟體制改革並沒有徹底摧毀原有的經濟社會結構，使得傳統的儒家文化和「關係」導向的交易機制非但沒有被新生的市場機制所瓦解和替代，反而是更進一步嵌入其中，特殊的信任機制仍然發揮著重要的作用，甚至起到越來越重要的作用[343]。

因此，要改變目前中國這種信任度低的現狀，至少要從以下幾個方面進行努力：一是進一步維護產權制度的穩定性。如果產權不能清晰界定，企業無需承擔違規行為的後果，不可避免地會出現各種短期行為，特別是在一個追求商業利益的社會裡，企業追求短期商業利益比不追求商業利益時對信譽的破壞更大[291]。因為不同的企業在資源獲取的配置能力、價值偏好和追求等方面都存在較大差異，企業能獲取的生存和發展的資源是有限的，因此企業必須要與內外部利益相關者進行資源交換和資源共享，實現優勢互補以形成相互依賴的關係網絡系統。企業履行社會責任不僅僅是主動關注利益相關者的利益訴求和期望，本質上也是獲得內外部不同利益相關者的信任及表達合作意願的過程和手段，而達成合作和維繫合作關係的首要前提是相互之間存在信任機制。只有進一步維護企業產權制度的穩定性，才能有利於內外部不同利益相關者形成穩定的關係，進而幫助企業獲得更高的和更穩定的信任。二是進一步完善和落實有效的交易系統和信息傳遞機制。在傳統的農耕經濟和鄉村社會中，人們之間普遍比較熟悉，日常的溝通交流就能建立起有效的信任機制。但在市場經濟時代，社會交往和市場交易更多的是在陌生人之間進行，信息不對稱的可能性更大，即便是在熟人之間，很多有關個人的相關信息仍是不對稱的，特別是當前社會越來越強調保護個人的隱私權。要消弭這種嚴重的信息不對稱所帶來的信任危機，需要進一步建立更加完善和便利的交易系統，更為發達和有效的信息傳遞技術及高度發達的仲介組織。張維迎等（2002）的研究發現，在中國當前的轉型經濟環境下，交通設施的改善對一個地區的信任程度有重要的影響，特別是對於人口密度大的地區和城市而言，這種作用尤其明顯。先進的信息傳遞技術和高度發達的仲介組織有助於減少信息不對稱程度，從而迴避逆向選擇並改進市場交易模式，維護交易的穩定運行和擴展交易範圍。已有的研究也顯示，在轉型經濟體中，即便是沒有完善的法律保護體系，高效的社會關係網絡和發達的仲介組織在維護市場交易和傳遞交易信息中也能發揮重要的作用。具體來說，一方面高效的社會關係網絡和發達的仲介組織能幫助企業尋找交易夥伴並提供相關的可靠信息，即使在沒有過往交

易關係的條件下，也能幫助企業瞭解潛在的交易夥伴是否存在違規經營和違約的記錄，進而有助於企業與潛在交易夥伴之間建立起一定的信任關係[344]；另一方面企業可以通過社會關係網絡和仲介組織來收集或傳播有關交易夥伴的商業糾紛信息，從而讓市場和其他交易主體對不守信者實施孤立、歧視甚至將其淘汰出局，進而幫助維護信任關係[345]；此外社會關係網絡和仲介組織還可以通過直接調解和處理企業間的商業糾紛而直接維護信任關係[346]。

7.1.3 積極發揮新聞媒體的輿論監督作用

新聞媒體通過影響企業的聲譽機制進而促使企業完善公司治理機制[287]，從而減少違規行為[301]。在促進企業更好地履行社會責任方面，要更好地發揮新聞媒體對企業違規行為的輿論監督作用，以彌補法律制度無法涵蓋的角落。要做好這項工作，至少要從以下幾個方面做出努力：首先，可以考慮引入競爭媒體，通過設定一系列的考核指標來針對新聞媒體對市場的監督情況進行排名，對表現較為優異的新聞媒體採取各種形式的獎勵，從而調動新聞媒體監督的積極性，促使企業在廣大新聞媒體的輿論監督下切實有效地改善公司治理機制，同時政府監管機構和企業的內外部利益相關者也能從中受益。其次，可以考慮引導和增強新聞媒體對企業社會責任的報導力度，通過新聞媒體的輿論宣傳樹立典型標杆，重點宣揚企業履行社會責任的優秀做法和成功經驗，幫助企業建立良好的企業形象和樹立卓越的企業品牌；而對於那些履行社會責任較差或者拒絕承擔應有的社會責任的企業，新聞媒體要進行深度挖掘，揭露其負面信息，批判其負面思想，清理企業履行社會責任中的偽善行為。新聞媒體通過懲惡揚善，形成正確的輿論導向，進而弘揚正能量，營造社會公民與企業都應講道德、富有社會責任感的輿論環境，從而增強企業積極履行社會責任的良好意識。最後，有效落實和確保新聞媒體的監督質量。李培功等（2013）指出，現實中可能存在部分新聞媒體為了追求利潤或者迎合利益集團的偏好，傾向於通過向讀者提供趣味性和轟動性等的特定報導來操縱社會輿論，而這種追求轟動效應的動機會導致媒體報導產生偏差，這種偏差會影響微觀經濟主體的決策從而降低市場資源的配置效率[347]。既然新聞媒體報導能產生如此重大的影響，那麼必須要確保媒體報導的質量，為此，可以考慮引入競爭媒體，或者借助政府或行業協會的力量對新聞媒體報導的公平性、客觀性和影響力等方面進行評比，用行業互查或

者同業評選的方式，引導新聞媒體更加負責任地、客觀公正地進行報導，使得廣大社會民眾可以獲得方向正確的、內容可靠的、影響力廣泛的媒體信息，達到輿論監督的目的。另外要進一步對媒體違規行為加大打擊和懲罰的力度，遏制新聞媒體與某些利益集團之間因「尋租」而產生的「合謀」行為。

7.1.4 對社會責任敏感度不同的行業進行分類引導

前文結果表明，在不同的外部制度環境下，社會責任敏感度不同的行業中的企業在履行社會責任方面存在較大差異。對於與消費者敏感性較低的行業中的企業而言，由於消費者對產品和服務的感知受到信息接觸範圍的限制，消費者難以在日常信息中經常接觸到產品生產鏈的信息，因此加強和完善法律制度可以引導行業披露更多的企業社會責任信息，便於消費者瞭解更多企業和產品信息。對於與消費者敏感性較高的行業中的企業而言，它們能更快感受到終端消費者傳導過來的壓力，對消費者需求的變化更為敏感，隨著終端消費者維權意識的進一步增強，它們在履行社會責任方面會更為主動和敏感，並且為了更好地吸引潛在消費者和維護已有的消費者，企業可能會通過履行更多的社會責任和披露更多的社會責任信息來傳遞一個積極的信號，並且以此提高人們的信任程度和增加媒體報導。這種方式有助於企業樹立良好的企業形象，提高產品聲譽，進而促進銷售。

而對於環境敏感性較高的行業中的企業而言，由於更容易在環保問題上引起社會公眾的關注和輿論監督，它們會通過減少信息披露的方式來規避媒體報導的監督。也是由於環境敏感性較高的行業的企業更容易在環保問題上引起社會的關注和監督，它們受法律的約束更強，企業一旦出現環保違規問題，也就更容易受到相關部門的調查和嚴懲，因此為了滿足合規性，它們履行社會責任的情況會更好，同時，如果不履行環保責任，就更容易遭受信任危機。所以對這類行業中的企業而言，更好地履行社會責任有助於提高人們的信任程度，有利於企業的長遠發展。對於環境敏感性較低的行業中的企業而言，其受到行業特性的影響更小，新聞媒體對企業履行社會責任的報導所產生的聲譽效應與競爭優勢會更大。這是提高這類企業在履行社會責任方面的積極性的重要因素之一。

對處於政府管制行業中的企業而言，由於企業面臨的市場競爭相對不激烈，企業的業績都比較好，並且具有較大的話語權，因此它們積極履行社會責任的動機不

強；但由於這類企業的市場壟斷地位大多是來自監管部門或是被法律賦予的，因此用加強法律約束的方式迫使其承擔和履行應有的社會責任可能效果會更好。另外這類企業如果承擔和履行的社會責任較少，就會更容易遭遇信任危機。提高人們的信任程度和加強新聞媒體的監督作用是促進這類企業履行社會責任比較有效的做法。

7.2 完善企業社會責任推進機制的內部治理機制

7.2.1 加強企業內部控制制度建設

政府及監管部門在推進企業履行社會責任的過程中，應當充分考慮加強內部控制制度建設對企業社會責任履行的正面積極作用。政府及監管部門應當持續推進企業加強內部控制制度建設。中國政府部門相關機構專門出抬了《企業內部控制應用指引第 4 號——社會責任》，明確要求企業在安全生產、產品質量、環境保護、資源節約、促進就業和員工權益保護等方面加強內部控制建設。但要做好這項工作，要從以下九個方面進行：第一，企業高管應給予充分的重視。企業高管尤其是董事長或總經理的支持和承諾是企業有效履行社會責任不可或缺的重要環節，高管必須重視履行社會責任，切實做到經濟效益與社會效益、短期利益與長期利益、自身發展與社會發展相互協調，實現企業與員工、企業與社會、企業與環境的健康和諧發展。因此企業必須要解決高管無視社會責任的問題，既要在遴選、任命環節嚴格把關，又要配合民主監督、法律制裁等，將風險消滅於萌芽期。第二，企業需要建立相應的管理機制。企業要在發展戰略中考慮社會責任問題，並有明確的管理部門來負責具體工作的落實，逐步建立健全的社會責任的預算安排和考核體系。第三，企業應完善危機處理責任機制。企業需要建立危機處理責任制度，對於影響企業外部形象和自身發展的突發事件，要在第一時間做出處理，把損失降到最低；對於可能對社會公眾信心、消費者選擇產生重大影響的事件，應由負責人在媒體上予以說明並致歉；企業內部應保持暢通的信息溝通渠道，將平時的小問題進行及時反應、溝通並解決，避免日積月累形成大問題。第四，建立標準的社會責任報告制度。發布社會責任報告可以促使企業由內而外地審視企業服務社會的能力和水準，提升企業品牌形象和企業價值。第五，著力防範安全生產風險。企業需要建立安全規章制度

和安全生產的管理機構，有效落實安全生產責任制，對出現安全生產事故的責任人必須要嚴格問責，在此基礎上加大可安全生產的投入，特別是高危行業中的企業，更應該將安全生產放在首位，建立安全生產事故的預警機制及完善安全生產的報告機制。第六，有效控制產品質量風險。建立健全產品質量標準體系，嚴格進行質量控制和檢查，加強產品售後服務維護等方面的工作，切實履行對產品質量的承諾，真正尊重與維護消費者的權益。第七，切實降低環境保護與資源節約的風險。當前不同的行業中的企業面臨的環境保護與資源節約風險不同，但有些風險是共同的，比如環保法律法規、行業政策的限制風險，綠色消費的推崇和綠色貿易壁壘的設置風險，生產技術、管理水準的限制引起的環境風險等。企業只有準確有效地識別上述各類風險，努力轉變生產和發展方式，實現清潔生產，依靠科技進步和創新來降低風險，才能獲取生存和發展的空間，進而獲得持續的競爭優勢，否則只有被市場淘汰。第八，降低促進就業和員工權益保護的風險。企業只有通過提供公平的就業機會，加大對應聘人員的審查，才能有效地承擔法律責任，降低招聘失敗及人才過剩的風險，同時還必須建立科學的員工培訓和晉升制度及科學合理的員工薪酬計劃，切實維護員工的身心健康，以降低侵犯員工合法民主權利和人身權益的風險。第九，調動社會資源積極參與慈善事業[348]。

　　上述做法表明，通過有效提高內部控制制度建設和加強內部控制實施與執行來促進企業更好地履行社會責任是一項非常複雜和系統的工作。要做到將內部控制的控制程序、風險識別和持續優化有效落實到每一項社會責任的具體內容上，將企業社會責任的思想、目標、效果評價、信息披露與持續跟進等與企業內部控制的實際操作運行相結合，都不是短時間內可以完成的任務，必須持之以恒、長期堅持才能看到顯著成效。

7.2.2　構建相互制衡的股權結構

　　構建相互制衡的股權結構必須要增強大股東之間的相互監督與制衡，減少其利用對企業高管的控制力和影響力來追求私利的機會主義行為，緩解企業與內外部利益相關者之間的利益衝突，促進企業更好地履行社會責任及披露相關的社會責任信息，優化公司治理環境和提高企業的透明度，維護企業與內外部利益相關者的利益，進而提高公司治理效率。要做好這項工作，須從以下兩個方面進行努力：第一，平

衡好大股東監督和股東間股權制衡力平均的矛盾。從企業的控制權視角來看，其他大股東相對於第一大股東的股權制衡能力更強，這樣可能增強其他大股東相對於第一大股東的談判能力，相應地會增強其他大股東的監督動機和能力，有助於遏制第一大股東侵害公司利益的行為，從而股權制衡對維護企業與內外部利益相關者的利益的效果就會更好。也就是說在合理的範圍內，企業與內外部利益相關者的利益會隨著其他大股東相對於第一大股東的股權制衡程度的提高而增加。但需要強調的是，其他大股東相對於第一大股東的股權制衡程度並不是越大就越好，股權制衡程度過高反而會給企業與內外部利益相關者的利益帶來嚴重的負面效應，因為股權制衡程度的進一步提高，意味著第一大股東在企業中的股權比重會進一步下降，可能會削弱其積極參與公司治理的動機和能力，進而會弱化內部控制的有效性，另外這也更容易形成經理層對企業的實際控制，反過來增加代理成本，降低代理效率，最終損害企業與內外部利益相關者的利益。因此需要在大股東監督和股東間股權制衡力平均之間尋找到一種有效的平衡，以增強大股東的動力和能力去提高和完善企業的內部控制制度建設。第二，可以考慮在公司章程中建立內外部利益相關者的相機決策機制，以維護企業與內外部利益相關者的利益。這種相機決策機制主要是考慮一旦企業的利益相關者的合法利益受到損害時，企業或者利益相關者可以利用一些制度和措施來轉移企業的經營權和控制權，進而在一定程度上改變企業過去的經營決策，以降低利益相關者的損失程度。比如當企業長期嚴重虧損或者經營情況不能得到有效改善時，股東可通過召開股東大會來變更經理層；當企業長期無法保障按時發放工資、忽視員工身體安全和健康時，員工可通過工會組織來變更經濟層，或者通過相關法律制度來控制企業，以杜絕企業的股東和經理層對員工合法權益的侵害行為，等等。

7.2.3 提高董事會運行效率

董事會在企業戰略決策中的實質性作用越來越重要，不同的企業的董事會在戰略決策參與程度上往往存在很大的差別，這種差別是由董事會規模、結構、成員特徵、公司治理模式及制度的完備程度等眾多因素共同決定的。其中董事會規模無疑是董事會運行效率的重要表徵之一。建立適當規模的董事會，不僅可以有效避免董事會因人數過少而引起決策失誤的可能，也能減少由於董事會人數過多而導致「搭

便車」的低效現象。雖然合適的董事會規模具體是多少人還沒有一致的結論，但要保持適當的董事會規模，要從以下兩個方面進行努力：第一，根據企業的實際情況，保持適當的董事會規模。鑒於董事會對企業的經理層具有任免權，並且對他們的決策具有監督權，這在一定程度上能約束經理層追求個人私利的機會主義行為，因此隨著董事會規模的擴大，董事會對經理層的約束作用會增強，從而能在一定程度上保障企業和內外部利益相關者的利益。另外鑒於董事會的職責和任務是積極地參與企業戰略方案的選擇，這就要求董事會的知識結構和認知資源結構要合理，比如不同董事的知識、能力、經驗、特長、個性的搭配是合理的，這樣更容易形成科學的決策。因此董事會規模的擴大有利於董事會的專業知識水準和認知資源結構趨於合理，有助於企業戰略決策的科學化。但隨著董事會規模的進一步增大，董事會可能出現意見協調困難的問題，董事之間越來越難以高效地交換意見，以致於影響企業經營決策的科學性和合理性。規模越大的董事會，董事們之間越容易相互推諉，無法切實履行對經理層的監督和制約職能，進而越容易引發內部控制失效；而且董事會的規模越大，企業在協調、溝通和制定決策上的難度也越大，導致董事會對經理層的監督和約束的能力下降，代理問題會進一步增加[334]；並且當董事會的規模擴大時，除了董事會的專業知識水準會增加之外，董事會成員之間的聯盟成本也會隨之增加，它的增加將會超過專業知識水準增加帶來的收益，進而會降低董事會的決策效率[335]，同時董事會成員之間的聯盟成本的增加客觀上為 CEO 或董事長掌握董事會提供了可能[336]。而 CEO 或董事長在董事會中的話語權越來越大時，其更有可能超越企業的內部控制，使得內部控制無法對其謀取個人私利的行為形成有效制約，這將最終影響公司和內外部利益相關者的利益。因此需要在董事會規模和公司決策效率之間尋找到一種有效的平衡。第二，可以適當地調整和擴大董事會成員的來源結構，如可以考慮建立相應的董事列席制度，保障內外部利益相關者都能夠有平等的機會參與企業決策的表決，從而提高企業決策的科學性和有效性，還可以引入代表關鍵供應商和客戶利益的董事、代表社會和環境的董事等。

設立獨立董事是為了利用獨立董事的專業知識和中立的態度對上市公司進行專業監督和提供信息諮詢。從國內引入獨立董事的初衷來看，這是為了遏制屢禁不止的大股東掏空行為[349]。證監會引入獨立董事的目的是為了進一步約束大股東的掏空行為，並且這無疑有助於維護企業和內外部利益相關者的利益，但是擁有控制權

的大股東可能不會輕易地放棄控制權收益，因此他們就會調整董事會中的獨立董事比例，從而削弱獨立董事的監督職能。為了提高獨立董事的監督能力，要從以下兩個方面進行努力：第一，進一步完善獨立董事制度。盡可能地讓能代表企業內外部利益相關者利益的獨立董事進入董事會，參與董事會治理，有效監督和約束大股東的掏空行為，提高公司治理效率，維護全體股東和利益相關者的利益。由於當前國內很多公司的獨立董事主要是高校教授、律師事務所的律師、會計師事務所的審計師和其他相關方面的專家等擔任，這些專業人士的日常工作都很忙碌，因此企業必須嚴格控制董事會中非常忙碌的獨立董事的人數，促使現任獨立董事有足夠的時間與精力積極參與公司的經營決策，積極地從內外部利益相關者的角度出發，對企業的社會責任決策及其相關的社會責任信息披露發表客觀公允的意見，充分發揮獨立董事的監督作用。第二，政府及監管部門需要對公司獨立董事兼職的最高數量進行合理的強制規定，從制度上保障獨立董事履行誠信與勤勉義務，認真履行職責，維護公司整體利益。目前《關於在上市公司建立獨立董事制度的指導意見》（以下簡稱《意見》）中明確提出，獨立董事同時兼職的數量原則上最多不超過5家。但由於該《意見》並不是一個強制規定，現實中確實有些獨立董事的兼職數量會超過上述規定的最高數量，儘管有些獨立董事可能兼職數量少於《意見》規定的上限，但他們時常無法參與公司重要決策的表決，這可能也會影響獨立董事監督職能的有效發揮。

7.2.4 對最終控制人特徵不同的企業進行分類引導

前文研究表明，對最終控制人特徵不同的企業而言，其社會責任的履行情況在不同的內部治理機制下有所差異。對於非國有控股企業而言，用提升其內部控制質量的方式來推進企業社會責任的履行的效果並不明顯，可以考慮用其他方式來推進；對於國有控股企業而言，可以用進一步提升其內部控制質量的方式來推進企業社會責任的履行；對於地方國有控股企業而言，用提升其內部控制質量的方式來推進企業社會責任的履行的效果並不明顯，可以考慮用其他方式來推進；對於中央國有控股企業而言，可以考慮進一步用提升其內部控制質量的方式來推進企業社會責任的履行。

對於股權集中度較低的非國有控股企業和國有控股企業而言，用提升其內部控

制質量的方式來推進企業社會責任的履行的效果並不明顯，可以考慮用其他方式來推進；對於股權集中度較高的非國有控股企業而言，用提升其內部控制質量的方式來推進企業社會責任的履行的效果並不明顯，可以考慮用其他方式來推進；對於股權集中度較高的國有控股企業而言，可以考慮進一步提升其內部控制質量的方式來推進企業社會責任的履行；對於股權集中度較高的地方國有控股企業而言，用提升其內部控制質量的方式來推進企業社會責任的履行的效果並不明顯，可以考慮用其他方式來推進；對於股權集中度較高的中央國有控股企業而言，可以用進一步提升其內部控制質量的方式來推進企業社會責任的履行。

對於董事會規模較大的非國有控股企業和國有控股企業而言，用提升其內部控制質量的方式來推進企業社會責任的履行的效果並不明顯，可以考慮用其他方式來推進；對於董事會規模較小的非國有控股企業而言，用提升其內部控制質量的方式來推進企業社會責任的履行的效果並不明顯，可以考慮用其他方式來推進；對於董事會規模較小的國有控股企業而言，可以用進一步提升其內部控制質量的方式來推進企業社會責任的履行；對於董事會規模較小的地方國有控股企業而言，用提升其內部控制質量的方式來推進企業社會責任的履行的效果並不明顯，可以考慮用其他方式來推進；對於董事會規模較小的中央國有控股企業而言，可以用進一步提升其內部控制質量的方式來推進企業社會責任的履行。

對於獨立董事比例較低的非國有控股企業和國有控股企業而言，用提升其內部控制質量的方式來推進企業社會責任的履行的效果並不明顯，可以用其他方式來推進；對於獨立董事比例較高的非國有控股企業而言，用提升其內部控制質量的方式來推進企業社會責任的履行的效果並不明顯，可以考慮用其他方式來推進；對於獨立董事比例較高的國有控股企業而言，可以用進一步提升其內部控制質量的方式來推進企業社會責任的履行；對於獨立董事比例較高的地方國有控股企業而言，用提升其內部控制質量的方式來推進企業社會責任的履行的效果並不明顯，可以考慮用其他方式來推進；對於獨立董事比例較高的中央國有控股企業而言，可以用進一步提升其內部控制質量的方式來推進企業社會責任的履行。

7.3 本章小結

如上文分析，企業社會責任推進機制的實現路徑可以從外部規則和內部規則兩個方面展開。本章結合了前文的理論分析和實證檢驗結果，從外部制度因素層面和企業內部治理層面兩個方面提出了相關的建議。

在外部制度因素方面，促進企業履行社會責任要從完善法律制度、提高社會信任程度和加強新聞媒體監督幾方面進行。在完善法律制度環境方面，首先需要進一步完善相關的法律法規如《中華人民共和國消費者權益保護法》《中華人民共和國環境保護法》及其他相關法律制度等方面建設；其次可以考慮在企業社會責任方面增設一部專門的法律制度，對企業社會責任的對象、內容、範圍、責任及不履行社會責任可能受到的相關懲罰和制裁給出詳細條款和司法解釋及具體的量刑標準，同時提高執法部門的執行效率，為企業社會責任的履行構築強力約束機制。在提高社會信任方面，首先要維護企業產權制度的穩定性，增強利益相關者對企業的穩定預期，進而提高信任程度；其次要進一步完善和落實有效的交易系統和信息傳遞機制，降低信息不對稱程度，從而規避逆向選擇並改進市場交易模式，維護交易的穩定運行性和擴展交易範圍，進而幫助建立和提高社會信任程度。在積極發揮新聞媒體的輿論監督方面，首先可以考慮引入競爭媒體，調動新聞媒體監督的積極性；然後可以考慮引導新聞媒體加強對社會責任方面的報導力度，通過新聞媒體的懲惡揚善，形成正確的輿論導向，進而弘揚正能量，塑造講道德、富有社會責任感的輿論環境，引導企業增強履行社會責任的正面意識；最後需要確保新聞媒體的監督質量，加大打擊媒體違規行為的力度和提高懲罰的力度，遏制一些新聞媒體與某些利益集團之間的「合謀」行為。需要強調的是，鑒於處於社會責任敏感度不同的行業中的企業，其社會責任的履行情況在不同的外部制度環境下有所差異，因此需要根據具體的影響程度進行分類引導。

在內部治理機制方面，要從加強企業內部控制制度建設、構建相互制衡的股權結構和提高董事會運行效率幾方面來進行。在加強企業內部控制建設方面，可以從加強企業高管的認識、完善企業社會責任履行的管理機制和責任危機處理機制、建

立良好的社會責任報告制度、著力防範安全生產風險和控制產品質量風險、切實降低環境保護與資源節約的風險、就業和員工權益保護的風險及關注慈善事業等方面著手；在構建相互制衡的股權結構方面，企業需要平衡好大股東監督和股東間股權制衡力平均的矛盾，另外可以考慮在公司章程中建立內外部利益相關者的相機決策機制，以維護企業與內外部利益相關者的利益；在提高董事會運行效率方面，企業需要根據實際情況，保持適當的董事會的規模，同時可以考慮適當調整和擴大董事會成員的來源，如可以考慮建立相應的董事列席制度，保障內外部利益相關者都能夠有平等的機會參與企業決策的表決，從而提高企業決策的科學性和有效性；另外需要進一步完善獨立董事制度，同時要盡量減少現任獨立董事的兼職數量，以確保獨立董事有足夠的時間和精力來高效地履行應有的監督職責。

第八章 研究結論與展望

8.1 研究結論

本書以利益相關者為分析主線，深入剖析利益相關者在推動企業履行社會責任過程中的行為與作用，通過對利益相關者理論、契約理論、資源依賴理論和新制度主義理論等基礎理論的系統梳理，以及對企業社會責任及其推進機制的相關文獻進行回顧，運用案例研究、博弈分析及實證檢驗等方法，對企業社會責任推進機制這一問題進行了全面系統的理論研究。本書主要是圍繞何為企業社會責任的本質、中國企業社會責任的推進機制，如何構建中國企業社會責任推進機制及符合中國國情的企業社會責任推進機制的實現路徑是什麼這三個基本問題展開深入研究。具體而言，本書的主要研究如下。

（1）通過重新界定企業社會責任概念，定位社會責任推動機制並認識其本質。現有研究主要是從單一價值維度、具體項目或活動及單個利益相關者的角度分析和回答了企業應該如何履行社會責任，並沒有對利益相關者影響企業社會責任的推進機制的作用機理進行全面分析和論證。本書首先闡述了哲學、經濟學、管理學、社會學等學科關於企業社會責任的思考，並以系統論思想為基礎，對企業社會責任的概念進行了重新界定，在此基礎上進一步界定了企業社會責任推進機制，然後以利益相關者理論、契約理論、資源依賴理論和新制度理論等相關理論為依據，探討內外部不同的利益相關者在企業社會責任推動機制中的作用，找到了利益相關者和企業社會責任演化與推進機制的內在邏輯聯繫。

（2）通過挖掘中國企業社會責任推進機制存在的問題的深層動因，構建企業社會責任推進動力機制的分析框架。目前關於企業社會責任的動力機制的研究更多的

是從企業規模、所在行業、盈利能力等企業個體層面的因素對企業履行社會責任的影響進行分析，缺乏有力的理論框架支撐和足夠的實證檢驗，較少關注企業是如何在他們的組織與社會環境及其所在的具體約束中來履行社會責任的。本書首先通過對安德公司的社會責任履行現狀、遭遇問題及可能的原因進行案例分析，另外從總體上初步分析了當前國內企業履行社會責任的現狀及潛在問題，通過兩方面的結合對中國企業社會責任履行的總體狀況進行把握，進一步從社會、政府和企業三個角度對企業履行社會責任推進過程中的現狀和成因進行分析，總結出當前推進機制中存在的內部和外部兩個方面的問題，在此基礎上，通過借鑑演化經濟學的基本思想，構建了中國企業社會責任推進動力機制的分析框架。

（3）通過界定利益相關者並且對其進行分類，然後採取聚類分析識別不同利益相關者的利益訴求，找出影響企業社會責任的關鍵利益相關者，揭示關鍵利益相關者在企業社會責任推進動力機制中的內在作用機理。國內外大多數學者更多的是基於單個利益相關者的角度研究某一因素對企業社會責任的影響，缺乏從整體角度來審視這一問題，並且簡單地通過單一視角來分析和判斷某一因素是否對企業社會責任產生影響，因而無法確定各種因素的影響程度，不能全面系統地揭示履行關鍵利益相關者在企業社會責任推進機制中的內在作用機理。本書進一步從合同關係存續視角和所有權的視角對利益相關者進行分析，然後通過聚類分析識別關鍵利益相關者的利益訴求，在此基礎上借鑑 Hayek 的「社會秩序二元觀」思想，運用演化博弈探討了在「外部規則」的約束下，非強制性外部相關者、股東利益一致相關者在社會責任推進機制中的路徑選擇行為，同時運用動態博弈模型探討了在「內部規則」的約束下，政府和企業在社會責任推進機制中的路徑選擇行為，在進行均衡穩定分析的基礎上，找到了企業社會責任推進機制的實現路徑，為建立中國企業社會責任推進動力機制與其實現路徑奠定了重要的理論基礎。

（4）本書立足於中國當前轉型經濟環境中獨特的制度背景，分別從外部制度環境和內部公司治理機制兩個方面對企業社會責任的履行狀況進行了實證檢驗。國內現有的針對企業社會責任推進機制及其實現路徑進行分析的文獻多數是規範分析，很少有研究對其可行性和有效性進行驗證。本書依據企業社會責任推進動力機制的分析框架，一方面以法制環境（對應正式制度）及信任程度和媒體報導（對應非正式制度）為外部規則，另一方面以內部控制、股權集中度和董事會效率為內部規

則，通過實證研究分析和檢驗關鍵的外部制度環境因素和內部公司治理機制因素對上市公司社會責任履行情況的影響，挖掘和揭示了影響中國企業社會責任履行狀況的關鍵因素及其作用機理，並通過分析來評價相應的結果，提煉出符合中國國情的企業社會責任推進機制的有效實現路徑。

8.2 研究展望

本書針對企業社會責任推進機制進行了深入分析和探討，為如何有效地推進企業履行社會責任提供理論依據。從實踐上看，本書有助於明確利益相關者參與企業社會責任的具體工作和作用，有助於維護企業和內外部利益相關者之間的利益和聯繫，從而保證和推進企業更好地履行社會責任，實現可持續發展。但限於本人研究水準，本書至少在以下六個方面存在局限與不足，需要在今後工作和學習中進行進一步探討和完善。

（1）本書運用演化博弈分析了在「外部規則」的約束下，非強制性外部相關者、股東利益一致相關者在社會責任推進機制中的行為選擇，以及運用動態博弈模型探討了在「內部規則」的約束下，政府和企業在社會責任推進機制中的行為選擇，得出兩個穩定狀態：合作狀態和不合作狀態，並且認為在較長時間內這兩種狀態可能是共存的。但需要強調的是，本書並沒有研究可以通過哪些具體措施去減少不合作狀態，因此未來的研究需要更深入地探討如何從不理想的狀態中跳出來以便接近現實中真正的狀態。

（2）本書在實證研究中採用獨立的第三方社會責任評級機構潤靈環球（RKS）公布的企業社會責任評級數據，儘管該數據所反應的企業社會責任信息水準比較專業與權威，並且已經被眾多研究所證明，但由於其提供的數據最早只能從 2009 年開始（是基於企業 2008 年的相關信息所進行的綜合性評級），因此 2008 年之前的企業社會責任評級數據無法獲取，這在一定程度上影響了本書研究結論的科學性。

（3）本書僅僅選擇了法律制度、社會信任程度和媒體監督等少數制度因素來考察外部制度環境對企業社會責任履行情況的影響，但實際上企業所處的外部制度環境還包括地區經濟發展水準、市場化發育程度、政府干預程度、要素市場發育程度

等，由於本書沒有考察這些方面對企業社會責任履行情況的影響，因此未來的研究需要進一步從上述這些方面展開分析和檢驗。另外，本書僅僅從內部控制、股權集中度和董事會效率等少數幾個內部治理機制要素來考察內部公司治理機制對企業社會責任履行情況的影響，但實際上企業內部的公司治理機制還包括股權結構、董事會構成、監事會、高管特徵等方面的內容，由於本書沒有考察這些方面對企業社會責任履行情況的影響，因此未來的研究需要進一步從上述這些方面展開分析和檢驗。雖然本書在分析內部控制、股權集中度和董事會效率等幾個內部治理機制要素對企業社會責任履行情況的影響時，控制了外部制度環境的潛在影響，但是本書並沒有分析和考察外部制度環境與內部公司治理的聯合對企業社會責任履行情況的影響，因此未來的研究也需要從這個視角展開進一步的分析和檢驗。

（4）本書在探討正式制度影響企業社會責任的履行情況時，採用了樊綱等（2011）[312]公布的「市場仲介組織和法律制度環境的發育程度指數」來衡量企業所處省級行政區域的法律制度環境，但由於該指數僅僅是基於各個省級行政區域層面，而上市公司的註冊地往往是地區的，這可能在一定程度上影響了本書的研究結論；在探討非正式制度影響企業社會責任的履行情況時，採用了張維迎等（2002）[291]公布的「中國企業家調查系統」2000年全國問卷調查數據反應的中國各個省級行政區域的信任指數，由於該數據是2000年的調查結果，而近年來中國社會的變化巨大，呈現越來越複雜的趨勢，因此該數據可能不能準確全面地反應當前中國的信任指數，這對本書的實證結論會產生一定的影響；另外，本書針對媒體關注對企業履行社會責任的影響的研究只選擇了權威性的報紙媒體，這種媒體類型單一，不能全面反應當前整個新聞媒體對上市公司的關注情況，這在一定程度上可能影響了本書研究結論的科學性。因此未來的研究一方面要深入考察媒體報導的內容，如正面報導、負面報導和其他一般性報導是否會影響企業社會責任的履行情況，以及其作用效果是否存在顯著差別；另一方面需要進一步擴大新聞媒體的選擇範圍，如增加電視、廣播、網絡、雜誌，以及其他一些新媒體如微博等，儘管這些媒體自身在信息的保存、查找、公信力、覆蓋面、時效性等方面都有一定的缺陷，但它們的關注、報導和評論所產生的影響力和影響程度越來越大，影響和改變企業行為的可能性也是越來越大。

（5）本書在實證檢驗中分別考察了外部制度環境和內部公司治理機制對企業社

會責任履行情況的影響，但沒有進一步考察外部規則和內部規則的聯合作用對企業社會責任履行情況的影響，而在現實中，推進企業履行社會責任更多的是受到外部規則和內部規則聯合的作用，因此在未來的研究中，作者會進一步從外部制度環境和內部公司治理機制的聯合作用視角來考察其對企業社會責任履行狀況的影響。

（6）儘管本書在實證分析中都採取了相關的方法來減少內生性問題對研究結論造成的困擾，但由於經驗結論可能是現實生活中多種因素相互作用的結果，而本書又無法一一識別和逐個剝離出這些因素，因此實證結論是否真正地反應了或者從多大程度上反應了外部制度環境和內部公司治理機制對企業社會責任履行狀況的影響，需要通過更多的理論分析和實證研究來證明。

參考文獻

[1] 肖紅軍,張俊生,李偉陽.企業偽企業社會責任研究[J].中國工業經濟,2013(6):109-121.

[2] 高勇強,陳亞靜,張雲均.「紅鄰巾」還是「綠領巾」:民營企業慈善捐贈動機研究[J].管理世界,2012(8):106-114.

[3] 李凱,等.中國企業社會責任公共政策的演進與發展[M].北京:中國經濟出版社,2014:2-8.

[4] 董進才,黃緯.企業社會責任理論研究綜述與展望[J].財經論叢,2011(1):112-116.

[5] 班納吉.企業社會責任:經典觀點與理念的衝突[M].柳學永,葉素貞,譯.北京:經濟管理出版社,2014:1-8.

[6] 匡海波.企業社會責任[M].北京:清華大學出版社,2010:47-52.

[7] 劉鳳軍,等.中外企業社會責任研究綜述[J].經濟研究參考,2009(12):37.

[8] 高寶玉,等.中國地方政府推進企業社會責任政策概覽[M].北京:經濟管理出版社,2012:1-10.

[9] 黃邦漢.企業社會責任概論[M].北京:高等教育出版社,2010:232.

[10] CARROLL A B. A Three-Dimensional Conceptual Model of Corporate performance Business and Society Review[J]. Academy of Management Review, 1979, 4(4):497-505.

[11] 尹亞軍.企業社會責任的界說及其他——基於主體間性的哲學視角解讀[J].西部法學評論,2013(3):89-97.

[12] 曹鈺.企業社會責任的哲學內涵解讀[J].宿州學院學報,2006,21(2):30-32.

[13] 胡慧華. 企業社會責任的哲學思考及建構可能途徑——以中國傳統文化的視野 [J]. 蘭州學刊, 2010 (1): 16-19.

[14] 朱寧峰. 論企業社會責任共同體構建的哲學基礎 [J]. 紹興文理學院院學報, 2014, 34 (1): 42-46.

[15] 林軍. 企業社會責任的制度經濟學思考 [J]. 甘肅省經濟管理幹部學院學報, 2008, 21 (4): 56-59.

[16] 夏恩君. 關於企業社會責任的經濟學分析 [J]. 北京理工大學學報 (社會科學版), 2001, 3 (1): 14-17.

[17] 王晶晶, 範飛龍. 企業社會責任的經濟學分析 [J]. 皖西學院學報, 2003, 19 (3): 52-56.

[18] 黃世賢. 企業社會責任的經濟學思考 [J]. 江西社會科學, 2006 (6): 135-140.

[19] 李志強, 鄭琴琴. 利益相關者對企業社會責任履行的影響——基於成本收益的經濟學分析 [J]. 企業經濟, 2012 (3): 15-20.

[20] 李振國, 經立. 基於管理學框架的零售企業社會責任研究 [J]. 時代金融, 2012 (9): 92-94.

[21] 黃志堅, 富年, 吳健輝, 等. 從管理學和經濟學理論視角分析企業社會責任內涵演變 [J]. 商業時代, 2012 (10): 97-98.

[22] 李瑋. 企業承擔社會責任的管理學分析 [J]. 中共鄭州市委黨校學報, 2009 (4): 97-98.

[23] 肖日葵. 經濟社會學視角下的企業社會責任分析 [J]. 河南大學學報 (社會科學版), 2010, 50 (2): 67-71.

[24] 寧凌. 企業社會責任的經濟、社會學分析及中國企業的社會責任 [J]. 南方經濟, 2000 (6): 20-23.

[25] 胡晨. 企業社會責任的經濟社會學分析 [J]. 企業家天地 (理論版), 2008 (7): 22-23.

[26] 苗東升. 系統科學大學講稿 (第一版) [M]. 北京: 中國人民大學出版社, 2007: 14-56.

[27] GROSSMAN S J, HART O D. The Costs and Benefits of Ownership: A Theory

of Vertical and Lateral Integration [J]. Journal of Political Economy, 1986, 94 (4): 691-719.

[28] DONALDSON T, DUNFEE T W. Integrative Social Contracts Theory: A Communitarian Conception of Economic Ethics [J]. Economics and Philosophy, 1995, 11 (1): 85-112.

[29] 陳宏輝, 賈生華. 企業社會責任觀的演進與發展: 基於綜合性社會契約的理解 [J]. 中國工業經濟, 2003 (12): 85-92.

[30] FREEMAN R E. Strategic management: A Stakeholder Approach [M]. Cambridge, Mass.: Cambridge University Press, 1984.

[31] JENSEN C M, MECKLING W H. Theory of the Firm: Managerial Behavior, Agency Costs and Ownership Structure [J]. Journal of Financial Economics, 1976, 3 (4): 305-360.

[32] JAWAHAR I M. Toward a Descriptive Stakeholder Theory: An Organizational Life Cycle Approach [J]. Academy of Management Review, 2001, 26 (3): 397-414.

[33] ROWLEY T J. Moving Beyond Dyadic Ties: A Network Theory of Stakeholder Influences [J]. Academy of Management Review, 1997, 22 (4): 887-910.

[34] WADDOCK S A, GRAVES S B. Quality of Management and Quality of Stakeholder Relations: Are they Synonymous? [J]. Business and Society, 1997, 36 (36): 250-279.

[35] CHARKHAM J. Corporate Governance: Lessons from Abroad [J]. European Business Journal, 1992, 4 (2): 8-16.

[36] MITCHELL R K, AGLE B R, WOOD D J. Toward a Theory of Stakeholder Identification and Salience: Defining the Principle of Who and What Really Counts [J]. Academy of Management Review, 1997, 22 (4): 853-886.

[37] 王世權, 李凱. 企業社會責任解構: 邏輯起點、概念模型與契約要義 [J]. 外國經濟與管理, 2009, 31 (6): 25-31.

[38] 李淑英. 社會契約論視野中的企業社會責任 [J]. 中國人民大學學報, 2007, 21 (2): 51-57.

[39] NORTH D C. Institutions, Institutional Change and Economic Performance

[M]. Cambridge, Mass.: Cambridge University Press, 1990.

[40] QUINN D P, JONES T M. An Agent Morality View of Business Policy [J]. Academy of Management Review, 1995, 20 (1): 22-42.

[41] CARROLL A B. The Pyramid of Corporate Social Responsibility: Toward the Moral Management of Organization Stakeholders [J]. Business Horizons, 1991, 78 (34): 39-48.

[42] PFEFFER J, SALANCIK G R. The External Control if Organization: A Resource Dependence Perspective [M]. Palo Alto: Stanford Business Books, 1978.

[43] RAJAN R, ZINGALES L. Power in A Theory of the Firm [J]. Quarterly Journal of Economic, 1998, 113 (2): 387-432.

[44] RAJAN R, ZINGALES L. The Governance of The New Enterprise [J]. Nber Working Paper, 2000.

[45] WERNERFELT B. A Resource-Based View of the Firm [J]. Strategic Management Journal, 1984, 5 (5): 171-180.

[46] BARNEY J B. Firm Resource and Sustained Competitive Advantage [J]. Journal of Management, 1991, 17 (1): 99-120.

[47] TEECE D J, PISANO G, SHUEN A. Dynamic Capabilities and Strategic Management [J]. Strategic Management Journal, 1997, 18 (7): 509-533.

[48] FREEMAN R E. Divergent Stakeholder Theory [J]. Academy of Management Review, 1999, 24 (2): 233-236.

[49] LOVETT S, LEE C S, KALI R. Guanxi Versus the Market Ethis and Efficiency [J]. Journal of International Business Studies, 1999, 30 (2): 231-248.

[50] 張建君, 張志學. 中國民營企業家的政治戰略 [J]. 管理世界, 2005 (7): 94-105.

[51] HAHN R, KUHNEN M. Determinants of Sustainability Reporting: A Review of Results, Trends, Theory, and Opportunities in An Expanding Field of Research [J]. Journal of Cleaner Production, 2013, 59 (59): 5-21.

[52] MEYER J W, ROWEN B. Institutional Organizations: Formal Structure as Myth and Ceremony [J]. American Journal of Sociology, 1977, 83 (2): 340-363.

[53] DIMAGGIO P J, POWELL P J. The Iron Cage Revisited Institutional Isomorphism and Collective Rationality in Organizational Fields [J]. American Journal of Sociology, 1983, 48 (2): 147-160.

[54] MEYER J W, SCOTT W R. Centralization and The Legitimacy Problems of Local Government [M]. In Meyer and Scott (Eds.). Organiztional environments: ritual and rationality. Beverly Hills, CA: Sage, 1983: 199-215.

[55] SCOTT W R. Institutions and Organizations [M]. Thousand Oaks, CA: Sage Publications, 2001.

[56] HOFFMAN R C. Corporate Social Responsibility in the 1920s: An Institutional Perspective [J]. Journal of Management History, 2013, 13 (1): 55-73.

[57] SHELDON O. The Philosophy of Management [M]. London: Pitman and Sons Ltd., 1924.

[58] BOWEN H R. Social Responsibilities of the Businessman [M]. New York: Harper, 1953: 31.

[59] FREDERICK W C. The Growing Concern over Business Responsibility [J]. California Management Review, 1960, 2 (4): 54-61.

[60] FRIEDMAN M. Capitalism and Freedom [M]. Chicago: University of Chicago Press, 1962.

[61] DAVIS K. Business and Society: Environment and Responsibility [M]. 3th Edition, New York: McGraw-Hill, 1975.

[62] CED (Committee for Economic Development). Social responsibilities of business corporations [M]. New York: NY, 1971.

[63] 彼得·F. 德鲁克. 管理: 任务、责任、实践 [M]. 孙耀君, 译. 北京: 中国社会科学出版社, 1987: 118-125.

[64] JONES T M. Corporate Social Responsibility Revisited Redefined [J]. California Management Review, 1980, 22 (3): 59-67.

[65] CARROLL A B. Ethical Challenges for Business in the New Millennium: Corporate Social Responsibility and Models of Management Morality [J]. Business Ethical Quarterly, 2000, 10 (1): 159-162.

［66］李哲松. 韓國公司法［M］. 吳日煥, 譯. 北京：中國政法大學出版社, 2000.

［67］EU Commission. Green paper：promoting a European Framework for Corporate Social Responsibility［R］. Luxemboure：office for official publications of the European Comminities, 2001：4.

［68］RODRIGUEZ P, et al. Three Lenses on the Multinational Enterprises：Politics, Corruption and Corporate Social Responsibility［J］. Journal of International Business Studies, 2006：733-746.

［69］JAMALI D. The case for strategic corporate social responsibility in developing countries［J］. Business and Society Review, 2007, 112 (1)：1-27.

［70］張明. 入世後中國企業社會責任研究［D］. 上海：復旦大學, 2007.

［71］袁家方. 企業社會責任［M］. 北京：海洋出版社, 1990.

［72］張彥寧. 中國企業管理年鑒［M］. 北京：企業管理出版社, 1990：778.

［73］李占祥. 論企業社會責任［J］. 中國工業經濟研究, 1993, 2：58-70.

［74］章新華. 社會主義市場經濟與企業的社會責任［J］. 經營與管理, 1994, 4：4-6.

［75］朱慈蘊. 公司法人格否認法理研究［M］. 北京：法律出版社, 1998：2.

［76］張蘭霞, 王志文. 企業的社會責任芻議［J］. 遼寧經濟, 1999, 1：45.

［77］白全禮, 王亞立. 企業社會責任：一種新的企業觀［J］. 鄭州航空工業管理學院學報, 2000, 3：19-22.

［78］盧代富. 國外企業社會責任界說述評［J］. 現代法學, 2001, 3：137-144.

［79］徐明棋. 科學發展觀視角下的新金融安全觀［C］//上海市社會科學界聯合會. 當代中國：發展·安全·價值——第二屆（2004年度）上海市社會科學界學術年會文集（中）. 上海：上海人民出版社, 2004：6.

［80］周祖城. 企業倫理學［M］. 北京：清華大學出版社, 2005：41.

［81］陳貴民, 雷造民. 企業社會責任的界定［M］. 北京：中國財政經濟出版社, 2005.

［82］吳照雲. 理性看企業社會責任［C］//中國企業管理研究會, 中國社會科學院管理科學研究中心. 中國企業社會責任問題學術研討會暨中國企業管理研究會

2005年會會議論文集. 北京：[出版者不詳], 2005.

[83] 陳迅, 韓亞琴. 企業社會責任分級模型及其應用 [J]. 中國工業經濟, 2005, 9：99-105.

[84] 劉長喜. 利益相關者、社會契約與企業社會責任 [D]. 上海：復旦大學, 2005.

[85] 劉俊海. 關於公司社會責任的若干問題 [J]. 理論前沿, 2007, 22：19-22.

[86] 陳支武. 企業社會責任理論與實踐 [M]. 長沙：湖南大學出版社, 2008.

[87] 王曉珍, 湯麗萍, 等. 企業社會責任理論研究綜述 [J]. 江蘇商論, 2009 (10)：116-118.

[88] 黎友煥. 企業社會責任 [M]. 廣州：華南理工大學出版社, 2010：92.

[89] 郭洪濤. 國有企業經濟目標和社會目標間的權衡——基於企業社會責任發展歷程的分析 [J]. 現代經濟探討, 2012, 3：10-13.

[90] PRESTON L, O'BANNON D. The Corporate Social-Financial Performance Relationship, A Typology and Analysis [J]. Business and Society, 1997, 36 (4)：419-429.

[91] STANWICK P A, STANKWICK S D. The Relation between Corporate Social Performance and Organizational Size, Financial Performance, and Environmental Performance：An Empirical Examination [J]. Journal of Business Ethics, 1998, 17 (2)：195-205.

[92] HARRISON J, FREEMAN R. Stakeholders, Social Responsibility and Performance：Empirical Evidence and Theoretical Perspectives [J]. Academy of Management Journal, 1999, 42 (5). 479-487.

[93] SCHNIETZ K E, EPSTEIN M J. Exploring the Financial Value of A Reputation for Corporate Social Responsibility During A Crisis [J]. Corporate Reputation Review, 2005, 7 (4)：327-345.

[94] LEV B, PETROVITS C, RADHAKRISHNAN S. Is Doing Good Good for You? How Corporate Charitable Contributions Enhance Revenue Growth [J]. Strategic Management Journal, 2010, 31 (2)：182-200.

[95] SURROCA J, TRIBO J A, WADDOCK S. Corporate Responsibility and Financial Performance: The Role of Intangible Resources [J]. Strategic Management Journal, 2010, 31 (5), 463-490.

[96] HANSEN S D, DUNFORD B B, BOSS A D, BOSS R W, ANGERMEIER I. Corporate Social Responsibility and the Benefits of Employee Trust: A Cross-Disciplinary Perspective [J]. Journal of Business Ethics, 2011, 102 (1): 29-45.

[97] MULLER A, KRAUSSL R. Doing Good Deeds in Times of Need: A Strategic Perspective on Corporate Disaster Donations [J]. Strategic Management Journal, 2011, 32 (9), 911-29.

[98] BARNETT M L, SALOMON R M. Beyond Dichotomy: The Curvilinear Relationship between Social Responsibility and Financial Performance [J]. Strategic Management Journal, 2006, 27 (11): 1101-1122.

[99] BRAMMER S, MILLINGTON A. Corporate Reputation and Philanthropy: An Empirical Analysis [J]. Journal of Business Ethics, 2005, 61 (1): 29-44.

[100] BRAMMER S, MILLINGTON A. Does It Pay to Be Different? An Analysis of the Relationship between Corporate Social and Financial Performance [J]. Strategic Management Journal, 2008, 29 (12): 1325-1343.

[101] MAKNI R, FRANCOEUR C, BELLAVANCE F. Causality Between Corporate Social Performance and Financial Performance: Evidence from Canadian Firms [J]. Journal of Business Ethics, 2009, 89 (3): 409-422.

[102] BOWMAN E H, HAIRE M. A Strategic Posture towards Corporate Social Responsibility [J]. California Management Review, 1975, 18 (2): 49-58.

[103] LANKOSKI L. Determinants of Environmental Profit: An Analysis of the Firm-level Relationship between Environmental Performance and Economic Performance [D]. Helsinki: Helsinki University of Technology, 2000.

[104] MCWILLIAMS A, SIEGEL D. Corporate Social Responsibility: A Theory of the Firm Perspective [J]. Academy of Management Review, 2001, 26 (1): 117-127

[105] MARGOLIS J D, WALSH J P. Misery Loves Companies: Rethinking Social Initiatives by Business [J]. Administrative Science Quarterly, 2003, 48 (48): 268-

305.

[106] 沈洪濤. 公司社會責任與公司財務績效關係研究——基於相關利益者理論的分析 [D]. 廈門：廈門大學, 2005.

[107] 劉長翠, 孔曉婷. 社會責任會計信息披露的實證研究——來自滬市 2002—2004年度的經驗數據 [J]. 會計研究, 2006 (10): 36-43.

[108] 汪冬梅, 孫召亮, 王愛國. 中國上市公司社會責任與企業價值關聯性分析——以房地產開發與經營業為例 [J]. 海南大學學報（人文社會科學版）, 2008 (5): 502-506.

[109] 溫素彬, 方苑. 企業社會責任與財務績效關係的實證研究——利益相關者視角的面板數據分析 [J]. 中國工業經濟, 2008 (10): 150-160.

[110] 楊自業, 尹開國. 公司社會績效影響財務績效的實證研究——來自中國上市公司的經驗證據 [J]. 中國軟科學, 2009 (11): 109-118.

[111] 王曉巍, 陳慧. 基於利益相關者的企業社會責任與企業價值關係研究 [J]. 管理科學, 2011, 6: 29-37.

[112] 陽秋林, 黎勇平. 社會責任會計信息披露與企業市場價值的相關性研究 [J]. 財會月刊, 2012, 5: 21-23.

[113] 張敏. 企業社會責任與財務績效關係的實證研究 [J]. WTO經濟導刊, 2012 (5): 70-72.

[114] 孔龍, 張鮮華. 企業社會責任績效與企業財務績效相關性的實證分析——基於A股上市公司的經驗證據 [J]. 中國海洋大學學報（社會科學版）, 2012, 4: 80-84.

[115] 王倩. 企業社會責任與企業財務績效的關係研究 [D]. 杭州：浙江大學, 2014.

[116] 張維迎. 產權、激勵與公司治理 [M]. 北京：經濟科學出版社, 2005: 7.

[117] 李正. 企業社會責任與企業價值的相關性研究——來自滬市上市公司的經驗證據 [J] 中國工業經濟, 2006, 2: 77-83.

[118] 李偉. 企業社會責任與財務績效關係研究——基於交通運輸行業上市公司的數據分析 [J]. 財經問題研究, 2012 (4): 89-94.

[119] 袁昊,夏鵬,趙卓麗.承擔社會責任未必影響公司發展——從企業社會責任指向談企業社會責任與績效關係 [J].華東經濟管理,2004,6:34-36.

[120] 朱雅琴,姚海鑫.企業社會責任與企業價值關係的實證研究 [J].財經問題研究,2010,2:102-106.

[121] 陳玉清,馬麗麗.中國上市公司社會責任會計信息市場反應實證分析 [J].會計研究,2005(11):76-81.

[122] DHALIWAL D S, LI O Z, TSANG A, YANG Y G. Voluntary Nonfinancial Disclosure and the Cost of Equity Capital: The Initiation of Corporate Social Responsibility Reporting [J]. The Accounting Review, 2011, 86 (1): 59-100.

[123] DHALIWAL D S, LI O Z, TSANG A, YANG Y G. Corporate Social Responsibility Disclosure and the Cost of Equity Capital: The Roles of Stakeholder Orientation and Financial Transparency [J]. Journal of Accounting and Pbulic Policy, 2014, 33 (4): 328-355.

[124] 李姝,趙穎,童婧.社會責任報告降低了企業權益資本成本嗎?——來自中國資本市場的經驗證據 [J].會計研究,2013(9):64-70.

[125] 何賢杰,肖土盛,陳信元.企業社會責任信息披露與公司融資約束 [J].財經研究,2012(8):60-71.

[126] 李志剛,施先旺,高莉賢.企業社會責任信息披露與銀行借款契約——基於信息不對稱的視角 [J].金融經濟學研究,2016(1):106-116.

[127] DHALIWAL D S, RADHAKRISHNAN S, TSANG A, YANG Y G. Nonfinancial Disclosure and Analyst Forecast Accuracy: International Evidence on Corporate Social Responsibility Disclosur [J]. The Accounting Review, 2012, 87 (3): 723-759.

[128] 何賢杰,肖土盛,朱紅軍.所有權性質、治理環境與企業社會責任信息披露的經濟後果:基於分析師盈利預測的研究視角 [J].中國會計與財務研究,2013(2):57-120.

[129] PRIOR D, SURROCA J, TRIBO J. Are Social Responsibility Managers Really Ethical? Exploring the Relationship between Earnings Management and Corporate Social Responsibility [J]. Corporate Governance An International Review, 2008, 16 (3): 160-177.

［130］CHIH H，SHEN C，KANG F. Corporate Social Responsibility，Investoer Protection and Earnings Management：Some International Evidence［J］. Journal of Business Ethics，2008，79（1）：179-198.

［131］KIM Y，PARK M S，WIER B. Is Earnings Quality Associated with Corporate Social Responsibility［J］. The Accounting Review，2012，87（3）：761-796.

［132］朱松. 企業社會責任、市場評價與盈餘信息含量［J］. 會計研究，2011（11）：27-34.

［133］高莉芳，曲曉輝，張多蕾. 企業社會責任報告與會計信息質量——基於深市上市公司的實證研究［J］. 財經論叢，2011（3）：99-105.

［134］王霞，徐怡，陳露. 企業社會責任信息披露有助於甄別財務報告質量嗎？［J］. 財經研究，2014（5）：133-144.

［135］SEN S，BHATTACHARYA C B. Does Doing Good Always Lead to Dong Better？ Consumer Reaction to Corporate Social Responsibility［J］. Journal of Marketing Research，2001，38（2）：225-243.

［136］SUN W，CUI K. Linking Does Corporate Social Responsibility to Firm Default Risk［J］. European Management Journal，2014，32（2）：275-287.

［137］BOWMAN E H，HAIRE M. A Strategic Posture toward Corporate Social Responsibility［J］. California Management Review，1975，18（2）：49-58.

［138］INGRAM R W. An Investigation of the Infornmation Content of（certain）Social Responsibility Disclosures［J］. Journal of Accounting Research，1978，16（2）：270-285.

［139］ABBOTT W F，MONSEN R. On the Measure of Corporate Social Responsibility：Self-reported Disclosure as a Measure of Corporate Social Involvement［J］. Academy of Management Journal，1979，22（3）：501-515.

［140］李志斌. 內部控制、實際控制人性質與社會責任履行——來自中國上市公司的經驗證據［J］. 經濟經緯，2014（9）：109-114.

［141］MOSKOWITZ M. Choosing Socially Responsible Stocks［J］. Business and Social Review，1972，1：501-515.

［142］PATTEN D M. Intra-industry Environmental Disclosures in Response to the

Alaskan Oil Spill: A Note on Legitimacy Theory [J]. Accounting, Organizations and Society, 1992, 17 (5): 471-475.

[143] 沈洪濤, 李餘曉璐. 中國重污染行業上市公司環境信息披露現狀分析 [J]. 證券市場導報財經論叢, 2010 (6): 51-57.

[144] 山立威, 甘犁, 鄭濤. 公司捐款與經濟動機——汶川地震後中國上市公司捐款的實證研究 [J]. 經濟研究, 2008 (11): 51-60.

[145] 賈明, 張喆. 高管的政治關聯影響公司慈善行為嗎? [J]. 管理世界, 2010 (4): 99-113.

[146] 高勇強, 何曉斌, 李路路. 民營企業家社會身分、經濟條件與企業慈善捐款 [J]. 經濟研究, 2011 (12): 111-123.

[147] 張敏, 馬黎珺, 張雯. 企業慈善捐款的政企紐帶效應——基於中國上市公司的經驗證據 [J]. 管理世界, 2013 (7): 163-171.

[148] 戴亦一, 潘越, 馮舒. 中國企業的慈善捐款是一種「政治獻金」嗎?——來自市委書記更替的證據 [J]. 經濟研究, 2014 (2): 74-86.

[149] ACQUAAH M. Managerial Social Capital, Strategic Orientation and Organizational Performance in an Emerging Economy [J]. Strategic Management Journal, 2007, 28 (12): 1235-1255.

[150] 李海芹, 張子剛. CSR 對企業聲譽及顧客忠誠影響的實證研究 [J]. 南開管理評論, 2010, 13 (1): 90-98.

[151] 張正勇. 產品市場競爭、公司治理與社會責任信息披露——來自中國上市公司社會責任報告的經驗證據 [J]. 山西財經大學學報, 2012 (4): 67-76.

[152] SCHULER F D, Cording M. A Corporate Social Performance-Corporate Financial Performance Behavioral Model for Consumers [J]. Academyof Management Review, 2006, 31 (3): 540-558.

[153] LANIS R, Richardson G. Corporate Social Responsibility and Tax Aggressiveness: An Empirical Analysis [J]. Journal of Accounting and Public Policy, 2012, 31 (1): 540-558.

[154] 國際認證聯盟 [EB/OL]. (2009-01-12). http://www.isoyes.com.

[155] FRIEDMAN M. The Social Responsibility of Business Is to Increase Its Profits

[J]. New York Times Magazine, 2006, 32 (6): 173-178.

[156] PHILIP M, BRADLEY G. Stages of Corporate Citizenship [J]. California Management Review, 2006, 48 (2): 104-123.

[157] 張慧玲. SA8000:社會責任標準 [J]. 中外企業文化, 2004 (7): 36-38.

[158] 姚江舟, 李鍵. 企業如何化社會責任為競爭力 [EB/OL]. (2006-11-14). http://www.wccep.com/Html/ 20061114215019-1.html.

[159] 周國銀, 張少標. SA8000:2001社會責任國際標準實施指南 [M]. 深圳:海天出版社, 2002.

[160] 朱乾宇. 西方國家企業社會責任借鑑 [J]. 科技進步與對策, 2003 (18): 126-128.

[161] 周中勝, 何德旭, 李正. 制度環境與企業社會責任履行:來自中國上市公司的經驗證據 [J]. 中國軟科學, 2012 (10): 59-68.

[162] 權小鋒, 吳世農, 尹洪英. 企業社會責任與股價崩盤風險:「價值利器」或「自利工具」? [J]. 經濟研究, 2015 (11): 49-64.

[163] PATTEN D M. Exposure, Legitimacy and Social Disclosure [J]. Journal of Accounting and Public Policy, 1991, 10 (4): 297-308.

[164] BANERJEE S B. Managerial Perceptions of Corporate Environmentalism: Interpretations from Industry and Strategic Implications for Organizations [J]. Journal of Management Studies, 2001, 38 (4): 489-513.

[165] MCWILLIAMS E. The Impact of Corporate Characteristics on Social Responsibility Disclosure: A Typology and Frequency-Based Analysis [J]. Accounting, Organizations and Society, 2001, 12 (2): 111-122.

[166] LEPOUTRE J, HEENE A. Investigating the Impact of Firm Size on Small Business Social Responsibility: ACritical Review [J]. Journal of Business Ethics, 2006, 67 (3): 257-273.

[167] BAUMANN P D, WICKERT C, SPENCE L J, SCHERER A G. Organizing Corporate Social Responsibility in Small and Large Firms: Size Matters [J]. Journal of Business Ethics, 2013, 115 (4): 693-705.

［168］沈洪濤. 公司特徵與企業社會責任信息披露：來自中國上市公司的經驗證據［J］. 會計研究, 2007（3）: 9-17.

［169］黃群慧, 彭華崗, 鐘宏武, 張蒽. 中國 100 強企業社會責任發展狀況評價［J］. 中國工業經濟, 2009（10）: 23-35.

［170］郭毅, 蘇欣. 供應鏈社會責任管理與零售業的可持續發展［J］. 北京工商大學（社會科學版）, 2012（4）: 12-16.

［171］郭毅, 豐樂明, 劉寅. 企業規模、資本結構與供應鏈社會責任風險［J］. 科研管理, 2013（6）: 84-90.

［172］MCGUIRE J B, SUNDGREN A, SCHNEEWEIS T. Corporate Social Responsibility and Firm Financial Performance［J］. Academy of Management Journal, 1988, 31（4）: 854-872.

［173］ORLITZKY M, BENJAMIN J D. Corporate Social Performance and Firm Risk: A Meta-Analysis Review［J］. Business and Society, 2001, 40（4）: 369-396.

［174］ANDRIKOPOULOS A, KRIKLAN N. Environmental Disclosure and Financial Characteristics of the Firm: The Case of Denmark［J］. Corporate Social Responsibility and Environmental Management, 2013, 20（1）: 55-64.

［175］ENG L L, MARK Y T. Corporate Governance and Voluntary Disclosure［J］. Journal of Accounting and Public Policy, 2003, 22（4）: 325-345.

［176］劉長崔, 孔曉婷. 社會責任會計信息披露的實證研究——來自滬市 2002—2004 年度的經驗數據［J］. 會計研究, 2006（10）: 36-43.

［177］楊忠智, 喬印虎. 行業競爭屬性、公司特徵與社會責任關係研究——基於上市公司的實證分析［J］. 科研管理, 2013（3）: 58-67.

［178］陳文婕. 論企業社會責任信息披露影響因素［J］. 財經理論與實踐, 2010（166）: 96-100.

［179］ROBERTS R W. Determinants of Corporate SocialResponsibility Disclosure: An Application of Stakeholder Theory［J］. Accounting, Organization and Society, 1992, 17（6）: 595-612.

［180］LEE E P, O'BANNON D P. The Corporate Social-Financial Performance Relationship: A Typology and Analysis［J］. Business and Society, 1997, 36（4）: 419-

429.

［181］HOOGHIEMSTRA R. Corporate Communication and Impression Management: New Perspectives Why Companies Engage in Corporate Social Reporting［J］. Journal of Business Ethics, 2013, 27（1-2）: 55-68.

［182］CARACUEL J A, MANDOJANA N O. Green Innovation and Financial Performance: An Institutional Approach［J］. Organization and Evnironment, 2013, 26（4）: 365-385.

［183］KANG J. The Relationship between Corporate Diversifaction and Corporate Social Performance［J］. Strategic Management Journal, 2013, 34（1）: 94-109.

［184］JULIAN S D, DANKWA O J C. Financial Resource Availability and Corporate Social Responsibility Expenditures in a sub-Saharan Economy: The Institutional Difference Hypothesis［J］. Strategic Management Journal, 2013, 34（11）: 1314-1330.

［185］鞠芳輝，謝子遠，寶貢敏. 企業社會責任的實證——基於消費者選擇的分析［J］. 中國工業經濟, 2005（9）: 91-98.

［186］張川，婁祝坤，詹丹碧. 政治關聯、財務績效與企業社會責任——來自中國化工行業上市公司的證據［J］. 管理評論, 2014（1）: 130-139.

［187］張兆國，靳小翠，李庚秦. 企業社會責任與財務績效之間交互跨期影響實證研究［J］. 會計研究, 2013（8）: 32-39.

［188］PORTA L, SHLEIFER F, VISHNY R. Law and Finance［J］. Journal of Political Economy, 1998, 106（6）: 1113-1155.

［189］HILLMAN A J, KLEIN G D. Shareholder Value, Stakeholder Management amd Social Issues: What's the Bottom Line?［J］. Strategic Management Journal, 2001, 22（2）: 125-139.

［190］WALLS, JUDITH L, BERRONE, PHILLIP H. Corporate Governance and Environmental Performance: Is There Really a Link?［J］. Strategic Management Journal, 2012, 33（8）: 885-913.

［191］DAM L, SCHOLTENS B. Ownership Concentration and CSR Policy of European Multinational Enterprises［J］. Journal of Business Ethics, 2013, 118（1）: 117-126.

［192］宋建波，李愛華.企業社會責任的公司治理因素研究［J］.財經問題研究，2010（5）：23-29.

［193］謝文武.公司治理環境對企業社會責任的影響分析［J］.現代財經，2011（1）：91-97.

［194］肖作平，楊嬌.公司治理對公司社會責任的影響分析——來自中國上市公司的經驗證據［J］.證券市場導報，2011（6）：34-40.

［195］王勇，劉文綱.零售業上市公司社會責任信息披露質量及其影響因素分析［J］.北京工商大學學報（社會科學版），2012（3）：17-22.

［196］馮麗麗，林芳，許家林.產權性質、股權集中度與企業社會責任履行［J］.山西財經大學學報，2011（9）：100-107.

［197］井潤田，張遠.基於股權結構的合資企業社會責任研究［J］.管理評論，2009（19）：101-108.

［198］王海妹，呂曉靜，林晚發.外資參股和高管、機構持股對企業社會責任的影響——基於中國A股上市公司的實證研究［J］.會計研究，2014（8）：81-87.

［199］WANG J, DEWHIRST H D. Boards of Directs and Stakeholder Orientation［J］. Journal of Business Ethics, 1992, 11（2）：115-123.

［200］JOHNSON R D, GREENING D W. The Effects of Corporate Governance and Institutional Ownership Types on Corporate Social Performance［J］. Academy of Management Journal, 1999, 42（5）：564-576.

［201］HANIFFA R M, COOK T E. The Impact of Cluture and Governance on Corporate Social Reporting［J］. Journal of Accounting and Public Policy, 2005, 24（1）：391-430.

［202］MILLKEN F J, MARTINS L L. Searching for Common Threads: Understanding the Multiple Effects of Diversity in Organizational Groups［J］. Academy of Management Review, 1996, 21（21）：402-433.

［203］RICART J, RODRIGUEZ M, SANCHEZ P. Sustainability in the Boardroom: An Empirical Investigation of Dow Jones Sustainability World Index Leaders［J］. Corporate Governance, 2005, 5（3）：24-41.

［204］FAUVER L, FUERST M E. Does Good Corporate Governance Include Employee Representation? Evidence from German Corporate Boards [J]. Journal of Financial Economics, 2006, 82 (3): 673-710.

[205] WANG J, COFFEY B S. Board Composition and Corporate Philanthropy [J]. Journal of Business Ethics, 1992, 11 (10): 771-778.

[206] IBRAHIM N A, ANGELIDIS J P. Effect of Board Members' Gender on Corporate Social Responsiveness Orientation [J]. Journal of Applied Business Research, 1994, 10 (1): 35.

[207] ROMERO S, RUIZ S. Does Board Gender Composition Affect Corporate Social Responsibility Reporting? [J]. International Journal of Business and Social Science, 2012, 3 (1): 31-38.

[208] 馬連福, 趙穎. 上市公司社會責任信息披露影響因素研究 [J]. 證券市場導報, 2007 (7): 4-9.

[209] 沈洪濤, 楊熠, 吳奕彬. 合規性、公司治理與社會責任信息披露 [J]. 中國會計評論, 2010 (3): 363-374.

[210] 於曉謙, 程浩. 公司治理對公司社會責任信息披露的影響——基於中國石化塑膠行業的實證研究 [J]. 會計之友, 2010 (2): 85-89.

[211] STURDIVANT F D, GRINTER J L. Corporate Social Responsiveness: ManagementAttitudes and Economic Performance [J]. California Management Review, 1977, 19 (3): 30-29.

[212] SWANSON D L. Addressing a Theoretical Problem by Reorienting the Corporate Social Performance Model [J]. Academy of Management Review, 1995, 20 (1): 43-64.

[213] WEAVER G R, TREVINO L K, COCHRAN P L. Integrated and Decoupled Corporate Social Performance; Management Commitments, External Pressures, and Corporate Ethics Practices [J]. Academy of Management Journal, 1999, 42 (5): 539-552.

[214] HEMINGWAY C A, MACLAGAN R W. Manager's Personal Values as Drivers of Corporate Social Responsibility [J]. Journal of Business Ethics, 2004, 50 (1): 33-44.

［215］AGLE B R, MITCHELL R K, SONNENFELD J A. Who Matters to CEOs? An Investigation of Stakeholder Attributes and Salience, Corporate Performance and CEO Values［J］. Academy of Management Journal, 1999, 42（5）: 507-525.

［216］ABDUL M Z, IBRAHIM S. Executive and Management Attitudes towards Corporate Social Responsibility in Malaysia［J］. Corporate Governance, 2002, 2（4）: 10-16.

［217］BRAMMER S, WILLIAMS G, ZINKIN J. Religion and Attitudes to Corporate Social Responsibility in a Large Cross-country Sample［J］. Journal of Business Ethics, 2007, 71（3）: 229-243.

［218］MUDRACK P. Individual Personality Factors that Affect Normative Beliefs about the Rightness of Corporate Social Responsibility［J］. Business and Society, 2007, 46（1）: 33-62.

［219］鄧麗明, 郭曉虹. 高管價值觀影響企業社會責任行為的理論與實證研究［J］. 江西社會科學, 2012（8）: 236-240.

［220］曾建光, 張英, 楊勛. 宗教信仰與高管層的個人社會責任基調——基於中國民營企業高管層個人捐贈行為的視角［J］. 管理世界, 2016（4）: 97-110.

［221］GUIRAL A, SAORIN E G, BLANCO B. Are Auditor Opinions on Internal Control Effectiveness Influence by Corporate Social Responsibility?［J］. Yonsei Unibersity Working Paper, 2014（2）: 105-122.

［222］RODGERS W, SODERBOM A, GUIRAL A. Corporate Social Responsibility Enhanced Control Systems Reducing the Likehihood of Fraud［J］. Journal of Business Ethics, 2015, 131（4）: 871-882.

［223］彭鈺, 陳紅強. 內部控制、市場化進程與企業社會責任［J］. 現代財經, 2015（6）: 43-54.

［224］TROTMAN K T, BRADLY Q W. Associations between Social Responsibility Disclosure and Characteristics of Companies［J］. Accounting, Organization and Society, 1981, 6（4）: 355-362.

［225］JENKINS H, YAKOVLEVA N. Corporate Social Responsibility in the Mining Industry: Exploring Trends in Social and Environmental Disclosure［J］. Journal of Cleaner

Production, 2006, 14 (1): 271-284.

[226] REVERTE C. Determinants of Corporate Social Responsibility Disclosure Rating by Spanish Listed Firms [J]. Journal of Business Ethics, 2009, 88 (2): 351-366.

[227] 徐珊, 黃健柏. 媒體治理與企業社會責任 [J]. 管理學報, 2015 (7): 1072-1081.

[228] 姚海琳, 王昶, 周登. 政府控制和市場化進程對企業社會責任的影響——來自中國滬市上市公司的經驗證據 [J]. 現代財經, 2012 (8): 58-69.

[229] 辛宇, 左乃健. 企業社會責任履行的影響因素——基於股權性質的視角 [J]. 現代財經, 2013, 5 (2): 102-121.

[230] HUSTED B W, ALLEN D B. Corporate SocialResponsibility in the Multinational Enterprise: Strategic and Institutional Approach [J]. Journal of International Business Studies, 2006, 37 (6): 838-849.

[231] CAMPELL J L. Why would Corporations behave in Socially Responsible Ways? An Institutional Theory of Corporate Social Responsibility [J]. Academy of Management Review, 2007, 32 (3): 946-967.

[232] SIMNETT R, VANSTRAELEN A, CHUA W F. Assurance on Sustainability Reports: An International Comparison [J]. The Accounting Review, 2009, 84 (3): 937-967.

[233] ZIZZO D J, FLEMING P. Can Experimental Measures of Sensitivity to Social Pressure Predict Public Good Contribution? [J]. Economics Letters, 2011, 111 (3): 239-242.

[234] GOLOBA U, BARTLETTB J L. Communicating about Corporate Social Responsibility: A Comparative Study of CSR Reporting in Australia and Slovenia [J]. Public Relations Review, 2007, 33 (1): 1-9.

[235] AGUINIS H, GLAVAS A. What We Know and Don't Know About Corporate Social Responsibility: A Review and Research Agenda [J]. Journal of Management, 2012, 38 (4): 932-968.

[236] SHAMSIE J. The Context of Dominance: An Industry-Driven Framework for Exploiting Reputation [J]. Strategic Management Journal, 2003, 24 (3): 199-215.

[237] SEN S, BHATTACHARYA C B, KORSCHUN D. The Role of Corporate Social Responsibility in Strengthening Multiple Stakeholder Relationships: A Field Experiment [J]. Journal of the Academy of Marketing Science, 2006, 34 (2): 158-166.

[238] PEREGO P. Causes and Consequences of Choosing Differnet Assurance Providers: An International Study of Sustainability Reporting [J]. International Journal of Management, 2009, 26 (3): 412-425.

[239] KOLK A, PINKSE J. The Integration of Corporate Governance in Corporate Social Responsibility Disclosures [J]. Corporate Social Responsibility and Evvironment Management, 2010, 17 (1): 15-26.

[240] 郝雲宏, 唐茂林, 王淑賢. 企業社會責任的制度理性及行為邏輯: 合法性視角 [J]. 商業經濟與管理, 2012 (7): 74-81.

[241] 萬壽義, 劉正陽. 制度背景、公司價值與社會責任成本——來自滬深300指數上市公司的經驗證據 [J]. 南開管理評論, 2013 (1): 83-91.

[242] 李正, 官峰, 李增泉. 企業社會責任報告鑒證活動影響因素研究——來自中國上市公司的經驗證據 [J]. 審計研究, 2013 (3): 102-112.

[243] BESLEY T, PRAT A. Handcuffs for the Grabbing Hand? Media Capture and Governance Accountability [J]. American Economic Review, 2006, 96 (3): 720-736.

[244] WEINER J L, LAFORGE R W. Personal Communication in Marketing: An Examination of Self-Interest Contingency Relationships [J]. Journal of Marketing Research, 1990, 27 (2): 227-231.

[245] YEOSUN Y, ZEYNEP G, NORBERT S. The Effects of Corporate Social Responsibility (CSR) Activities on Companies with Bad Reputations [J]. Journal of Consumer Psychology, 2006, 16 (4): 377-390.

[246] GROZA M D, PRONSCHINSKE M R, WALKER M. Perceived Organizational Motives and Consumer Responses to Proactive and Reactive CSR [J]. Journal of Business Ethics, 2011, 102 (4): 639-652.

[247] STELIOS C Z, ANDREAS P G, CRAIG E C, DONALD S S. Does Media Attention Drive Corporate Social Responsibility? [J]. Journal of Business Research, 2012, 65 (11): 1622-1627.

[248] DU X Q, CHANG Y Y. ZENG Q, DU Y J, PEI H M. Corporate Environmental Responsibility (CER) Weakness, Media Coverage, and Corporate Philanthropy: Evidence from China [J]. Asia Pacific Journal of Management, 2015, 33 (2): 1-33.

[249] DU X Q, PEI H M, DU Y J, ZENG Q. Media Coverage, Family Ownership and Corporate Philanthroph Giving: Evidence from China [J]. Journal of Management and Organization, 2016, 22 (2): 224-253.

[250] 徐麗萍, 辛宇, 祝繼高. 媒體關注與上市公司社會責任之履行——基於汶川地震捐款的實證研究 [J]. 管理世界, 2011 (3): 135-143.

[251] 孔東民, 劉莎莎, 應千偉. 公司行為中的媒體角色: 激濁揚清還是推波助瀾? [J]. 管理世界, 2013 (7): 145-162.

[252] 高潔, 孔東民, 王瑞敏. 社會幸福度、媒體關注與企業社會責任 [J]. 浙江社會科學, 2016 (4): 79-89.

[253] 陶瑩, 董大勇. 媒體關注與企業社會責任信息披露關係研究 [J]. 證券市場導報, 2013 (11): 20-26.

[254] 韋英洪. 論公司社會責任的實現機制 [D]. 北京: 對外經濟貿易大學, 2007.

[255] 楊和榮, 丁丹. 從複雜性思維看和諧社會及其評價尺度 [J]. 系統科學學報, 2006 (3): 40-43.

[256] 張廣宣, 莫小勇. 基於消費者需求的企業社會責任實現機理 [J]. 商業時代, 2007 (23): 106-107.

[257] 蔡寧, 李建升, 李巍. 實現企業社會責任: 機制構建及其作用分析 [J]. 浙江大學學報 (人文社會科學版), 2008 (4): 128-135.

[258] 易開剛. 企業社會責任的系統化實現: 模型與機制 [J]. 學術月刊, 2009 (4): 80-85.

[259] 閆敬. 國有企業社會責任實現機制研究 [D]. 天津: 天津商業大學, 2007.

[260] 陳德萍, 安凡所. 企業社會責任實現的成本收益分析 [J]. 廣東財經職業學院學報, 2007 (1): 61-63.

[261] 張亞楠. 國有企業社會責任形成機制與實現路徑研究 [D]. 武漢: 武漢

理工大學，2011.

[262] 黎文靖. 所有權類型、政治尋租與公司社會責任報告：一個分析性框架 [J]. 會計研究，2012（1）：81-88.

[263] 賀立龍，朱方明. 企業社會責任之存在緣由及實現路徑 [J]. 求索，2012（9）：9-11.

[264] 胡焱. 科學發展觀視閾下企業社會責任實現路徑研究 [J]. 理論月刊，2013（9）：149-151.

[265] 王一. 法治視野下強化企業社會責任的路徑探索 [D]. 信陽：信陽師範學院，2014.

[266] 黃曉鵬. 演化經濟學視角下的企業社會責任政策——兼談企業社會責任的演化 [J]. 經濟評論，2007（4）：129-137.

[267] 黃凱南. 演化經濟學的數學模型評析 [J]. 中國地質大學學報（社會科學版），2013，13（3）：80-90.

[268] 黃凱南. 演化經濟學理論發展梳理：方法論、微觀、中觀和宏觀 [J]. 南方經濟，2014（10）：100-106.

[269] 王仕軍，李梅. 企業治理結構的共時多樣性與歷時多樣性——從哈耶克社會秩序二元觀角度的分析 [J]. 湖北經濟學院學報，2004，2（6）：79-83.

[270] 劉晶. 規則與行為——解析哈耶克的「社會秩序規則二元觀」[J]. 法治與社會，2008（1）：279-280.

[271] 陸銘，李爽. 社會資本、非正式制度與經濟發展 [J]. 管理世界，2008（9）：161-165.

[272] 羅納德·H. 科斯，等. 財產權利與制度變遷——產權學派與新制度學派譯文集 [M]. 劉守英，等，譯. 上海：格致出版社，2014.

[273] FREDERICK W, POST J, DAVIS S K. Business and Society: Corporate Strategy, Public Policy, Ethics [M]. New York: McGraw-Hill, 1992.

[274] CHARKHAM J. Corporate Governance: Lessons from Abroad [J]. European Business Journal, 1992, 4（2）：8-16.

[275] WHEELER S. Inclsuive Communities and Dialogical Stakeholders: A Methodogy for an Authentic Corporate Citizenship [J]. Australian Journal of Corporate Law,

1998, 9: 1-20.

[276] 徐大偉, 涂少雲, 常亮. 基於演化博弈的流域生態補償利益衝突分析 [J]. 中國人口·資源與環境, 2012, 22 (2): 8-14.

[277] 黃凱南. 演化博弈與演化經濟學 [J]. 經濟研究, 2009 (2): 132-145.

[278] 張光輝. 從動態博弈建立水利建設項目的管理激勵與約束機制 [J]. 黑龍江水利科技, 2008, 36 (2): 100-101.

[279] 常路彪, 張雲波, 章凌雲. 工程招投標中業主與承包商的動態博弈分析 [J]. 建築經濟, 2008 (6): 104-106.

[280] 姜暉, 王浣塵. 基於不完全信息動態博弈模型的報價策略研究 [J]. 上海管理科學, 2008 (1): 27-30.

[281] 陳青蘭, 丁榮貴, 莫長煒. 基於動態博弈模型的企業與供應商項目關係管理 [J]. 軟科學, 2008, 22 (2): 74-78.

[282] WILLIAMSON O E. The New Institutional Economics: Taking Stock, Looking Ahead [J]. Journal of Economic Literature, 2000, 38 (3): 595-613.

[283] PORTA R L, SHLEIFER A, VISHIVY R W. Legal Determinants of External Finance [J]. Journal of Finance, 1997, 52 (3): 1131-1150.

[284] PORTA R L, SHLEIFER A, VISHIVY R W. Investor Protection and Corporate Governance [J]. Journal of Financial Economics, 2000, 58 (2): 3-27.

[285] DYCK A, ZINGALES L. The Corporate Governance Role of the Media [J]. NBER Working Paper, 2002.

[286] DYCK A, ZINGALES L. Private Benefits of Control: An International Comparison [J]. Journal of Finance, 2004, 59 (2): 537-600.

[287] DYCK A, VOLCHKOVA N, ZINGALES L. The Corporate Governance Role of the Media: Evidence from Russia [J]. Journal of Finance, 2008, 63 (3): 1093-1135.

[288] CHOI C J, LEE S H, KIM J B. A Note on Counter Trade: Contractual Uncertainty and Transaction Governance in Transaction Economies [J]. Journal of International Business Studies, 1999, 30 (1): 189-201.

[289] PISTOR K, RAISER M, GELFER S. Law and Finance in Transaction Eco-

nomics [J]. Economics of Transaction, 2000, 8 (2): 325-368.

[290] ALLEN F, QIAN J, QIAN M J. Law, Finance, and Economic Growth in China [J]. Journal of Financial Economics, 2005, 77 (1): 57-116.

[291] 張維迎, 柯榮住. 信任及其解釋: 來自中國的跨省調查分析 [J]. 經濟研究, 2002 (10): 59-70.

[292] 世界銀行. 政府治理、投資環境與和諧社會——中國 120 個城市競爭力的提高 [M]. 北京: 中國財政經濟出版社, 2006.

[293] KNACK S, KEEFE P. Does Social Capital Have an Economic Pay off? —A Cross-Country Investagion [J]. Quarterly Journal of Economics, 1997, 112 (4): 1251-1288.

[294] BARNEY J B, HANSEN M H. Trustworthiness as a Source of Sustained Competitive Advantage [J]. Strategic Management Journal, 1994, 15 (Supplyment): 175-190.

[295] 劉鳳委, 李琳, 薛雲奎. 信任、交易成本與商業信用模式 [J]. 經濟研究, 2009 (8): 60-71.

[296] KONG X. Why are Social Network Transactions Important? Evidence Based on the Concentration of Key Suppliers and Customers in China [J]. China Journal of Accounting Research, 2011, 4: 121-133.

[297] 潘越, 吳超鵬, 史曉康. 社會資本、法律保護與 IPO 盈餘管理 [J]. 會計研究, 2010 (5): 62-67.

[298] 黃荷暑, 周澤將. 女性高管、信任環境與企業社會責任信息披露——基於自願披露社會責任報告 A 股上市公司的經驗證據 [J]. 審計與經濟研究, 2015 (4): 30-39.

[299] GRAFSTROM M, WINDELL K. The Role of Infomediaries: CSR in the Business Press During 2000-2009 [J]. Journal of Business Ethics, 2011, 103 (2): 221-237.

[300] 陶文杰, 金占明. 媒體關注下的 CSR 信息披露與企業財務績效關係研究及啟示——基於中國 A 股上市公司 CSR 報告的實證研究 [J]. 中國管理科學, 2013, 21 (4): 162-170.

[301] 李培公, 沈藝峰. 媒體的公司治理作用: 中國的經驗證據 [J]. 經濟研究, 2010 (4): 14-27.

[302] 楊繼東. 媒體影響了投資者行為嗎?——基於文獻的一個思考 [J]. 金融研究, 2007 (11): 93-102.

[303] FANG L, PERESS J. Media Coverage and the Cross-Section of Stock Returns [J]. Journal of Finance, 2009, 59 (5): 2023-2052.

[304] BECKER G S, MURPHY K M. A Simple Theory of Advertising as a Good or Bad [J]. Quarterly Journal of Economics, 1993, 108 (4): 941-964.

[305] MILLER G S. The Press as a Watchdog for Accounting Fraud [J]. Journal of Accounting Research, 2006, 44 (5): 1001-1033.

[306] JOE J R, LOUIS H, ROBINSON D. Managers' and Investors' Responses to Media Exposure [J]. Journal of Financial and Quantiative Analysis, 2009, 44 (3): 579-605.

[307] 戴亦一, 潘越, 劉思超. 媒體監督、政府干預與公司治理: 來自中國上市公司財務重述視角的證據 [J]. 世界經濟, 2011 (11): 121-144.

[308] 楊德明, 趙璨. 媒體監督、媒體治理與高管薪酬 [J]. 經濟研究, 2012 (6): 116-126.

[309] 羅進輝. 媒體報導的公司治理作用——雙重代理成本視角 [J]. 金融研究, 2012 (10): 153-166.

[310] SUTTINEE P, PHAPRUKE U. Corporate Social Responsibility (CSR) Information Disclosure and Firm Sustainability: An Empirical Research of Thai-Listed Firms [J]. Journal of International Business and Economics, 2009, 9 (4): 40-59.

[311] GRAY S J, VINT H M. The Impact of Culture on Accounting Disclosure: Some International Evidence [J]. Asia-Pacific Journal of Accounting, 2012, 2 (1): 33-43.

[312] 樊綱, 王小魯, 朱恒鵬. 中國市場化指數——各地區市場化相對進程報告2009年報告 [M]. 北京: 經濟科學出版社, 2011.

[313] 劉啓亮, 李祎, 張建平. 媒體負面報導、訴訟風險與審計契約穩定性——基於外部治理視角的研究 [J]. 管理世界, 2013 (11): 144-154.

[314] SEN S, BHATTACHARYA C B. Does Doing Good always Lead to Doing Better? Customer Reactions to Corporate Social Responsibility [J]. Journal of Marketing Research, 2011, 38 (2): 225-243.

[315] MOHR L A, WEBB D J. The Effects of Corporate Social Responsibility and Price on Consumer Responses [J]. Journal of Customer Affairs, 2005, 39 (1): 121-147.

[316] 周延風, 羅文恩, 肖文建. 企業社會責任行為與消費者回應——消費者個人特徵和價格信號的調節 [J]. 中國工業經濟, 2007 (3): 62-69.

[317] 謝佩洪, 周祖城. 中國背景下CSR與消費者購買意向關係的實證研究 [J]. 南開管理評論, 2009, 12 (1): 64-70.

[318] BROWN T J, DACIN P A. The Company and the Product: Corporate associations and Consumer Product Responses [J]. Journal of Marketing, 1997, 61 (1): 68-84.

[319] 權小鋒, 吳世農. 媒體關注的治理效應及其治理機制研究 [J]. 財貿經濟, 2012 (5): 59-67.

[320] 高漢祥. 公司治理與社會責任：被動回應還是主動嵌入 [J]. 會計研究, 2012 (4): 58-64.

[321] 楊雄勝. 內部控制理論研究新視野 [J]. 會計研究, 2005 (7): 49-55.

[322] DOYLE J, GE W, MCVAY S. Accruals Quality and Internal Control over Financial Reporting [J]. The Accounting Review, 2007, 82 (5): 1141-1170.

[323] CHAN K, FARRELL B, LEE P. Earning Management of Firms Reporting Material Internal Control Weaknesses under Section 404 of the Sarbanes Oxley Act [J]. Auditing: A Journal of Practice and Theory, 2008, 27 (2): 161-179.

[324] 方紅星, 金玉娜. 高質量內部控制能抑制盈餘管理嗎？——基於自願性內部控制鑒證報告的經驗研究 [J]. 會計研究, 2011, (8): 53-60.

[325] 楊德明, 林斌, 王彥超. 內部控制、審計質量與大股東資金占用 [J]. 審計研究, 2009, (5): 74-81.

[326] 周繼軍, 張旺峰. 內部控制、公司治理與管理層舞弊研究——來自中國上市公司的經驗證據 [J]. 中國軟科學, 2011, (8): 141-154.

[327] 李萬福, 林斌, 王璐. 內部控制在公司投資中的角色: 效率促進還是抑制? [J]. 管理世界, 2011, (2): 81-99.

[328] 儲成兵. 金字塔股權結構對內部控制有效性的影響——基於上市公司的經驗證據 [J]. 中央財經大學學報, 2013, (3): 78-83.

[329] 吳益兵, 廖義剛, 林波. 股權結構對企業內部控制質量的影響分析——基於2007年上市公司內部控制信息數據的檢驗 [J]. 當代財經, 2009, (9): 110-114.

[330] 張先治, 戴文濤. 公司治理結構對內部控制影響程度的實證分析 [J]. 財經問題研究, 2010, (7): 89-95.

[331] 李志斌, 盧闖. 金融市場化、股權集中度與內部控制有效性——來自中國2009—2011年上市公司的經驗證據 [J]. 中央財經大學學報, 2013, (9): 85-90.

[332] 於建霞. 股權集中度、治理環境與公司治理模式的依賴 [J]. 改革, 2007, (6): 102-107.

[333] BEASLEY M S. An Empirical Analysis of the Relation between the Borad of Director Composition and Financial Statement Fraud [J]. The Accounting Review, 1996, 71 (4): 443-465.

[334] JENSEN M C. The Modern Industrial Revolution, Exit and the Failure of Internal Control System [J]. Journal of Finance, 1993, 48 (3): 831-880

[335] YERMACK D. Higher Market Valuation for Firms with a Small Board of Directors [J]. Journal of Financial Economics, 1996, 40 (2): 185-211.

[336] EISENBERG T, SUNDGREN S, WELLS M T. Large Board Size and Decreasing Firm Value in Small Firms [J]. Journal of Financial Economics, 1998, 48 (1): 35-54.

[337] 鄭志剛, 呂秀華. 董事會獨立性的交互效應和中國資本市場獨立董事制度政策效果的評估 [J]. 管理世界, 2009, (7): 133-144.

[338] KRISHNAN J, VISVANATHAN G. Reporting Internal Control Deficiencies in the Post-Sarbanes-Oxley Era: The Role of Auditors and Corporate Governance [J]. International Journal of Auditing, 2005, 11 (2): 73-90.

[339] FAMA E F, JENSEN M C. Separation of Ownership and Control [J]. Journal of Law and Economics, 1983, 26 (2): 301-325.

[340] 鄭軍, 林鐘高, 彭琳. 高質量的內部控制能增加商業信用融資嗎?——基於貨幣政策變更視角的檢驗 [J]. 會計研究, 2013, (6): 62-68.

[341] ITURRIAGA L F J, FORONDA L O. Corporate Social Responsibility and Reference Shareholders: An Analysis of European Multinational Firms [J]. Journal of Transactional Corporations Review, 2011, 3 (3): 17-33.

[342] 高敬忠, 周曉蘇. 經營業績、終極控制人性質與企業社會責任履行度——基於中國上市公司 1999-2006 年面板數據的檢驗 [J]. 財經論叢, 2008, (11): 63-69.

[343] 王永欽. 市場互聯性、關係型合約與經濟轉型 [J]. 經濟研究, 2006, (6): 79-91.

[344] JOHNSON S, MCMILLAN J, WOODRUFF C. Courts and Relaitonal Contract [J]. Journal of Law, Economics and Organization, 2002, 18 (1): 221-277.

[345] MCMILLAN J, WOODRUFF C. Interfirm Relaitonships and Informal Credit in Vietnam [J]. Quarterly Journal of Economics, 1999, 114 (4): 1285-1320.

[346] GRIEF A, MILGROM P, WEINGAST B R. Coordination, Commitment and Enforcement: The Case of the Merchant Guild [J]. Journal of Political Economy, 1994, 102 (4): 745-776.

[347] 李培公, 徐淑美. 媒體的公司治理作用——共識與分歧 [J]. 金融研究, 2013 (4): 196-206.

[348] 方紅星, 池國華. 內部控制 [M]. 大連: 東北財經大學出版社, 2014.

[349] 劉浩, 唐松, 樓俊. 獨立董事: 監督還是諮詢?——銀行北京獨立董事對企業信貸融資影響研究 [J]. 管理世界, 2012 (1): 141-156.

國家圖書館出版品預行編目（CIP）資料

企業社會責任推進機制研究：基於規則視角的理論分析與實證檢驗 / 唐亮著. -- 第一版. -- 臺北市：崧博出版：財經錢線文化發行, 2019.05
　　面；　公分
POD版

ISBN 978-957-735-845-5(平裝)

1.企業社會學 2.中國

490.15　　　　　　　　　　　　　　　108006474

書　　名：企業社會責任推進機制研究：基於規則視角的理論分析與實證檢驗
作　　者：唐亮 著
發 行 人：黃振庭
出 版 者：崧博出版事業有限公司
發 行 者：財經錢線文化事業有限公司
E - m a i l：sonbookservice@gmail.com
粉 絲 頁：　　　　　　網　址：
地　　址：台北市中正區重慶南路一段六十一號八樓 815 室
8F.-815, No.61, Sec. 1, Chongqing S. Rd., Zhongzheng Dist., Taipei City 100, Taiwan (R.O.C.)
電　　話：(02)2370-3310 傳　真：(02) 2370-3210
總 經 銷：紅螞蟻圖書有限公司
地　　址: 台北市內湖區舊宗路二段 121 巷 19 號
電　　話:02-2795-3656 傳真 :02-2795-4100　　網址：
印　　刷：京峯彩色印刷有限公司（京峰數位）

　　本書版權為西南財經大學出版社所有授權崧博出版事業股份有限公司獨家發行電子書及繁體書繁體字版。若有其他相關權利及授權需求請與本公司聯繫。

定　　價：600元
發行日期：2019 年 05 月第一版
◎ 本書以 POD 印製發行